産業制御シリーズ ⑩

エネルギー産業における制御

松村　司郎
平山開一郎　共著

コロナ社

産業制御シリーズ 企画・編集委員会

委 員 長	木村 英紀 （東京大学）
幹　　事	新　 誠一 （東京大学）
委　　員	江木 紀彦 （千代田化工建設株式会社）
（50音順）	黒崎 泰充 （川崎重工業株式会社）
	高橋 亮一 （住友金属工業株式会社）
	美多　 勉 （東京工業大学）

（所属は委員会発足当時による）

刊行のことば

　よい品物をなるべく速く安く作ることはもの作りにたずさわる人なら誰でももとめることである．もの作りの現場はこの目的をますます貪欲に追求し，制御工学はその実現のために貢献してきた．「オートメーション」は，この目標を端的に実現する手法として第二次大戦後にヨーロッパで生まれた言葉であるが，制御技術はその中核を占めるキーテクノロジーである．オートメーションと言えば「自動化」を連想するが，現代の制御技術は「自動化」にとどまらず，「システム化」，「最適化」さらには「知能化」を通して，よい品物を速く安く作るためあらゆる産業分野で限界に挑戦しつつある．

　制御技術はものを作るためだけにあるのではなく，ものを使うためにも活用されている．自動車，カメラ，空調機など大量消費財の機能を高めるために高度な制御技術が組み込まれ，その付加価値を高めている．製造のための技術であった制御は製品のための技術にもその活用範囲を急速に拡大しつつある．製造業の枠を超えた制御技術の進展もめざましい．

　例えば，航空機や鉄道，船など「乗り物」の制御は現代技術の焦点のひとつであるし，環境産業でも制御はキーテクノロジーの役割を果たしている．さらに，「ホームオートメーション」を通して制御は個人の生活向上にも貢献しようとしている．

　このような最近の制御技術のめざましい発展はそれぞれの産業分野がもつ固有技術の進歩に負うところが大きい．制御技術の基盤であるセンサやアクチュエータ，それと関連した信号処理の技術の進歩，通信やグラフィカルインタフェースなどを含むソフト，ハード両面での計算機技術の進歩なくして制御技術の発展があり得なかったのはもちろんである．一方，制御はあらゆる産業に共通する普遍的な技術でもある．いわゆる「横断的な」技術であり，各産業の固

有技術を超えた普遍的なディシプリンをもっている。

この事情は「材料」と似ている。「材料」はその普遍的なディシプリンを自然科学（物性物理や化学など）に負っているが，制御の場合は制御理論がその役割を担っている。制御理論は他の工学理論に比べてもかなり古い歴史をもっているが，最近めざましい発展をとげた。制御の普遍的なディシプリンとしての制御理論と産業現場での制御技術とのむすびつきは，直接的ではないにしてもそれなりに強く，制御技術の最近の発展に果たした制御理論の役割は小さくない。

本シリーズでは，産業界における制御技術の最近の発展を「制御理論の貢献」を縦糸として各分野のエキスパートが紹介する。制御理論がもたらした制御系設計における「合理性の追求」が，泥くさいもの作りの制御の場でどのように達成されているか，あるいはいないかが，このシリーズの中心テーマである。これまで制御理論の教科書，解説書，あるいは専門書は数多く出版されているし，分野や対象を限った制御技術の解説書も少なくない。しかし，本シリーズのような，あらゆる産業分野を網羅し，しかも理論の観点から技術を述べた制御関連の出版物は，少なくともわが国ではこれまで出版されていない。このシリーズが，製造や開発の現場で汗を流している制御技術者，応用の現状を知りたいと願う制御理論の研究者，これから制御を学ぼうとする学生諸君のお役に立つことを確信している。

なお，ワットの遠心調速器をデフォルメしたカバーの図柄は北神由子氏によるものである。本シリーズにふさわしい作品を提供していただいたことにこの場を借りて感謝したい。

1998 年 8 月

企画・編集委員長　木村　英紀

まえがき

　エネルギー産業という分野では，燃料そのもの，つまり石炭や原油から，産業界で用いることのできるプロパンガスやガソリン，軽油などの燃料エネルギーを製造する燃料製造プラント技術と，燃料から電力エネルギーを製造する発電プラント技術があるが，ここでは電力に焦点をあててみた。

　電力は各種エネルギーから作られる。最初は重力のエネルギー差を利用した水力発電が考えられ，ずいぶん長い間首位の座を維持し，現在でも開発途上国では最も重要な発電技術である。次に考えられたのは燃料がもつエネルギーを水に移す，つまり水蒸気を作り，熱落差を用いての発電である。これは現在最も容易に大量の電力を作ることのできる技術であり，この装置を汽力発電プラントと称している。汽力発電プラントではその燃料として，石炭，重原油，あるいは天然ガスを用いる化石燃料プラント，核反応を用いる原子力発電プラント，生活ごみを燃料とするバイオマス発電プラントなどがある。最近ではエネルギーの枯渇，環境問題に配慮して，風力発電，太陽光発電，燃料電池発電などの研究も盛んであり，徐々に実用化に向かっているが，汽力発電プラントを代替する規模にはならない。

　本書では，発電事業の主流である汽力発電プラントにおけるエネルギーの搬送媒体「蒸気」の高い品質が，電力の安定供給に寄与するので，電力需要に対する応答が敏感で安定な蒸気の制御技術について前段で解説する。

　一般的な発電技術は各種タービン（水車，蒸気タービン，風車，内燃機関など）の回転エネルギーを電力に変換することである。高品質の電力を供給するためには，発電機の励磁技術がきわめて重要であるので，これについて後段で解説する。

　本書は，電気事業における火力プラントのボイラ制御と発電機の励磁制御に

ついて，実務に使用できるようにその理論と応用をまとめたものである。実務経験の少ない技術者には理論の理解を推奨する。経験の多い技術者は理論と実際に経験した現象について本書を参考にしながら，それらの現象を解析することによりいっそうの理解が得られると確信する。

　発生した電力を末端の消費者まで流通させることは，他産業にない「発電即消費」という形をとるので，電力供給網の制御技術ももちろんきわめて重要であり，技術的にも興味のある課題であるが，紙面の都合もあり今回は外してある。しかし，電力の自由化が欧米並みになりつつある現実を捉えるならば，どなたかに早い時期に執筆いただきたいものである。

2005年1月

　　　　　　　　　　　　　　　　　　　　　　　　松村　司郎・平山開一郎

目　　次

1.　火力発電プラントの制御

1.1　ボイラの構造と従来からの制御 …………………………………… *1*
　1.1.1　は じ め に ……………………………………………………… *1*
　1.1.2　火力発電プラントの構造 ……………………………………… *2*
　1.1.3　ボイラの種類と構造 …………………………………………… *8*
　1.1.4　ドラム型ボイラの制御 ………………………………………… *10*
　1.1.5　貫流ボイラの制御 ……………………………………………… *19*
1.2　ボイラ制御への現代制御理論の応用 ……………………………… *33*
　1.2.1　非線形分離制御 ………………………………………………… *34*
　1.2.2　モデル規範型適応制御 ………………………………………… *42*
　1.2.3　むだ時間の長い系の制御 ……………………………………… *61*
1.3　ボイラ制御への人工知能技術の応用 ……………………………… *67*
　1.3.1　蒸気温度制御系へのファジィ理論の応用 …………………… *67*
　1.3.2　ハイブリッドファジィ制御の提案 …………………………… *77*
　1.3.3　エキスパート技術による先行制御信号の自動調整 ………… *95*
1.4　火力プラントのシミュレーション ………………………………… *103*
　1.4.1　MMS の開発経緯 ……………………………………………… *103*
　1.4.2　MMS の基本構造と特徴 ……………………………………… *104*
　1.4.3　MMS によるダイナミックシミュレーションの例 ………… *107*
1.5　火力プラント用 SCADA システム ………………………………… *108*
　1.5.1　SCADA を支える基盤技術 …………………………………… *109*

1.5.2　火力発電の現在と将来像 …………………………………………… *111*
　1.5.3　運　転　業　務 ………………………………………………………… *113*
　1.5.4　オペレータインタフェース …………………………………………… *114*
　1.5.5　SCADA システムのプログラム ……………………………………… *116*
引用・参考文献 ………………………………………………………………………… *117*

2. 発電機の励磁制御

2.1　は　じ　め　に …………………………………………………………………… *120*
2.2　発電機励磁制御の概要 ………………………………………………………… *123*
　2.2.1　自動電圧調整器（AVR）の設置目的 ………………………………… *123*
　2.2.2　励磁システム構成 ………………………………………………………… *126*
2.3　励磁制御特性 …………………………………………………………………… *130*
　2.3.1　励磁制御機能 ……………………………………………………………… *130*
　2.3.2　励磁システムの応答 ……………………………………………………… *131*
　2.3.3　ディジタル励磁制御（D-AVR） ………………………………………… *135*
2.4　励磁制御理論 …………………………………………………………………… *137*
　2.4.1　励磁制御系ブロック図 …………………………………………………… *139*
　2.4.2　励磁機方式の設計例 ……………………………………………………… *141*
　2.4.3　サイリスタ方式の設計例 ………………………………………………… *147*
2.5　電力系統の安定度と励磁制御 ………………………………………………… *149*
　2.5.1　単　位　法 ………………………………………………………………… *149*
　2.5.2　発電機モデル ……………………………………………………………… *155*
2.6　電力系統安定度 ………………………………………………………………… *167*
　2.6.1　定態安定度 ………………………………………………………………… *168*
　2.6.2　動態安定度 ………………………………………………………………… *171*
　2.6.3　過渡安定度 ………………………………………………………………… *175*
　2.6.4　励磁制御による安定度向上 ……………………………………………… *177*

2.7　系統安定化装置 …………………………………………………… *179*
　　2.7.1　ボード線図によるPSS設計 …………………………………… *181*
　　2.7.2　最適制御によるPSS設計 ……………………………………… *198*
　　2.7.3　PSS出力リミッタ ……………………………………………… *215*
2.8　ま　と　め …………………………………………………………… *216*
引用・参考文献 …………………………………………………………… *218*

付　　　　録 …………………………………………………………… *221*
　付1　動態安定度ブロック図（$K_1 \sim K_6$） ………………………… *221*
　付2　一機対無限大母線系統ブロック図から状態方程式 …………… *226*

索　　　引 ……………………………………………………………… *230*

火力発電プラントの制御

1.1 ボイラの構造と従来からの制御

1.1.1 はじめに

　事業用発電プラントはエネルギー源から大別すると，水力，火力，原子力，風力，太陽光，燃料電池，地熱などに分類できるが，電力を安定供給する事業用としての主力は水力，火力，原子力である。

　本章では制御という技術ジャンルから見て，制御システムが巨大で非線形，むだ時間など興味のある問題をかかえた火力発電プラントの制御について述べる。

　火力発電プラントは大きく分類すると，ボイラ，タービン，発電機とそれらの補機で構成されているが，タービンや発電機の制御はほぼ完成されているので，特別な研究者以外の研究者がほとんど立ち入る隙間がない。それに対してボイラはまだまだ研究課題が多く制御という学問から見ても興味をそそり，そして研究者が足を踏み込める領域であるので，本章ではボイラ制御について各種制御の方法や理論の展開について言及する。

　ただ，火力プラントの制御に関する研究は30年以上行われているが，そのほとんどがボイラからタービンへ送られる蒸気温度の制御に関するものである。10人の研究者がいればおそらく全員が蒸気温度の制御について研究しているほど蒸気温度の制御は難しく，また興味のある課題であるがいまだに正解がないのも事実である。

本書でもそのほとんどが蒸気温度制御に関するものを取り上げているが，筆者の最近の研究から，むだ時間問題や発電所の先端的な運転システムまで古典制御理論，現代制御理論そして人工知能技術などの多岐にわたる切り口から言及してみた。しかし開発途上のものもあり読者に十分満足していただけない所があると思うが容赦していただきたい。

火力発電プラントのエネルギー源は化石燃料と称される原重油（液体），天然ガス（気体），石炭（個体）に分類できる。燃料の違いはボイラの大きさに影響を与えるが，制御から見るとその差はほとんどないので，ここでは燃料の違いによる制御については述べないことにする。

1.1.2　火力発電プラントの構造

火力発電プラントは燃料を電気エネルギーに転換するもので，その中核となる技術はランキンサイクル[†1]（Rankine cycle）である。

基本的なランキンサイクルでは，図 1.1 (a)，(b) に示すようにボイラで発生した蒸気 1 をタービンに導き膨張させて 2 の状態とし，復水器で冷却して飽和水 3 とし，給水ポンプで昇圧して 4 の状態でボイラに送り加熱して蒸気 1 の状態に戻る。

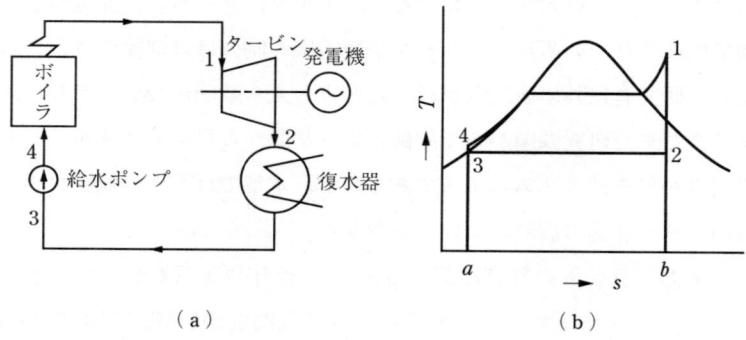

図 1.1　ランキンサイクル

---

†1　ランキンとはスコットランド人で本名を W. J. M. Rankine という。

図1.1（b）は T-s 線図と呼ばれるもので，縦軸に温度 T〔℃〕，横軸にエントロピー s〔kJ/(kg・K)〕をとる。この図において面積 1・2・3・4 が仕事に相当する熱量，面積 a・4・1・b がボイラが供給する熱量，面積 a・3・2・b が復水器で捨てる熱量を表す。

実際に事業用火力発電所で使っているのは，図1.2（a），（b）に示すような改良型ランキンサイクルで再生サイクル（regenerative Rankine cycle）である。

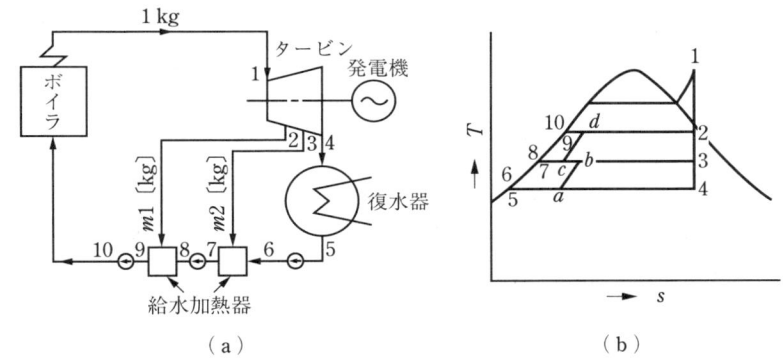

図1.2　再生サイクル

再生サイクルは復水器で捨てる熱量を減らしサイクルの熱効率を増大することを目的として考案されたもので，タービンで膨張中の蒸気の一部を抽気してその熱を給水加熱に利用する方式である。

図1.2（b）では給水ポンプの効果を線図に表示すると複雑になるので省いてある。タービンの仕事は面積 1・4・a・b・c・d・10・1 で表される。蒸気がタービンで膨張するとき 1・2 間では 1 kg の蒸気が流れ，2・3 間では 2 で $m1$〔kg〕が抽気され，3・4 間では 3 で $m2$〔kg〕が抽気されるので $1-m1-m2$〔kg〕が復水器に流れる。

抽気の数を増やせばサイクルの効率は上昇するがその効果は緩やかになるので後に述べるように脱気器も含めて 8 段程度が最適とされている。

ランキンサイクルの熱効率を上げるには蒸気の圧力・温度を上げることが必

要であるが，圧力を上げるとタービンでの膨張の終わりで蒸気の湿り度が増加する。蒸気の湿り度が増加するとタービン効率が低下し，さらにタービン翼の腐食・浸食を起こす。蒸気温度を上げれば蒸気の湿り度を下げることができるがボイラの材料面での制限があり，むやみに温度を上げることができない。このため再熱サイクル（reheat cycle）が考案された。

図1.3（a），（b）に示すようにある圧力までタービンで膨張した蒸気をボイラに戻して再熱器で蒸気を適当な温度まで再加熱し，再びタービンへ送って再膨張させるものである。

事業用火力発電所では再生，再熱の長所を取り入れた**図1.4**（a），（b）の再熱再生サイクル（reheat-regenerative cycle）を採用している。

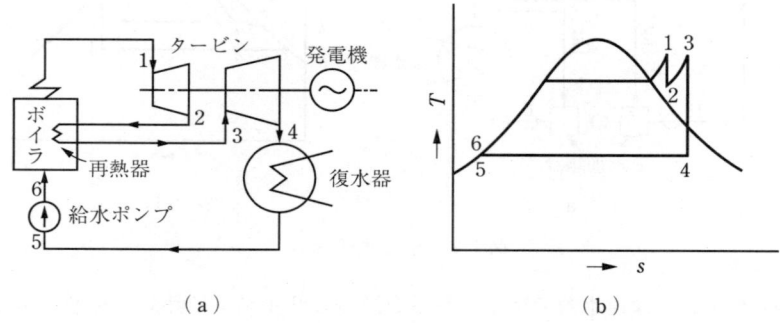

図1.3 再熱サイクル

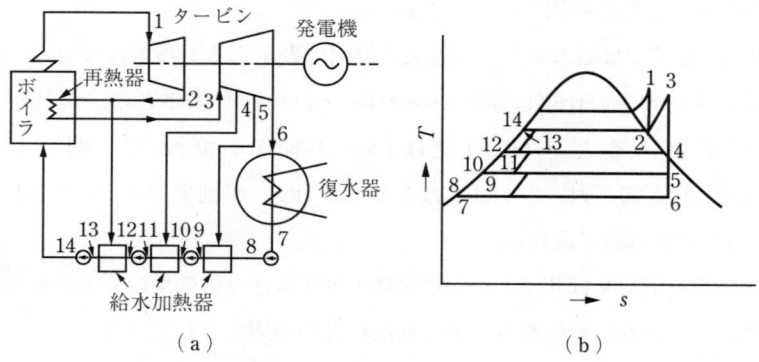

図1.4 再熱再生サイクル

1.1 ボイラの構造と従来からの制御

　ランキンサイクルにおける熱収支を表す図面が一般的にヒートバランスと呼ばれており，その例として図 1.5 に某社の発電機出力 700 MW のヒートバランスを示す。この図面は火力・原子力プラントについて議論をするためにきわめて重要なものであるが，なぜか火力・原子力に関する文献には紹介されていないものである。

　図 1.5 において左端のボイラに燃料が投入され燃焼すると，その熱エネルギーにより圧力 30.99 MPa，温度 566°C，エンタルピー 3 319.5 kJ/kg の蒸気が発生する。この蒸気のことを一般に「主蒸気」と呼ぶ。

　主蒸気が超高圧タービン SHP を回転させて再びボイラに戻り過熱されて圧力 9.20 MPa，温度 566°C，エンタルピー 3 546.4 kJ/kg の蒸気となり高圧タービン HP で仕事をする。この蒸気のことを一般に「再熱蒸気」と呼ぶ。ただし，ここに説明するボイラは再熱器を 2 段備えているので最初の再熱器から出てくる蒸気を 1 段再熱蒸気と呼ぶ。

　高圧タービン HP で仕事をした蒸気は再びボイラに送られ圧力 2.62 MPa，温度 566°C，エンタルピー 3 607.1 kJ/kg の 2 段再熱蒸気となり中圧タービン IP で仕事をする。

　再熱器を 2 段備えているボイラはまれで普通は 1 段である。したがって，超高圧タービン SHP がないケースが主であり，主蒸気で高圧タービン，再熱蒸気で中圧タービンを回すシステムが主である[†1]。

　中圧タービンで仕事を終わった蒸気はそのまま低圧タービン LP に送られ，低圧タービンを回したあと，仕事をした蒸気は復水器で海水により冷却されて水に戻される，つまり復水である。このときボイラに投入した熱エネルギーの約 45 % が海に捨てられることになる。ボイラで煙突から大気へ放出される損失が約 14 % あるので実際に発電機で電力として発電されるのは 41 % である。

　工場などの産業用ボイラの場合はタービンから出て来る蒸気を他の装置の熱

[†1] すでに過熱という言葉を使ったが，加熱が使われるときもある。これは厳密に使い分けており，「加熱」は水や蒸気の温度をあげる意味合いでオールマイティ的に使えるが，「過熱」は湿り蒸気を乾き蒸気にするための加熱を意味する。

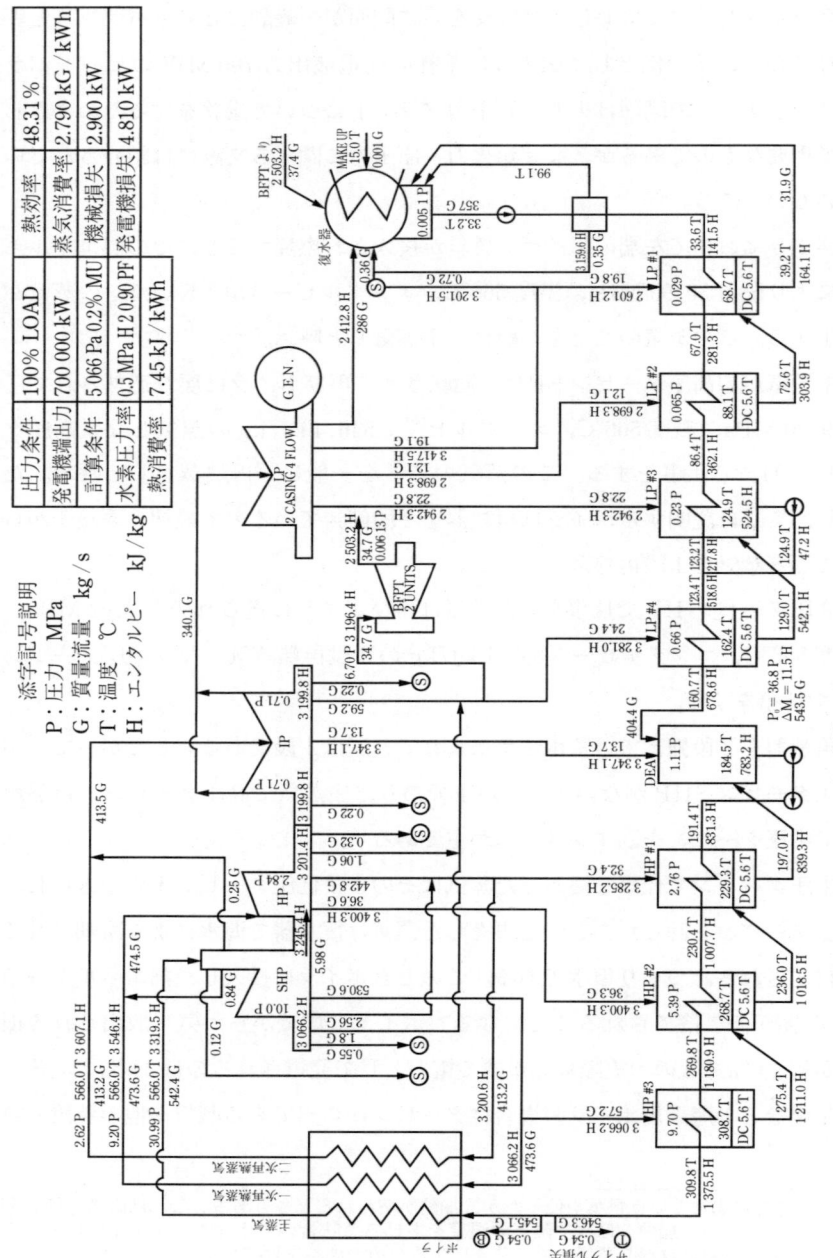

図1.5 ヒートバランス

源として試用するが,事業用の場合は発電をすることが目的であるので,低圧タービンから出てくる蒸気は冷却される。これによりボイラ出口とタービン出口のエネルギー落差が大きくなり,大量のエネルギーを取り出すことが可能になる。

タービン効率を上げるためにタービンの各所から蒸気を取り出している。このことを抽気と呼ぶ。

中・低圧タービンからの抽気は,低圧給水加熱器 LP＃1〜LP＃4 で復水器から出てきた復水を加熱する。給水加熱器で復水を加熱した蒸気は水に戻るが,この水のことをドレン（drain）と呼ぶ。

加熱された復水は脱気器 DEA で脱気される。脱気器は英語で deaerator と書かれるが一般的な辞書にはない。これは de-aeration から転じて deaerator となったものである。

火力プラントを構成する機器は炭素鋼,低合金鋼あるいは合金鋼で製作されており,機器の腐食,損傷または腐食生成物による二次被害などに十分な配慮が必要である。脱気は給水中に溶存する酸素あるいは炭酸ガスなどの非凝縮性ガスを除去し,プラント機器を保護するために必要である[2]†1。

脱気器までの水は復水と呼ばれるが,脱気器以降ボイラまでの水は給水と呼ぶ。給水は給水ポンプでボイラに押し込まれる。図1.5では給水ポンプ出口では 36.8 MPa の高圧になっている。給水は復水と同様に給水加熱器で抽気により加熱されてボイラに送られる。

ランキンサイクルとしての切り口から見ると発電プラントは簡単に見えるが,この他に燃料を送り込む燃料ポンプ,ボイラに空気を送り込む押し込み通風機,ボイラに水を送り込む給水ポンプ等補機と呼ばれる機械群,配管,調節弁,制御や監視のためのセンサ群などがきわめて巨大に,かつ複雑に組み合わされて,「ユニット」と呼ばれる一つの発電システムを構築する。

しかし,制御という観点からボイラの制御についてのみ述べることにしたの

---

†1 肩付き数字は,章末の引用・参考文献の番号を表す。

で，発電プラントの詳細については社団法人火力原子力発電協会から数々のテキスト，参考書が販売されているのでそれらを参考にしていただきたい。

1.1.3 ボイラの種類と構造

ボイラの種類は何を切り口に分類するかによってまったく異なる地図ができてしまうが，制御という切り口では貫流型とドラム型の2種類に分類することが適当である。さらにメーカによって構造が変わり制御設計に影響がでるので，国内に事業用ボイラを作ることのできるおもなメーカが3社あることから，大まかに分類して $2\times3=6$ 種類のボイラがあると考えて差し支えない。

容量による分類は特にしなくても大型ボイラは貫流型，小型ボイラはドラム型が多いので自然に分類される。著者の所属していた電力会社では約40缶のボイラがあり，貫流型とドラム型がちょうど半分ずつある。そして一部の小型ボイラを除くと 220～375 MW 級がドラム型，500～1 000 MW 級が貫流型ボイラである。この傾向は国内の電力会社では大同小異である。

〔1〕 **ドラム型ボイラ**

ドラム型ボイラは気水分離（水と蒸気が分離すること）が水冷壁の上部に取り付けられたドラムの中で行われる型のボイラで，蒸気圧力が最大で 19 MPa ぐらいである。

缶水は自然循環（対流）する自然循環型（natural circulation）とポンプで強制的に循環させる強制循環型（controlled circulation）がある。自然循環型は缶水の密度差による対流で循環するので水冷壁の管の直径が太くなるのに対して，強制循環型はポンプで循環をさせるので水冷壁の管は細く作られる。これにより，ボイラ特性が変わるので制御上の配慮が必要になる。

ドラム型ボイラは基本的には**図1.6**に示すような構造である。給水ポンプで押し込まれる給水は高圧給水加熱器を経て節炭器に導かれる。節炭器は燃焼ガスの熱エネルギーを回収するもので英語では economizer と綴られ辞書（旺文社エッセンシャル英和辞典）によれば収熱器と説明されているが，かつてはこの装置で石炭が節約できたので火力発電の世界では節炭器と呼ばれている。

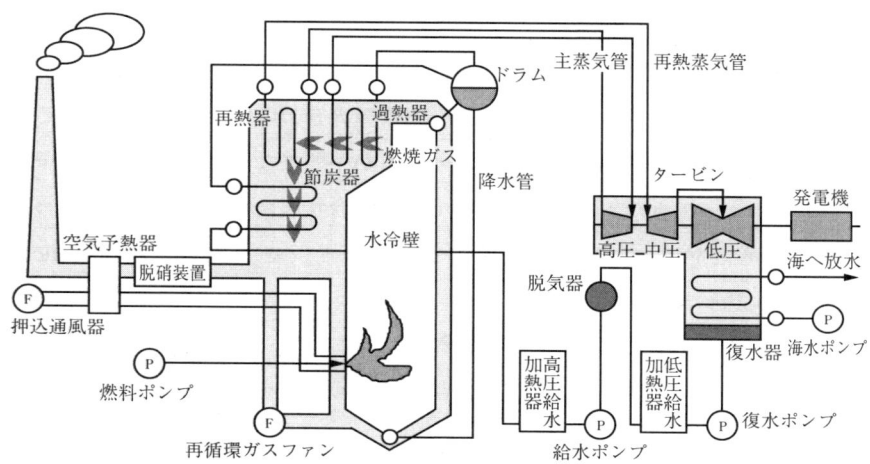

図 1.6 ドラム型ボイラの構造

　節炭器を出た給水は蒸気と水を分離するためのドラムに入り，水の名前が「缶水」に変わる。ドラムの中の缶水は比重の高いつまり冷たいものが降水管を通って水冷壁の最下部に導かれる。先に述べた強制循環型の場合はこの降水管にポンプが取り付けられており強制的に缶水の循環を行う。

　水冷壁では缶水が燃料を燃焼した熱を受けて再びドラムに戻る。ドラムで缶水から分離した蒸気は湿り蒸気であり，このままではタービン翼を腐食・浸食するので，過熱器で燃焼ガスにより過熱されて乾き蒸気となりタービンに導かれる。

　高圧タービンで仕事をした蒸気は湿り蒸気になっているので，再熱器により過熱されて乾き蒸気となって中圧タービンに送られる。

　他方，燃焼系については燃料がバーナで火炉に投入される。燃焼に必要な空気は押し込み通風器で火炉に導かれるが，途中燃焼ガスの熱エネルギーを空気予熱器で回収する。燃焼ガスは過熱器，再熱器，節炭器，空気予熱器でそれぞれ熱回収されて煙突から大気中に排気される。

　燃焼ガスの一部は再循環ガスファンにより再び火炉に導かれ再熱蒸気の温度制御に用いられる。

〔2〕 貫流型ボイラ

水の臨界点は圧力が 22.124 MPa 温度が 374.2℃ であるので，これより圧力・温度が高い所でボイラを運転すると水冷壁の管の中で気水分離が起こる。このような特徴を利用したボイラではドラムが不要になる。つまり，水冷壁の管の下から入ってきた缶水が管の途中で気液混合状態になり，さらに上に移るに従って蒸気だけになるので，このようなボイラを貫流型ボイラ（once-through boiler）という。

貫流型ボイラの構造は単純にドラム型ボイラからドラムを取り去ったものであると理解すればよい。図 1.7 に貫流型ボイラの構造を示す。

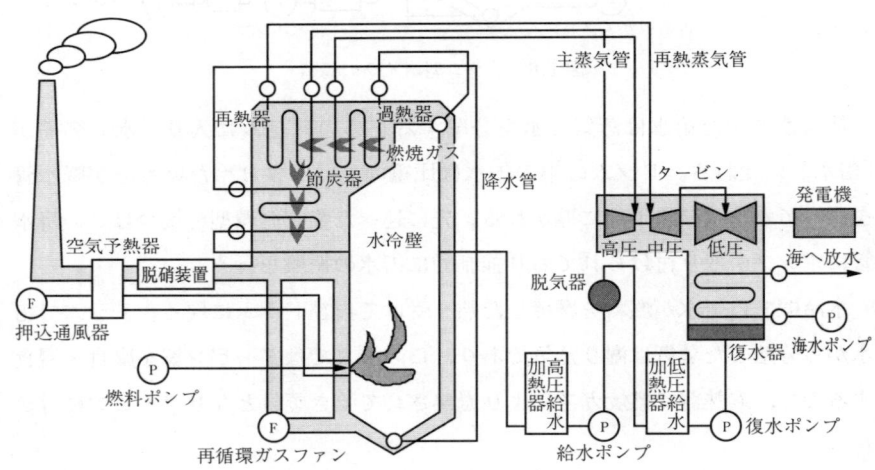

図 1.7 貫流型ボイラの構造

1.1.4 ドラム型ボイラの制御

ボイラの制御方式には図 1.8 に示すように三つの形がある。制御方式の違いは後に述べる貫流ボイラの制御方式にも共通していえることである。

図 1.8（a）のボイラ追従制御（boiler-follow control system）はドラム型ボイラの基本的な制御方式で，出力要求 MWD によりガバナが操作される。出力要求 MWD が増えるとガバナが開きタービンに蒸気をとる。これにより

1.1 ボイラの構造と従来からの制御

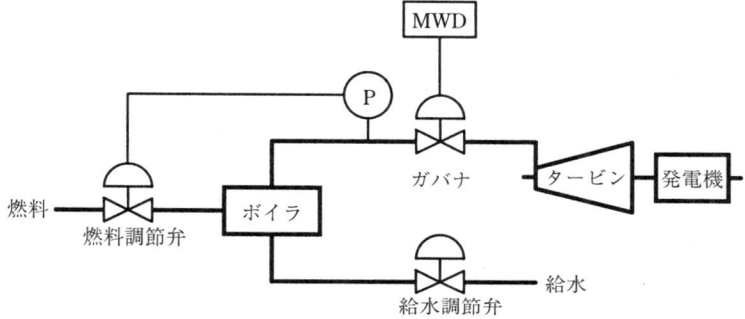

(a) ボイラ追従制御

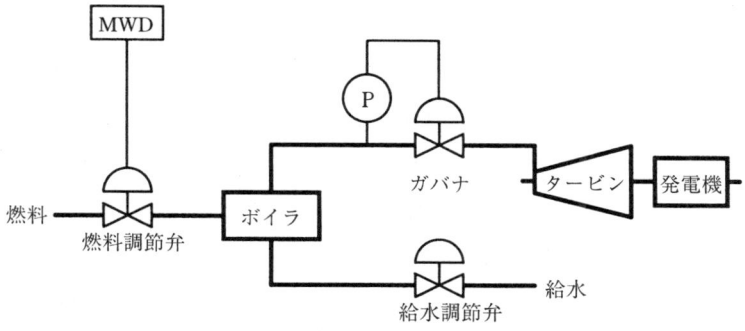

(b) タービン追従制御

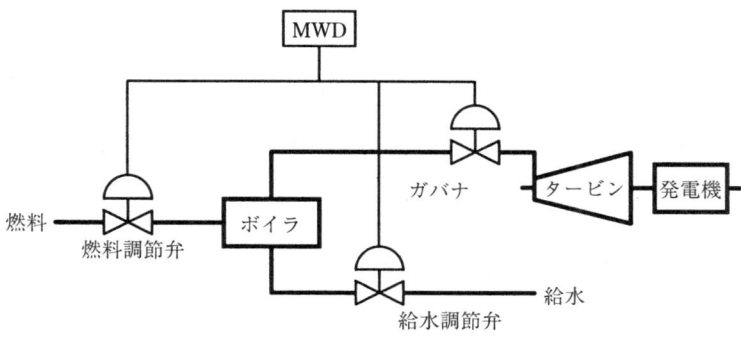

(c) ボイラタービン協調制御

図1.8 ボイラの制御方式

蒸気圧力が下がるので燃料弁が開き蒸気圧力を回復する制御のしかたで，出力要求 MWD にボイラが追従する形をとるのでボイラ追従制御と呼ばれる。この制御方式はボイラに蓄積されたエネルギーを緩衝（ダンパ）として利用するので応答性に優れるが安定性に欠ける。

　図（b）のタービン追従制御（turbine-follow control system）は貫流型ボイラの一種であるモノチューブボイラの制御に使われた方式で，出力要求 MWD によりボイラ入力である燃料が加減される。出力要求 MWD が増加すると蒸気圧力が上昇するので，蒸気圧力を一定に保つようガバナが開きタービン出力が増加する。この制御方式はタービンがボイラに追従するので，タービン追従制御と呼ばれる。この制御方式はボイラに蓄積されたエネルギーをあてにしないので，安定した制御が行われるが応答性に欠ける。

　図（c）のボイラタービン協調制御（coordinate control system）は基本的にはボイラの入力である燃料と給水，出力であるガバナを出力要求 MWD で同時に制御する方式で，前二者のそれぞれの特長を生かした制御である。国内では最初に貫流ボイラの制御に採用されたが，ドラム型ボイラについてもこの制御方式が採用されるようになった。ただし，ドラム型ボイラでは給水制御が直接に出力要求 MWD で制御されない。その理由はドラム型ボイラがその構造上，蒸気圧力は燃料で制御され，給水は直接的には出力要求 MWD に関係ないからである。

　初期のボイラはすべてドラム型ボイラであったことと，現代制御理論が普及していなかったこと，現代制御理論の基盤技術である電子計算機が手近になかったことなどから，制御は PID 制御に代表されるいわゆる古典制御理論が応用された。さらに初期の火力プラントはベースロード用（base load, 出力が一日を通してあまり変化しない）に設計されていたので，今日のように高いプラントの負荷変化率（1分間に変化する負荷の割合）が要求されていなかった。このためボイラ追従システムという制御方式が採用された。

　しかしドラム型ボイラにも高い負荷変化率が要求され，次項に述べる貫流型ボイラに採用された APC システム（automatic power control system）が良

好な制御性をみせたことから，最近ではドラム型ボイラにも先に述べたように APC システムが採用されるようになった。

〔1〕 **ユニットマスタ制御および燃焼制御**

図 1.9 の左半分はユニットマスタ制御と称して発電を司る部分であり，ボイラへの燃料の投入から，発電機から電力を出力するまでがここで統括的に制御される。

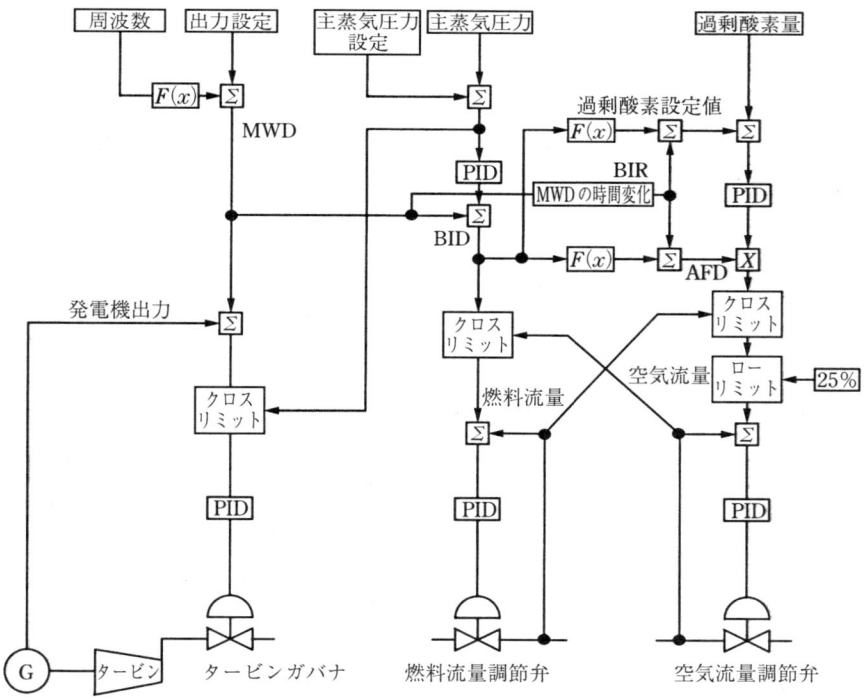

図 1.9 ユニットマスタ制御および燃焼制御

出力設定はオペレータが行う場合と中央給電所が自動で行う場合がある。中央給電所が通信回線を通して発電機出力を制御することを ADC（automatic dispatching control，自動給電）という。これはお客様の電力使用量を監視しながらそれに見合う電力を発電するシステムで，これにより電力の品質である電圧と周波数が常に規定値に維持されている。

14   1. 火力発電プラントの制御

　出力設定が周波数で修飾されているが，これは系統周波数が $60\pm0.2\sim0.3$ Hz以上ずれると発電機出力を増減させて周波数を引き戻す働きをする。$0.2\sim0.3$ Hzの不感帯を設けるのは制御装置の限界を考慮している。もし不感帯がなければ電力系統の小さな周波数変化に対してもボイラ制御装置が働き，周波数を制御するというよりは外乱を受けたような振る舞いをしてしまう。出力設定が周波数で修飾された後の信号を要求負荷信号 MWD（mega watt demand）という。

　MWDで要求される電力を発電すべくタービンガバナがPID制御されるが，この系には主蒸気圧力偏差からのクロスリミット（cross limit）が入っている。これはボイラがタービンに対して負荷変化に耐えられない状態になったとき，負荷変化を抑制するもので，主蒸気圧力偏差が定格値より大きくなると負荷変化が停止される。

　MWDと主蒸気圧力偏差をPID演算した結果の和がボイラ入力要求量BID（boiler input demand）といわれ，主蒸気圧力が規定値になるように燃料流量が制御される。この系がボイラも含めて十分に応答しない場合は先ほどのクロスリミットが働くことになる。

　燃焼には必要最低限の空気量が必要であり，それが足りない場合は燃料流量制御系に入っているクロスリミットが働き，燃焼に必要な空気量が確保されるまで燃料の増加を停止する。

　BIDは関数発生器 $F(x)$ を通して過剰酸素設定値が作られ過剰酸素との偏差がPID演算される。BIDはもう一つの関数発生器 $F(x)$ を通して要求空気量AFD（air flow demand）が作られ，先に演算された過剰酸素偏差量で修飾されて空気量を制御する。

　空気流量の制御系でさらに注目しなければならないのはMWDの微分値が過剰酸素設定値とAFDに足し込まれていることである。これは一種の先行制御であり，この信号をBIR（boiler input rate）と呼び，その働きは負荷が上昇するときは空気が不足しがちになり黒煙が発生する危険性があるので，空気を余分に投入するものでエアーリッチ（air rich）制御とも呼ばれる。逆に負

荷が下がるときは燃料が要求する最低限の空気量を投入する。以下にBIRという言葉が出てくるが，それらはすべてair rich制御に端を発している。

　燃料のクロスリミットとは逆に負荷降下時には空気流量が保証する燃料量より実際の燃料量が多い場合は，空気流量制御を止めて燃料量が安全な量になるまで待つ安全装置が設けられている。さらにバックファイヤ（back fire）という火炉が爆発する事故を防止するために法令で定められている最低空気量25％の制限器が空気制御系に設けられている。

〔2〕 給 水 制 御

　ドラム型ボイラにおけるドラム水位制御はきわめて重要である。仮にドラム水位が上がり過ぎると，蒸気と一緒に水がタービンに飛んでいくキャリオーバ（carry-over）現象が発生し，タービンに大きなダメージを与えることになる。逆にドラム水位が下がりすぎるといわゆる空焚きになり，いずれもプラントに大きなダメージを与えることになる。

　ドラムは解放タンクの水位制御と異なり蒸気に圧力があるので，単純にドラム水位を検出してPID制御をするとかなり不安定な挙動をしめす。

　このような系を安定に制御するために考案された制御方式が，ドラム水位のほかにドラムに入ってくる給水量とドラムから出ていく蒸気量を取り込んだ図1.10に示す「3要素制御」という方式である。

　このシステムではボイラ負荷が安定していれば給水流量と蒸気流量はほぼ同じであるので，ボイラ水位はボイラ水位情報だけで制御される。ボイラ負荷が変化を始めると，ドラム水位に変化が起こり始める前に蒸気流量が変化を始めるので，蒸気流量と給水流量の差分で先行的に給水流量を加減すればドラム水位を安定させることができる。

　ボイラを起動するときはまだ蒸気の消費がないので，ドラム水位だけで制御する単要素制御が選択できるように制御系が組まれている。

　操作端には給水ポンプを駆動するタービンの回転数を制御して所定の給水量を得る系と，電動機によって駆動される給水ポンプから吐出される給水を調節弁で制御する2系統がある。電動機駆動給水ポンプは起動時に使用され，ター

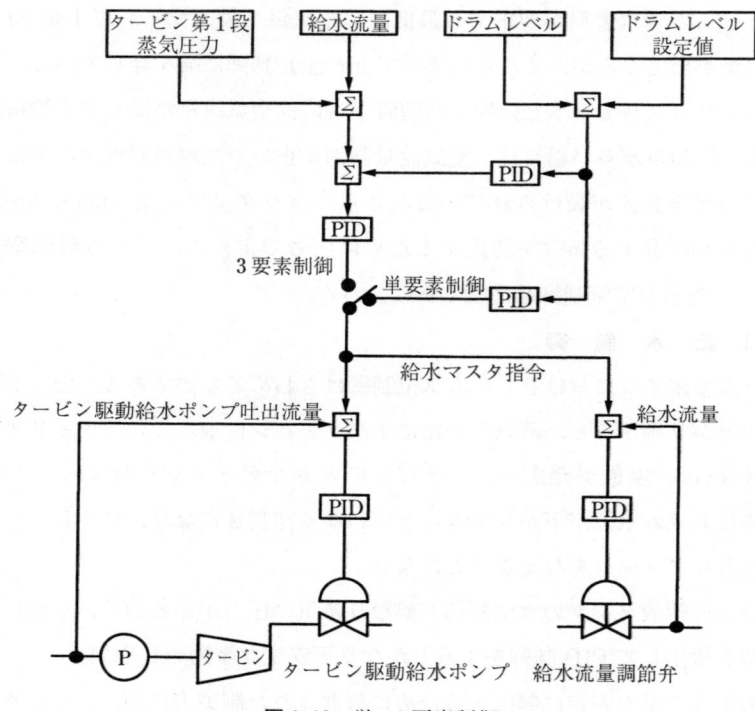

図 1.10 単・3要素制御

ビン駆動給水ポンプは通常負荷運転で使用される。

〔3〕 蒸気温度制御

　蒸気温度制御は主蒸気温度と再熱蒸気温度をそれぞれ独立して制御するが，過熱器と再熱器が同一の燃焼ガスパスの中にあるので激しい干渉を起こすことと，過熱器の時定数が約30分あるので単純なPID制御だけでは制御しきれないので，カスケード制御を採用している。

　主蒸気温度制御は過熱器入り口で蒸気に水を混合して蒸気温度を調節している。図 1.11 に示すように過熱器出口の蒸気温度が目標値になる過熱低減器出口の蒸気温度設定値を上流側の PID 調節計で求めて，下流側の PID 調節計が過熱低減器出口の蒸気温度を制御するカスケードシステムになっている。

　加熱器出口蒸気温度の設定値は MWD をインデックスにして求める。過熱

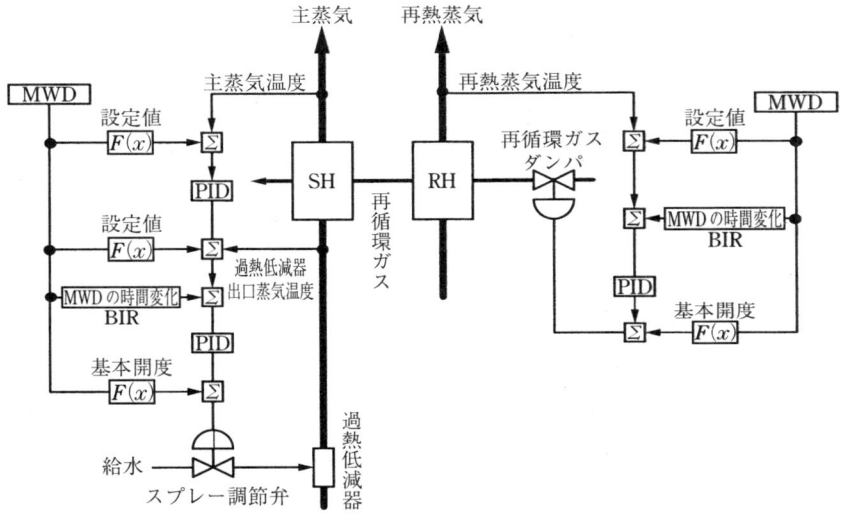

図 1.11　蒸気温度制御

低減器出口蒸気温度もボイラ負荷により大体決まっているので，加熱器出口蒸気温度の設定値と同様に MWD をインデックスにして求める。この設定値をカスケードシステムのメインループで修飾することにより，MWD をインデックスにして求める設定値の誤差を修正している。

負荷変化に対して蒸気温度制御が遅れることを改善するために，MWD の微分値（BIR）を設定値に加算している。

さらにスプレー調節弁の開度はボイラ負荷により大体決まっているので，ボイラ負荷をインデックスにして調節弁の大体の開度を決定して誤差分を PID 調節系で取っている。

これらをまとめると図 1.12 のように，静特性はデマンドカーブと呼ばれる MWD 等をインデックスにして求めプログラム制御するものと，この誤差を修正する PID 制御と，ダイナミックスを補償する先行制御（BIR）の組合せがボイラ各部の制御の基本で，系によってはこの中から不要なものを省略する。

BIR と称される先行制御はボイラ負荷が変化したときのダイナミックスを

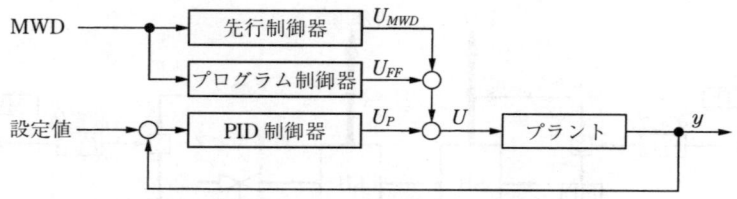

図 1.12　事業用ボイラ制御システムの基本構成

補償するもので，負荷変化を微分したものを PID 制御の出力や設定値に足し込むが，制御装置が空気式，電気式アナログ制御そして計算機制御 DCS（distributed control system）へと変遷するに従い技巧的になっていった。

図 1.13 の第 1 世代 BIR は単純に負荷変化を微分したものでその形は矩形であった。このやり方では BIR が入るところと抜けるところで制御性が悪くなる。これを改善するために BIR が入ったり抜けたりするところを図 1.13 の第 2 世代 BIR のようにランプ状にすることにより，制御性がかなり改善できるようになった。プラントの特性からは BIR の高さが常に一定であることは矛盾があるので，図 1.13 の第 3 世代 BIR のように BIR の高さを負荷によって変化することによりさらに制御性が改善された。

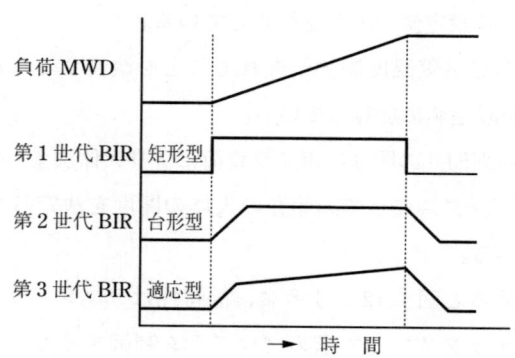

図 1.13　先行制御信号の形

BIR の調整については 1.3.3 エキスパート技術による先行制御信号の自働調整で詳細に説明する。

再熱蒸気温度は再循環ガス量を加減することにより再熱器での熱交換量を制

御している。ここで問題は先にも述べたように過熱器と再熱器が同一の燃焼ガス通路の中にあるので，再熱蒸気温度を上げるために再循環ガス量を増加させると，過熱器での熱交換量も増加するので主蒸気温度も上がってしまう干渉現象が発生する。主・再熱蒸気の非干渉制御については多くの研究がなされているが，完全な回答はまだないように思われる。

1.1.5 貫流ボイラの制御

初期の貫流ボイラの制御はタービン追従型の制御をしていたが，大型の貫流ボイラの出現と同期して協調制御システム（coordinate control system）が1960年代に提唱され，この考え方は貫流ボイラで十分な実績を積み重ねた後，ドラム型ボイラの制御装置劣化更新（retrofit）に伴い，ドラム型ボイラの制御にも協調制御システムが採用されるようになった。

〔1〕 BTGマスタ制御

火力プラントはボイラ入力である燃料，空気，水と出力である電力がバランスし，運転されて初めて安定した操業ができる。先に述べたドラム型ボイラでは発電機出力が変わると蒸気流量が変化し，その影響で蒸気圧力が変化するという連鎖反応的制御をしていた。

しかし，発電機出力が変化したときそれに同調してボイラ入力を一斉に制御してやれば，もっとよい結果が得られるはずであるという考えがあり，これが協調制御の考え方である。

協調制御の中枢となる部分がBTGマスタ制御といわれる。BTGはboiler, turbine, generatorの頭文字をとったもので要はボイラから発電機まで（ユニットと表現する）を一挙に制御するという意味である。

貫流ボイラを採用したユニットの制御には次項から述べる4モードがあるが，ここでは特に重要なボイラタービン協調制御モードについて事項で説明する。

（1） ボイラ手動モード　　燃料流量，給水流量などの制御が手動であるため発電機出力がBTGマスタから制御できない状態。

（2） ボイラ入力制御モード　　発電機出力がボイラ入力量の制御によって支配される運転状態で，タービン追従制御の状態である。後に説明するランバックはこれに属する。

（3） ボイラ追従モード　　25％MCR（maximum continuous rate：最大連続運転負荷）以上の負荷において給水，燃料および空気が自動制御されているが，タービンガバナが手動であるため発電機出力がタービン加減弁開度に支配される運転状態。

（4） ボイラタービン協調制御モード　　25％MCR以上の負荷においてタービンガバナ，給水，燃料および空気が自動であり，発電機出力がBTGマスタから制御される運転状態。

（a） ボイラタービン協調制御モード　　前項で述べた運転モードのうちボイラタービン協調制御モード以外はいわゆる非定常運転である。定常運転は以下に説明するボイラタービン協調制御モードである。

25％MCR以上の負荷においてタービンガバナ，給水，燃料および空気の制御が自動であって発電機出力が中央給電司令所からのADC（automatic dispatch control）指令または手動により決定され制御される。

ボイラタービン協調制御について述べる前に，ボイラ追従制御とタービン追従制御の利点・欠点を理解してボイラタービン協調制御の必要性を知るべきである。

タービン追従制御ではタービン加減弁は主蒸気圧力制御をするので，その開度はボイラ出力（主蒸気流量と主蒸気エンタルピー）に比例する。ボイラ入力（給水量と燃料量）変化がボイラ出力変化に現れるまでの早さは，ボイラのむだ時間と一次遅れ時定数に依存する。700 MW級のボイラでこれらはそれぞれ約30秒と120秒である。このため発電機出力の変化は緩慢になる欠点があるが，負荷変化時にタービン加減弁がボイラ蓄熱量の先取りをしないので，安定したユニット運転ができる利点がある。

ボイラ追従制御ではタービン加減弁は発電機出力制御のみを目的としているので，主蒸気圧力の変化を無視してボイラ蓄熱量を先取りする。このため発電

機出力の変化を早くすることができる利点がある。

しかし，ボイラ蓄熱量の少ない貫流ボイラに対して発電機負荷が大幅に変化すると，ボイラ蓄熱量だけでは発電機負荷変化をカバーできないので，ボイラ入力が負荷に応じて制御されるが，前項に述べたようにボイラの動きが緩慢であることから制御が不安定になる欠点がある。

このようにタービン追従制御とボイラ追従制御はまったく対照的な制御方法である。電力を供給するというビジネスからの要求は，発電機の負荷変化率はできるだけ大きくとり，ボイラ制御は限りなく安定でなければならない。この要求を満足させるためにタービン追従制御とボイラ追従制御の折衷制御をとったものがボイラタービン協調制御である。

ボイラタービン協調制御では発電機負荷変化要求が発生したとき，タービン加減弁開度を発電機負荷変化要求に見合う位置までフィードフォワードで変化させて，以降その開度を維持してボイラ入力が主蒸気圧力を回復させるのを待つ。主蒸気圧力が規定値に達したときには発電機出力も発電機負荷変化要求に一致する。これにより高い発電機負荷変化率と安定した制御を達成できる。

ここで最大の問題は発電機負荷変化要求に見合うタービン加減弁開度を決定することである。タービン加減弁開度と発電機出力の関係はあらかじめわかっているので，加減弁開度をその位置に制御することは容易に考えられるが，これは精度の面で信頼性に欠ける。したがって観点を蒸気の流体力学的特性とタービンの特性に移してタービン加減弁開度の測定方法を考える。ここでタービン加減弁開度とは，タービン加減弁とタービン第1段ノズルの実効ポート面積を意味する。

気体を絞り機構によって減圧する場合，出口圧力＞（入口圧力×0.55）であれば通過流量は差圧の0.5乗に比例するが，出口圧力＜（入口圧力×0.55）では流量は絞り機構のポート面積と入口圧力の積に比例する。

主蒸気は気体であるので加減弁開度は絞り機構の流体力学的特性を適用できる。さらに蒸気タービンの第1段の蒸気圧力が主蒸気流量に比例することは既知である。

この二つの特性を組み合わせると，タービンの約75％定格出力まではタービン加減弁開度が蒸気タービン第1段落の蒸気圧力と主蒸気圧力の比に比例する。約75％定格出力以上では厳密にいってこの関係は成り立たないが，蒸気タービン第1段落の蒸気圧力と主蒸気圧力の差圧が大きいので，この関係を適用しても制御上支障にはならない。この関係を式（1.1）に示す。

$$\frac{P_{1st}}{P_{MS}} \cong P_{1st}\left(1 \pm \frac{\varDelta P_{MS}}{P_{DMS}}\right) \tag{1.1}$$

ここで，P_{1st} はタービン第1段落蒸気圧力，P_{MS} は主蒸気圧力，$\varDelta P_{MS}$ は主蒸気圧力偏差，P_{DMS} は定格主蒸気圧力である。

さらにタービン第1段落蒸気圧力（∝主蒸気流量）と発電機出力との間には比例関係があり，タービン第1段落蒸気圧力と発電機出力の時間遅れは発電機負荷に関係なく一定である。この関係を式（1.2）に示す。

$$\frac{P_{1st}}{P_{MS}} \cong G_{MW}\left(1 \pm \frac{\varDelta P_{MS}}{P_{DMS}} \times \alpha\right) \tag{1.2}$$

ここで，P_{1st} はタービン第1段落蒸気圧力，P_{MS} は主蒸気圧力，$\varDelta P_{MS}$ は主蒸気圧力偏差，P_{DMS} は定格主蒸気圧力，G_{MW} は発電機出力，α は発電機出力遅れ補償係数である。

ボイラタービン協調制御モードでボイラ側の制御は次のように行われる。以下の説明は**図1.14**の貫流ボイラ協調制御を参照されたい。

① 発電量指令信号 MWD を比例先行制御とし，これに主蒸気圧力修正信号を加えてボイラ入力指令信号 BID（boiler input demand）を作る。

② MWD の微分関数を主体として，増負荷と減負荷の場合について別々に変化率特性を与えて BIR を作り，給水制御，燃料制御および空気制御に対してそれぞれ最適ゲインを与えて三つのボイラ入力加速信号としている。

③ 給水制御系はボイラ入力指令信号 BID そのものを比例動作制御信号とし，ボイラ入力加速信号 BIR を加算して給水流量指令 FWD（feed water demand）を作る。

1.1 ボイラの構造と従来からの制御　23

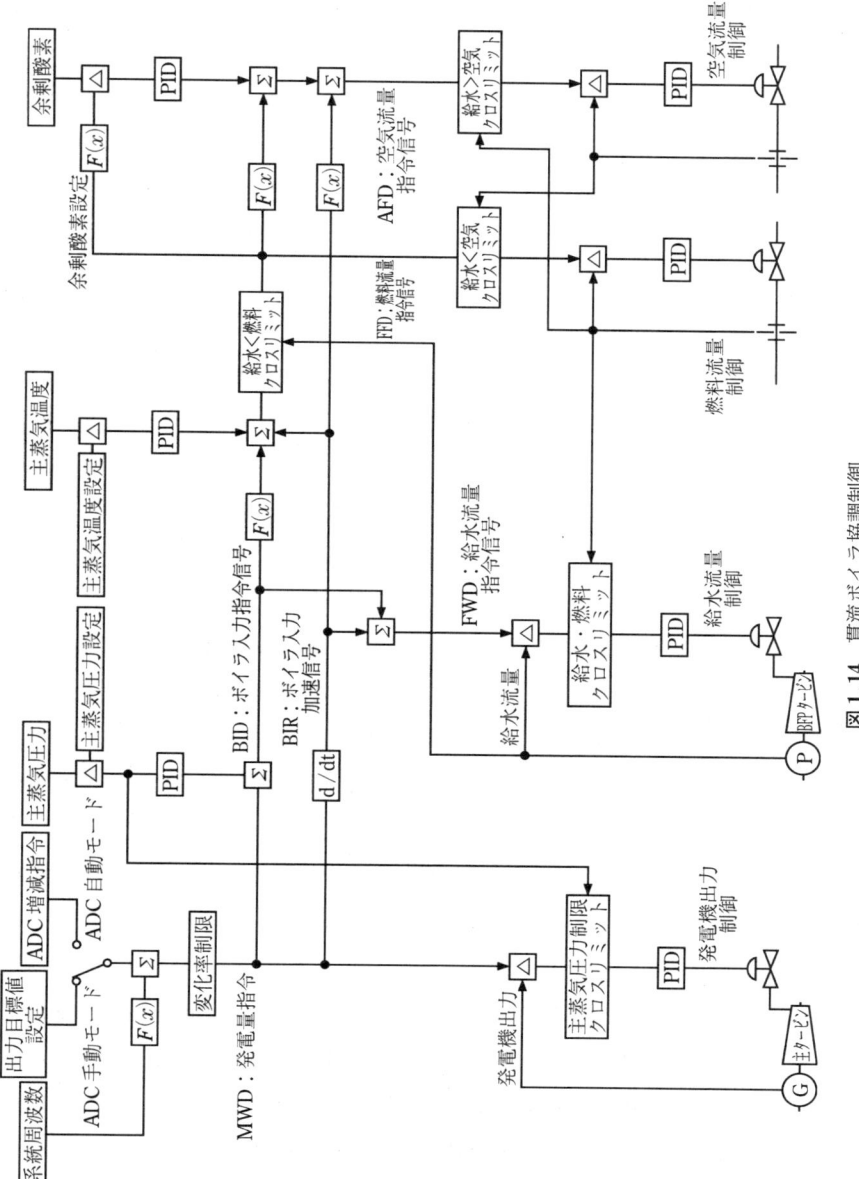

図 1.14　貫流ボイラ協調制御

④ 燃焼制御系はボイラ入力指令信号 BID の関数を先行比例制御信号とし，ボイラ入力加速信号 BIR を加算し，さらに主蒸気温度修正制御信号を加えて燃焼量指令信号 FFD (fuel flow demand) を作る。空気制御は各負荷において最適な過剰空気率を確保するため，燃焼量指令信号 FFD の関数にガス O_2 修正制御信号を加え，さらに負荷変化中のエアリッチ (air rich：負荷変化中の黒煙発生を防止するために空気を余分に投入する制御) を確保するため，ボイラ入力加速信号 BIR を修飾したものを加えて，空気流量指令信号 AFD (air flow demand) を作る。

ボイラ入力指令信号 BID は本質的には給水流量指令 FWD である。給水系に適用されるボイラ入力加速信号 BIR は，ボイラの蓄熱量が大きくて負荷変化後の主蒸気圧力が設定値からずれている時間が長いときのみ使用するもので，ボイラの種類によってはボイラ入力加速信号 BIR はゼロである。

ボイラの蓄熱量は給水ポンプ出口〜タービン入口に充満する流体の保有量とその流体および加熱管メタルが含む熱エネルギー量の合成である。流体保有量はおもに給水加熱器，給水管，節炭器および火炉水冷壁に大部分が存在し，過熱器および再熱器には少量しか存在しない。流体保有量は負荷の大小に影響されないが一応の目安として給水ポンプ出口圧力がその量を示す。

通常負荷運転中で負荷変化がなければ給水流量と主蒸気流量は等しく発電機負荷にほぼ比例する。負荷変化中および負荷変化終了後のある時間はユニットは過渡状態にあるので，流体の入出力間に差ができるので流体保有量も定常状態における量よりずれている。このアンバランスを示す指標が主蒸気圧力の偏差である。

例えば負荷が上昇した場合，タービン側が先取りした流体保有量の一部および旧負荷における流体保有量と新負荷における流体保有量との差を補充するために，給水流量は発電量指令信号 MWD 以上に過大補給 (over pumping) をしなければならない。逆に負荷下降時は過小補給 (under pumping) することになる。

ボイラ入力指令信号 BID に含まれる主蒸気圧力修正制御信号はこの over/

under pumping を行うものである。よってボイラ入力指令信号 BID は本質的にはボイラ流体入力すなわち給水流量指令 FWD である。

熱エネルギーの保有量は過渡状態において変化した給水流量に対応する熱入力（BID の関数）だけでなく，次の要素を満たすために過大加熱（over firing）および過小加熱（under firing）を必要とする。

① 高圧給水加熱器出口の給水温度は過渡状態において旧負荷値から新負荷値に移るまでに数分間の遅れが発生する。このボイラ入力エンタルピーの過渡的変動を補充するために over/under firing を要する。

② ボイラ貫流量（給水流量）が変化したとき新しい流量値に見合った熱量を加熱管金属を通過して流体に伝達するには，管壁断面の金属温度傾斜を変化させなければならない。このために over/under firing を要する。管壁温度傾斜の変化は完全に新負荷に対応する値に達するまでに相当の時間遅れが存在し，しかも増負荷と減負荷の場合で over/under firing の量と継続時間が異なる。したがって MWD の微分関数だけでは満足すべき over/under firing を達成できないので，MWD の変化完了後も 10〜20 分 over/under firing を継続しなければならない。

以上の説明から明らかなように，ボイラタービン協調制御を可能にする必要条件は，① 負荷 25% MCR 以上，② 給水制御自動，③ 燃料制御自動，④ 空気制御自動，⑤ タービンガバナ自動，⑥ ランバック動作中でないことである。なおランバックについては次項に説明する。

(b) ランバック動作　システムの中で重要な装置が故障した場合，発電機負荷をいち早く下げれば運転を継続することが可能なケースがある。このような非常事態回避制御をランバック（run buck）と称している。

ランバックはプラントにより多少異なるが次のような場合に行われる。

① 給水ポンプ一部停止
② 押し込み通風機一部停止
③ 高圧給水加熱器ドレン水位極高
④ 相分離母線冷却装置故障（相分離母線：発電機〜主変圧器までの母線）

ランバックのための負荷降下速度は，給水ポンプ停止のような緊急度の高いものについてはおよそ 100 ％負荷に対して 80 ％/min である。高圧給水加熱器ドレン水位極高のように緊急度の低いものについては，約 10 ％/min で負荷降下が行われる。

ランバック中の各部の制御はランバックの種類に応じて適切に行われるように制御システムが設計されている。例えば給水ポンプトリップによるランバックでは，ボイラ入力が大幅に減少しているので主蒸気圧力が下降する傾向がある。したがって，タービン加減弁は主蒸気圧力制御を行い，発電機出力は自然降下にまかせる，つまり成り行きまかせになる。

（c） **クロスリミット**　制御装置が目標値を維持する制御を優先すると暴走状態が発生するので，重要な制御量には，暴走防止のためクロスリミット回路が組み込まれている。

（1）**主蒸気圧力クロスリミット**　主蒸気圧力はタービン加減弁開度・ボイラ蓄熱量・ボイラ入力量の相対関係で決まるので，次の安全制御が行われる。

① ADC モード運転中：主蒸気圧力上下限制限制御
② ボイラ追従モード運転中：ボイラ入力制御により主蒸気圧力回復制御
③ ボイラ入力モード運転中：タービン追従モードで主蒸気圧力制御

（2）**主蒸気温度クロスリミット**　主蒸気温度は燃料量と給水量の比率である水燃比によって決定される。水燃比が±10 ％以上ずれている場合は，やがて主蒸気温度の大変動が予測されるので，事前に次の安全保護動作を行う必要がある。

① 燃料量大 ⇒ 給水量上げクロスリミット動作
② 燃料量小 ⇒ 給水量下げクロスリミット動作
③ 給水量小 ⇒ 燃焼（燃料および空気）下げクロスリミット動作

（3）**過剰空気率クロスリミット**　過剰空気率は空気流量と燃料流量の比率である空燃比によって決定される。空燃比が±5 ％以上ずれている場合は黒煙発生のおそれがあるので，次の安全保護動作が必要である。

1.1 ボイラの構造と従来からの制御

① 空気量小 ⇒ 燃料量下げクロスリミット動作
② 燃料量大 ⇒ 空気量上げクロスリミット動作

〔2〕 給 水 制 御

ボイラに給水をするための装置はタービン駆動給水ポンプと電動機駆動給水ポンプがある。タービン駆動給水ポンプは蒸気タービンでポンプを駆動するもので，流量制御はタービンの回転数を加減することにより行われる。電動機駆動給水ポンプは回転数を変えることができないので，ポンプ出口の調節弁を加減して給水の制御を行う（**図1.15**）。

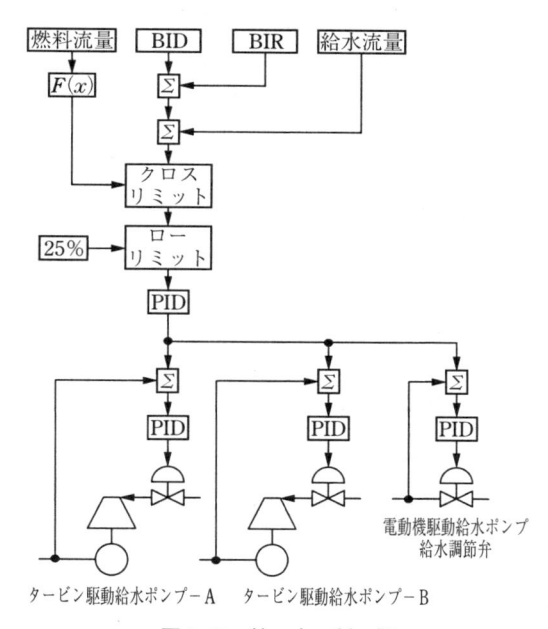

図1.15 給 水 制 御

このようにまったく違った特性をもつ装置を制御するので，給水制御系はボイラの要求する給水流量指令信号を作る給水マスタと，個々の装置が給水流量指令信号に従って必要な給水量を供給するスレイブで構成するカスケード制御システムを採用している。

給水流量指令信号 FWD は，ボイラ入力指令信号 BID とボイラ入力加速信

号 BIR を加算して作る。貫流ボイラでは給水流量と燃料流量のバランスが重要であるので，そのバランスが崩れるとクロスリミットが働き給水流量指令信号 FWD の動きが抑制される。

さらに最低給水流量以下にならないように，ローリミットにより給水流量指令信号 FWD は 25 % 以下に下がらないようにしている。この理由は火炉水冷壁管は内部貫流量，すなわち給水量の吸熱冷却により高温燃焼ガスによる損傷を防いでいるからである。

二つの保護機能を通過した給水流量指令信号 FWD と給水流量との偏差が PID 演算されて，各給水ポンプへ流量指令が送られる。これに従いタービン駆動給水ポンプと電動機駆動給水ポンプは，ボイラへ給水を送り込む。

〔3〕 **主蒸気温度制御**

主蒸気温度制御には空気量と燃料量の比率（空燃比）を調節して行う。主蒸気に給水を注入して行う SH（super heater，過熱器）スプレー制御は補助的な手段である。したがって，ここでは主蒸気温度制御の説明を行うが燃焼制御

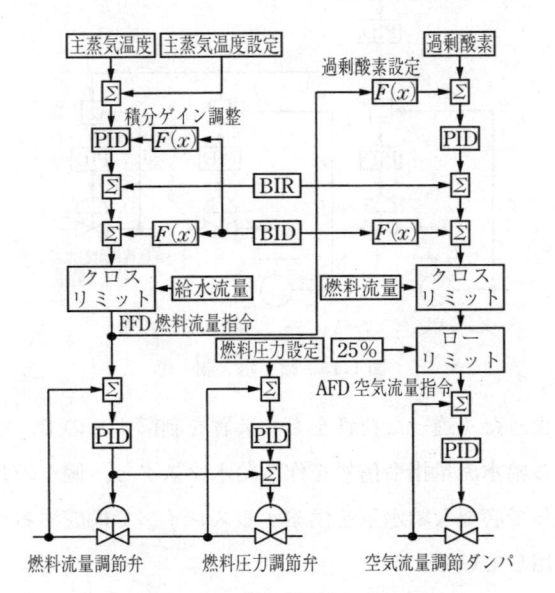

図 1.16 燃 焼 制 御

（図1.16）も併せて説明することになる。

　燃焼指令信号FFD（fuel flow demand）はボイラ入力指令BIDから関数プログラムした先行制御信号，ボイラ入力加速信号BIR，主蒸気温度偏差をPID演算した修正制御信号および給水流量と燃料流量のバランスが崩れたときのクロスリミットを経て作られる。

　ボイラ入力加速信号BIRはすでに述べたように負荷上昇時には一時的にover firingを行って管壁内の温度勾配をより急にして，増大した管内の増加流体流量に見合った熱量を供給する，すなわち管の金属内部熱保有量の調節を行うものである。逆に負荷下降時はunder firingが行われる。貫流ボイラの主蒸気温度制御の核心はボイラ負荷変化の微分値（ボイラ入力加速信号BIR）による燃焼制御にある。主蒸気温度が変化してからの制御はむしろ後処理である。主蒸気温度偏差をPID演算し修正制御信号を作るが，PID演算の内積分項は負荷・ボイラ貫流時間特性を考慮してボイラ入力指令BIDの関数によって自動補償している。

　蒸気温度の制御方法の一つとして過熱蒸気にボイラ給水を散布（スプレー）することが一般的である。SHスプレー水はボイラ給水量を計量した後の配管から分岐して取り出されるので，SHスプレーをすることはボイラに入る給水を少なくするがボイラ出口で蒸気に混ぜるため，過渡現象は別としてボイラ入力である給水量とボイラ出力である蒸気量は変わらないので，SHスプレーによる主蒸気温度制御が発電機出力制御および主蒸気圧力制御に及ぼす干渉を除くことができる（図1.17）。

　これを別の表現で説明すると，SHスプレーによって主蒸気温度を制御しても燃焼量/給水量比率が変わらなければ，節炭器・火炉水冷壁・1次過熱器の貫流量が過熱低減器SHスプレー量の増・減分だけ減少・増大し，ある時間遅れ後には過熱低減器入口蒸気温度が上昇・下降するのでSHスプレーによって修正した蒸気温度は元に戻ってしまう。

　以上をまとめると，SHスプレーは給水量の一部であって，節炭器・火炉水冷壁・1次過熱器を通らないだけ主蒸気温度を変化させる速度が速い。したが

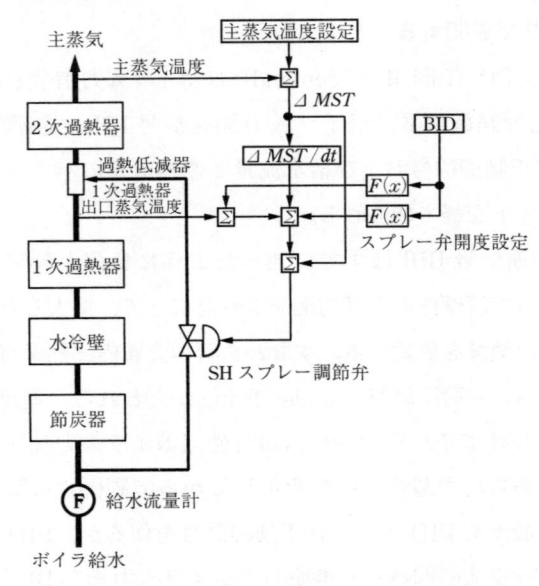

図1.17 主蒸気温度制御

って，SHスプレーは過渡的に主蒸気温度を迅速に修正する手段である。

この手段を有効に活用するには，主蒸気温度が設定値に落ち着いているとき，SHスプレー調節弁を約50％開度にしておき，主蒸気温度偏差がプラスでもマイナスでもSHスプレーによる修正を可能とすることが必要である。この制御をSHスプレー制御と水燃比制御の協調という。

実際の制御システムは図1.17に示すように次の4要素の合成で制御される。

① 主蒸気温度偏差の比例動作
② 主蒸気温度偏差の微分動作
③ 過熱低減器スプレ流量を給水流量の4％に維持するため，定常状態におけるSHスプレー調節弁開度をずらせるボイラ入力指令プログラム・バイアス
④ 1次過熱器出口温度と，ボイラ入力指令によるプログラム設定値の修正動作

〔4〕 燃 焼 制 御

図1.16において燃料流量指令FFDによって燃料流量が制御される。燃料流量を制御するPID調節系の出力が燃料圧力制御系のPID調節系の下流に加算されており，これにより燃料圧力を先行制御する。

燃焼には適当な空気が必要であるが，空気量が多すぎると炉が冷えるので経済的でなくなる。また，燃焼速度が速くなるので窒素酸化物の発生量が増加するなどの問題があるので，事業用ボイラでは必要ぎりぎりの酸素量で燃焼を行っている。必要酸素量より過剰にある酸素を過剰酸素というが，普通2％程度に制御されている。

ボイラ入力指令BIDは関数発生器を経て要求空気量AFD（air flow demand）を決定する。そして燃料流量指令から関数発生器で作られた過剰酸素率を設定値として，過剰酸素との偏差をPID演算して要求空気量AFDを修飾する。

ボイラ負荷が変化するときの空気量の制御は黒煙などを発生しないようにボイラ入力加速信号で，負荷上昇時は過渡的に必要以上の空気を投入する。逆に負荷下降時は燃料量よりも遅れて空気量が減少するように制御する。

燃料量に対して空気量が少なすぎると燃焼が継続できなくなったりバックファイヤを起こしたりするので，これを防止するためにクロスリミットが設けられている。さらに空気量が25％以下にならないようにローリミットが設けられている。

空気量は小型のボイラではダンパで調節されるが，大型ボイラでは押し込み通風機の羽の角度を変える方法や，押し込み通風機を蒸気タービンで駆動してタービンの回転数を変えることにより風量を制御する。

〔5〕 再熱蒸気温度制御

図1.18に再熱蒸気温度制御の概念図を示す。再熱蒸気温度は燃焼ガスを再び炉に取り込むガス再循環方式により制御される。また，再熱蒸気温度が高くなりすぎた場合は，RH（re-heater）スプレーにより緊急処置として再熱蒸気温度を下げる制御を行う。

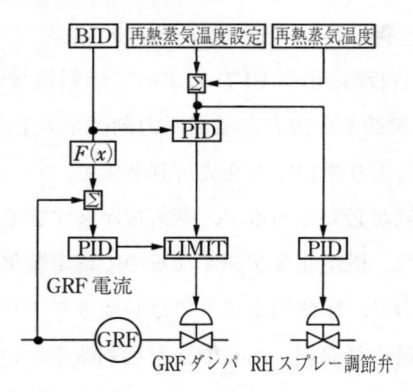

図 1.18　再熱蒸気温度制御

ガス再循環は GRF（gas re-circulation fan）によって行われるが，GRF を駆動する電動機の過負荷防止のために，ボイラ入力指令 BID をインデックスにして電流カーブが引かれており，電流がこれを超過しないように GRF ダンパ制御に制限をかけている。

〔6〕起　動　系

ボイラの起動はドラム型ボイラではさほど難しくないが，貫流ボイラにはドラムのようなクッション機能がないので起動のための設備が設けられている。図 1.19 にボイラの起動系統を示す。

ボイラの起動は前回の停止からの経過時間や停止状態により，ボイラの状態

凡例
BT : boiler throttle
BE : boiler extraction
SA : steam admission
SP : spill over
TB : turbine bypass
WD : water drain

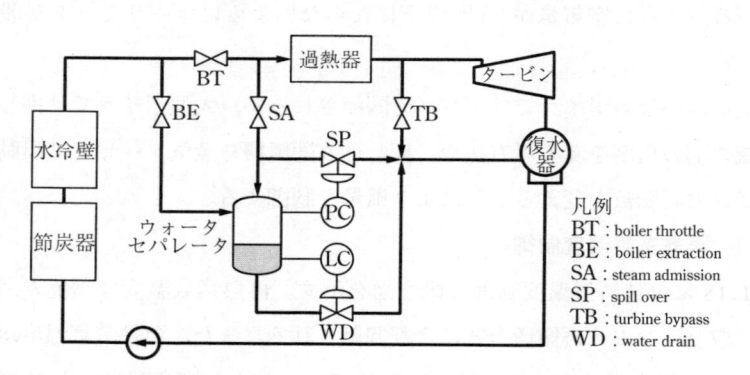

図 1.19　ボイラの起動系統

(缶水の温度など)が異なり,それぞれの状態に応じた起動方法が選択されるが,ここではコールドスタートと呼ばれる初めてボイラが起動するときの制御について説明する。

バーナが点火されて水冷壁内の缶水の温度・圧力が上昇する。ウォータセパレータの圧力とレベルはそれぞれ SP (spill over), WD (water drain) 弁で制御されているので,水冷壁で発生した飽和蒸気は BE 弁を経由して復水器を通り循環する。

水冷壁出口蒸気温度が 410°C 以上になると BE 弁から BT (boiler throttle) 弁への切り替えが行われるが,このときはすでに発電機は約 10 % の負荷をとっている。TB (turbine bypass) 弁はタービンのターニングクラッチが噛合(タービンが起動する前はターニングモータによりタービンロータはゆっくりと回っている。このためのクラッチが噛み合っている間はタービンは起動できない)していて,主蒸気圧力が 0.69 kPa 以上のときは TB 弁は全開になっており,蒸気は復水器を経由して循環している。この状態で TB 弁を徐々に閉めて,SP 弁が適当な開度に達することで蒸気条件ができあがるので,タービンを起動する。そして発電機が系統と接続(併入)されると TB 弁は全閉になる。先に述べた BE 弁から BT 弁への切り替えが完了した時点で SP,WD 弁は制御を中止し,負荷約 25 % でボイラの起動モードが完了する。

1.2 ボイラ制御への現代制御理論の応用

制御の世界では従来からあるいわゆる PID 制御理論を古典制御理論,そしてそれ以外の制御理論を現代制御理論と呼ぶことがある。さらに新しい技術である人工知能を応用した技術は古典制御理論と現代制御理論とを差別して人工知能型制御という世界を独歩しているように見える。

ここではこのような状況に従って 2 節で現代制御理論について,3 節で人工知能技術について述べたい。

1. 火力発電プラントの制御

1.2.1 非線形分離制御

ボイラ制御システムはきわめて複雑・巧妙に設計されているが，これらはボイラ制御装置を調節しながら経験を少しずつ積み重ねられた技術の結晶である。そこには教科書にあるような制御システムの理論はどこにも出てこない。PID制御理論が論じられたこともなく，ジーグラ・ニクラウスの限界感度法がその調整に使われている現場を見たこともない。完全にボイラ制御装置職人さんの世界の産物である。それにもかかわらず完璧までに制御が行われていることはボイラ制御装置が理にかなった設計と調整が行われていることである。

著者らのグループは非線形分離制御法から実機のデータをもとにBIRの理論的な根拠を解明してみた。

非線形分離制御法は制御器に要求される三つの役割，① 目標値への追従，② 外乱対策，③ 非線形への対応を分離して独立に補償するものである。

① 目標値への追従については線形ダイナミックス補償
② 外乱対策およびモデル化誤差については付加的なPID制御器
③ 非線形への対応については非線形スタティクス補償をする。

BIRは制御器の役割 ① 目標値への追従のために用いられているが，非線形分離制御法を適応することにより系統的にBIRを構成することができる。

〔1〕 実機データに基づく非線形モデルの構築

検討対象とした制御系は貫流ボイラの水冷壁出口蒸気温度制御系である。この系は給水が蒸気温度に無関係に投入される。水冷壁出口蒸気温度は燃料により調整される。

500 MWユニット定圧貫流ボイラの水冷壁出口蒸気温度制御の実機データを 図1.20（a）〜（e）に示す。図（a）はMWDが500 MWから300 MWに降下していることをしめしている。図（b）はこのときの給水流量の変化，図（c）は燃料流量の変化を示している。図（d）はボイラ制御装置から取り出したBIR信号であるが負荷が降下するに従って先行的に燃料を絞るように動作していることがわかる。そして図（e）は制御された水冷壁出口の蒸気温度を示している。

1.2 ボイラ制御への現代制御理論の応用

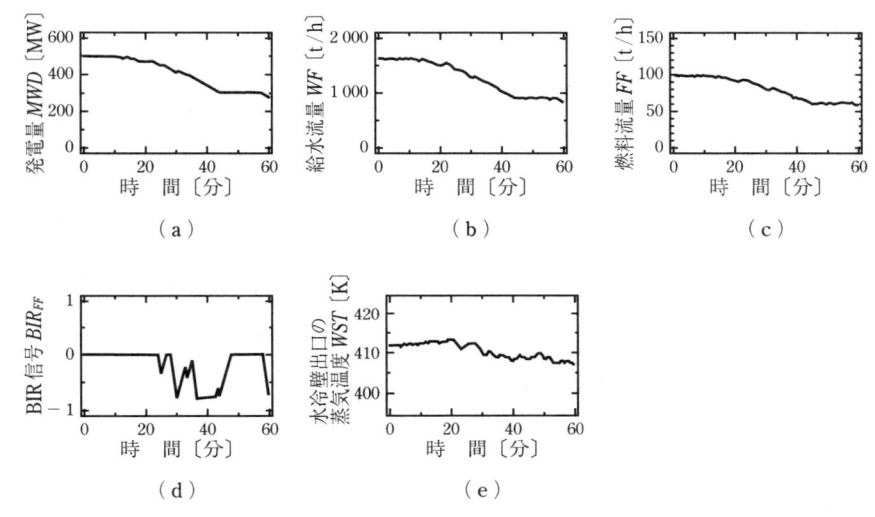

図1.20 火力発電プラント実機データ

水冷壁のモデルは図1.21のように非線形スタティクス F と二つの線形ダイナミクス $G_f(s)$, $G_r(s)$ を考える。非線形スタティクス F はゲインに相当し負荷によって変化していると考えられる。負荷に対するゲインは非線形であるので実機の定常状態から求める。

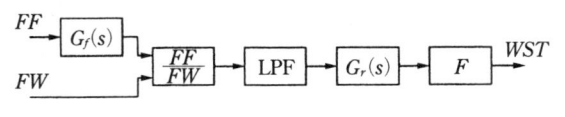

図1.21 水冷壁非線形分離モデル

燃料流量 FF の指令が与えられ実際にボイラに到達するまでの遅れの線形ダイナミクス $G_f(s)$ とする。給水については入手したデータのサンプリング周期が長い（60秒）ため給水 FW に対する給水の遅れが確認できなかったので省略している。水冷壁内で燃焼により生じた熱エネルギーがボイラチューブを介して熱交換するダイナミクスを $G_r(s)$ とする。

非線形分離の考え方は非線形スタティクスと線形ダイナミクスをそれぞれ独立して扱うことにより，制御対象の特性解析や制御器の設計を行うことであ

36　1. 火力発電プラントの制御

る。

FR/FW は水燃比と呼ばれるもので給水流量と燃料流量の比である。LPF は高周波成分を除去する 2 次のバタワースフィルタで遮断周波数は 0.005 Hz とした。線形ダイナミクス $G_f(s)$，$G_r(s)$ は時定数 τ_f，τ_r をもつ式（1.3）および式（1.4）の 1 次系モデルの形で与えた。

$$G_f(s) = \frac{1}{1+\tau_f s} \tag{1.3}$$

$$G_r(s) = \frac{1}{1+\tau_r s} \tag{1.4}$$

非線形スタティクスは図 1.20（b）の給水流量 FW，図 1.20（c）の燃料流量 FF より求められる水燃比 R と図 1.20（e）の水冷壁出口蒸気温度の定常状態のデータから導出した。これは発電要求量 MWD，水燃比 R および水冷壁出口蒸気温度 WST のデータより式（1.5）で表現した。

$$WST = F(R, MWD) \tag{1.5}$$

非線形スタティクスの導出に用いたデータは 155 MW，250 MW，300 MW および 500 MW の定常負荷であり，中間値は直線で内挿することにし**図 1.22** の結果を得た。

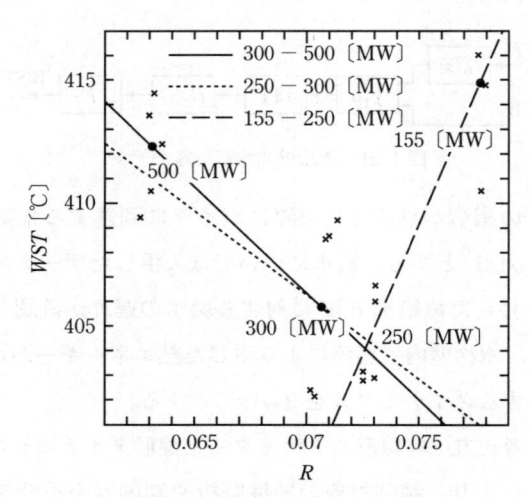

図 1.22　非線形スタティクス

線形ダイナミクスの時定数は非線形分離モデルの出力 WST_m, 水冷壁出口流体温度の実機データを WST としたとき式 (1.6) の二乗誤差平均をとった評価関数を最小とするような時定数を求めた。

$$J = \frac{1}{N}\sum_{i=1}^{N}(WST - WST_m)^2 \tag{1.6}$$

ここで N はデータの個数である。時定数を求めるにはまず τ_f を固定(負荷上げで $\tau_f = 60$ s, 負荷下げで $\tau_f = 180$ s)として最小二乗法により τ_r を求め,求めた τ_r を固定して最小二乗法により τ_f を求めた結果を次に示す。

① 負荷上げ時　$\tau_f = 180$ s, $\tau_r = 900$ s
② 負荷下げ時　$\tau_f = 300$ s, $\tau_r = 960$ s

〔2〕 **実機データに基づく非線形分離制御器の構築**

前項で構築した実機データに基づく非線形分離モデルより非線形制御器を構築する。

水冷壁蒸気温度非線形分離制御器は**図1.23**に示すように図1.21の非線形分離モデルと鏡面対象になるように構成し,非線形スタティクス,線形ダイナミクスをそれぞれ独立に補償するようにした。

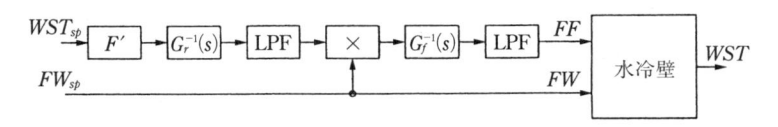

図1.23 水冷壁蒸気温度非線形分離制御器

非線形スタティクス F の補償は,図1.22の非線形スタティクスの逆関数 F' をとり,水冷壁出口蒸気温度 WST と発電要求量 MWD より水燃比 R を導き出したものが式 (1.7) および**図1.24**である。

$$R = F'(WST, MWD) \tag{1.7}$$

線形ダイナミクス $G_f(s)$, $G_r(s)$ は時定数 τ_f, τ_r を有する一次遅れのダイナミクスに対する式 (1.8), (1.9) の逆ダイナミクスにより補償するようにした。

$$G_f^{-1}(s) = 1 + \tau_f s \tag{1.8}$$

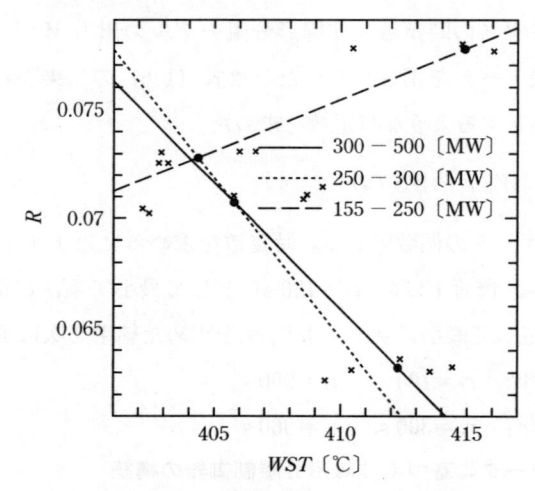

図 1.24 非線形スタティクスの逆関数

$$G_r^{-1}(s) = 1 + \tau_r s \tag{1.9}$$

このような制御器を構築することで WST_{sp} から WST までの伝達関数は 1 となり，入力した目標値を理想的に追従するような出力が期待される。

〔3〕 非線形分離制御の結果

構築した非線形分離モデルの式(1.3)〜(1.6) の評価を行うために，給水流量，燃料流量の実機データをモデルに入力して得られたデータと実機のデータを比較した。

図 1.25（a）に給水流量，燃料流量の実機入力データによる水燃比 水冷壁出口流体温度のモデル出力および実機データの比較を示す。モデル出力と実機データの誤差は最大でも 5°C であり，この数値は対象としている温度制御においては十分に小さいものである。図（b）によりスタティクスおよびダイナミクス部分が実機と同等の特製となる非線形分離モデルが構築できたことがわかる。

前項において構成した非線形分離制御器の式(1.7)〜(1.9) を用いて，目標温度を 410°C とした場合での制御シミュレーションを行った。制御対象は実システムをより正確に表現するモデルとして非線形スタティクスとしては図

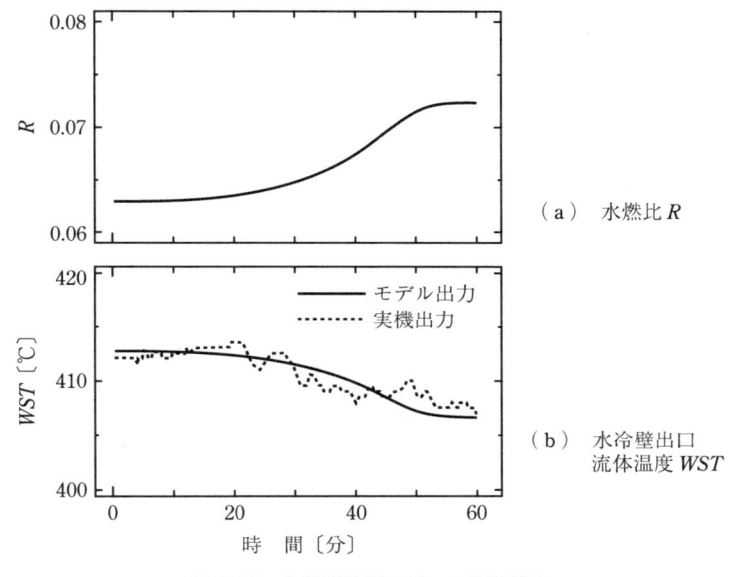

図 1.25 非線形分離モデルの検証結果

1.22 をそのまま用いて,線形ダイナミクスは実データから ARX モデルを構成したものを用いた。

図 1.26(a)に非線形分離制御シミュレーションによって得られた制御入力である燃料流量,図(b)に燃料流量への BIR,図(c)に非線形分離制御シミュレーションによる水冷壁出口流体温度出力を示す。このとき BIR は逆ダイナミクスで補償される信号,つまり逆ダイナミクスの入力を $r(t)$ 出力を $u(t)$ としたときの入出力の差をとることで得ることができる。

図 1.26 のシミュレーション結果から目標値に対しての誤差は最大でも 2〜3°C 程度であり 400°C 程度の目標値に対しては非常に小さいものであり,また負荷変化が始まる 13 分付近から燃料流量の BIR が生成されており,MWD の変化に応じて即座に遅れなく BIR が生成されていることがわかる。したがってこの制御法が有効であるといえる。

〔4〕 **熟練者による BIR と自動調整の BIR の比較**

シミュレーションにおいては図 1.26(b)のようになるがこれは負荷を下

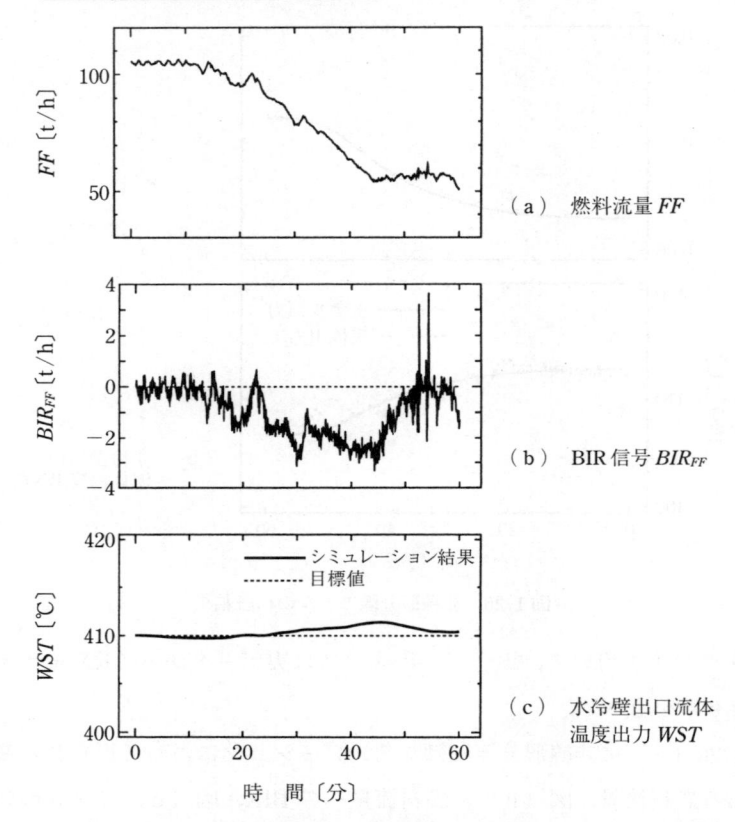

図 1.26 WST 一定の目標値に対する非線形分離制御シミュレーション結果

げたときのものである．熟練者と同等の BIR ならば負の値をとるような形になっていなければならない．図（b）ではその傾向がみられる．したがってこの方法により理論的に BIR を求めることができるといえる．

図 1.26（b）の燃料流量の BIR には高周波の振動がみられるが，これは給水流量の実データを用いて非線形分離制御器により燃料流量を導出したため，給水流量に含まれる雑音振動の影響を燃料流量が受け，その雑音を含んだ燃料流量から BIR 信号を抽出しているためである．ボイラに入力されるのは燃料流量である．この燃料流量を用いた結果が図（c）の水冷壁出口流体温度出力であり，BIR 信号の影響は見られない．これは火力発電プラントの時定数が

振動の周波数と比較して大きいため振動の影響を受けなかったと考えられる。

現在の火力プラントの制御においては長時間のロードスイングテスト[†1]を行い，その結果より経験豊富な熟練者が勘をもとにBIRを調整するという作業をしている。提案した方法は理論的にBIRの導出を行っており，通常運転時のデータがあればロードスイングテストの必要もなく熟練者が調整する必要もない。

非線形分離制御法を火力プラント制御に適用することにより作業者の労力の軽減が望め，またその技術を数式化と自動化することによって熟練者の経験や勘を理屈に基づいた技術として普遍性をもたせることが可能になり，誰でも容易に制御器の調整を行うことができる。

〔5〕 ま　と　め

給水流量，燃料流量から水冷壁出口までの系における温度制御系に関して，火力発電プラント実機データを基に非線形分離モデルを構築して，そのモデルより非線形分離制御法を火力プラントに適用する際に，① 熱力学や伝熱学などの専門的な知識を用いることなく実機データから直接モデル構築を行う。② 蒸気温度は給水流量と燃料流量により決まるが，非線形分離モデルの状態変数には給水流量と燃料流量の2変数をそのまま用いるのではなく，温度に直接影響を与える水燃比を用いることで簡単なモデルを作成する。③ 非線形スタティクスは負荷帯によってボイラ特性が大きく変わるため，負荷帯ごとに水燃比と蒸気温度の関係を実機データから求める。というような工夫を行うことにより適切な非線形分離制御を構成できた。

この非線形分離制御器を用いたシミュレーションの結果よりBIRを理論的に求めることができた。この非線形分離制御により理論的に求められたBIRは熟練者により決定されたものと同等の働きをする信号であることも確認できた。このことより，これまで熟練者が長時間かけて調整していたBIRを自動

[†1] ボイラ制御装置の調整を行うためにおおよそ100〜25％の間の適当な負荷帯において，負荷を大きく変化させてボイラの動特性を同定する試験で，長い場合は1週間にも及ぶ。

的に生成することができ必ずしも熟練者が調整する必要性がなくなると考えられる。

1.2.2 モデル規範型適応制御

発電用ボイラの制御において蒸気温度制御は最も難しいとされている。これは，現在用いられているPID制御系において制御量と操作量を結ぶ複数個の制御ループがボイラプロセスを介して相互に干渉することが一つの要因であるが，この他ボイラプロセスはその動特性が，負荷の大きさによって変化すること，火炉や蒸気過熱器がシーズニングと呼ばれる経年変化をすること，燃料の種類，点火されているバーナの位置によっても動特性が支配されることが蒸気温度制御を困難にしている。

このような状況のもとでは，制御対象の特性変化に対応して制御パラメータを調節するモデル規範型適応制御（MRACS：model reference adaptive control system 以下本稿ではMRACSと記述しエムラックスと読む）が従来のPID制御に比べて多くの利点を有しているということができる。

以下に説明するシステムはボイラの定常運転時の負荷変動に対して，蒸気温度の設定値からの偏差を許容範囲内に納めることを目標とする，いわゆるレギュレータ問題を取り扱っているが，蒸気圧力変動時の蒸気温度も制御することを想定して，直接型すなわちモデル規範型適応制御方式を採用した。

〔1〕 **MRACSと蒸気温度制御への適用**

本章では，MRACSの基本概念と設計法，および実ボイラへの適応制御の適用について具体的に説明する。

図1.27にMRACSの対象とした蒸気温度制御系の制御概要とその特徴を示す。

主蒸気過熱器は時定数がきわめて長い（20～30分）ため，過熱器の出口の温度から過熱器での熱交換量を見越した過熱器入り口蒸気温度を決定し，過熱器入り口の蒸気に給水を混ぜて過熱器入り口の蒸気温度を制御することにより，最終的には過熱器出口の蒸気温度を規定値に制御するカスケード制御方式

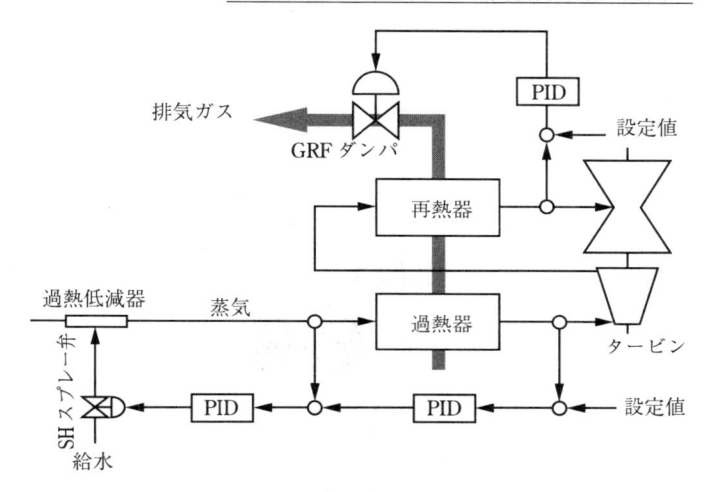

1.2 ボイラ制御への現代制御理論の応用　43

図1.27　蒸気温度制御システム

をとっている。

　高圧タービンで仕事の終わった蒸気は再熱器に送り込まれ再び過熱され再熱蒸気として中圧タービンに送られる。再熱蒸気の制御は燃焼ガスの再循環量を加減することにより制御される。

　ここで，制御上の問題点は，再循環燃焼ガスは主過熱器と再熱過熱器の両方で熱交換しているので，再熱蒸気の温度を制御するために燃焼ガスの再循環量を加減すると，それは主蒸気の温度に影響する，いわゆる干渉を起こす。

　他方，主過熱器の入り口蒸気温度が変われば，主過熱器での燃焼ガスから蒸気への熱交換率が変わるので燃焼ガスの温度が変わり，再熱蒸気へ干渉を起こすことになる。

　また，過熱器の中を通る蒸気量の変化やシーズニングと呼ばれる現象によって燃焼ガスから蒸気への熱交換の特性が変化する。

　すでに述べたように蒸気温度制御系は主蒸気と再熱蒸気系で構成されているが，MRACSの考え方は両者とも同じであるので主蒸気系への応用について説明する。

　MRACSは図1.28に示すように，従来の制御系に並列に構成し従来の制御

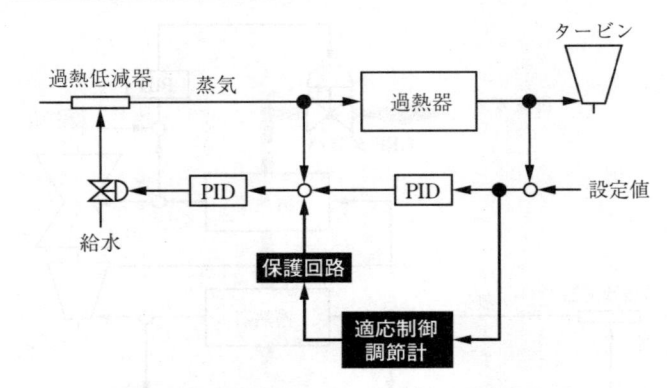

図 1.28　PID・MRACS ハイブリッドシステム

出力を補償する形で動作する PID・MRACS ハイブリッドシステムとした。

ハイブリッドシステムにした理由は次のとおりである。

① PID によりプラントの線形性が向上するので制御設計が容易
② MRACS に異常があったときのリスク回避ができる。
③ MRACS 単独では制御の初期条件作りが困難

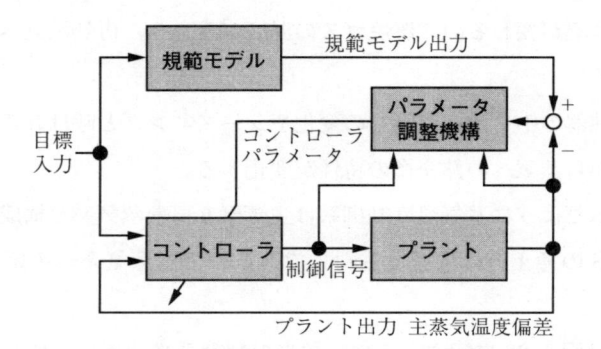

〔2〕 **MRACS の基本構成**

MRACS の基本構成を図 1.29 に示す。

MRACS では設計者のプラントに対する制御願望を規範モデルとして与える。適応調節計の出力信号はこの規範モデルの出力にプラント出力が一致するように決定される。すなわち，規範モデルの出力にプラントと適応調節計を結

図 1.29　MRACS の基本構成

合した制御系の動特性が一致するように適応調節計の出力を合成する。

したがって，この制御方式では適応調節計内の可変パラメータは入手可能な信号（測定できる信号）だけを用いるパラメータ調整機構によりオンライン自動調節される。

〔3〕 MRACSによる制御系設計

（a） プラントモデル プラントに零次ホールド要素を前置きしてサンプリング周期 T で離散化した系を次のようにモデル化する。

$$A(z^{-1})y(k) = z^{-d1}B1(z^{-1})u1(k) + z^{-d2}B2(z^{-1})u2(k)$$
$$+ z^{-dw}C(z^{-1})w(k) \tag{1.10}$$

ただし

$$A(z^{-1}) = 1 + a_1 z^{-1} + \cdots + a_{na} z^{-na}$$
$$B1(z^{-1}) = b1_0 + b1_1 z^{-1} + \cdots + b1_{nb1} z^{-nb1}$$
$$B2(z^{-1}) = b2_0 + b2_1 z^{-1} + \cdots + b2_{nb2} z^{-nb2}$$
$$C(z^{-1}) = c_0 + c_1 z^{-1} + \cdots + c_{nc}^{-nc}$$

式（1.10）において，k は定数で kT 時刻を示す。また z^{-1} は遅延演算子で $z^{-1}y(k) = y(k-1)$ である。$y(k)$ はプラントの出力（蒸気温度偏差），$u1(k)$ はプラントへの制御入力，$u2(k)$ はプラントに加わる既知の外乱（再循環ガス流量），$w(k)$ はプラントに加わる既知の外乱（MW デマンド）である。

$u2(k)$，$w(k)$ はこれら既知外乱によりプラントのパラメータが変動することに対する非線形補償，もしくは制御信号間の相互干渉補償ならびに制御量の変動を先行的に補償する目的で設けたものである。

上記のプラントに対して次の仮定を設ける。

① 多項式 $A(z^{-1})$ と $B1(z^{-1})$，$B2(z^{-1})$，$C(z^{-1})$ それぞれ互いに既約
② 係数 a_i，$b1_i$，$b2_i$，c_i は未知の定数。ただし，$b1_0 \neq 0$
③ $A(z^{-1})$，$B1(z^{-1})$，$B2(z^{-1})$，$C(z^{-1})$ の次数 na，$nb1$，$nb2$，nc は既知
④ むだ時間 $d1$，$d2$，dw は既知。ただし $d2 \geq d1$，$dw \geq d2$，$d1 \geq 1$

⑤ $B1(z^{-1})$ は漸近安定な多項式

(b) 制御目的　制御対象の制御量（プラントの出力）y_M を希望する目標値 $r(k)$ に追従させることをトラッキングと呼び，目標値が恒常的に零のとき（$r(k)\equiv 0$），インパルス外乱による任意の初期変化に対して制御偏差を零に帰させることをレギュレーションと呼ぶ。

(1) トラッキング

$$A_M(z^{-1})y_M(k) = z^{-dM}B_M(z^{-1})r(k) \tag{1.11}$$

ただし

$$A_M(z^{-1}) = 1 + a_{M1}z^{-1} + \cdots + a_{Mn}z^{-Mn} \tag{1.12}$$

$$B_M(z^{-1}) = b_{M0} + b_{M1}z^{-1} + \cdots + b_{Mn}z^{-Mn} \tag{1.13}$$

ここで，$r(k)$ 有界な規範入力，$A_M(z^{-1})$ は漸近安定な多項式である。

制御の目的はプラントの出力が式（1.11）の $y_M(k)$ を漸近的に満足するよう制御入力 $u1(k)$ を合成することである。

(2) レギュレーション　　$r(k)\equiv 0$ では安定な多項式 $D(z^{-1})$ を導入しプラントの出力が

$$D(z^{-1})y(k+d1) = 0, \quad y(0) \neq 0 \tag{1.14}$$

ただし

$$D(z^{-1}) = 1 + d_1 z^{-1} + \cdots + d_n z^{-n} \tag{1.15}$$

を満足するように $u1(k)$ を合成することである。

いま，プラントのモデル出力誤差を

$$e(k) = y(k) - y_M(k) \tag{1.16}$$

とすれば，前記のトラッキングとレギュレーションの制御目的は

$$D(z^{-1})e(k+d1) = 0, \quad k \geq 0 \tag{1.17}$$

が満足されれば達成できる。

(c) 制御信号 $u1(k)$ の計算　　はじめにプラントパラメータ $a_1, \cdots, a_{na}, b1_0, \cdots, b1_{nb1}, b2_0, \cdots, b2_{nb2}, c_0, \cdots, c_{nc}$ が既知であるとして所要の調節計の構造を決定する。

いま，安定多項式 $D(z^{-1})$ を導入すれば次の関係を満足する多項式

1.2 ボイラ制御への現代制御理論の応用

$R(z^{-1})$, $S(z^{-1})$ が一意に決まる。

$$D(z^{-1}) = A(z^{-1})R(z^{-1}) + z^{-d_1}S(z^{-1}) \tag{1.18}$$

ただし

$$R(z^{-1}) = 1 + r_1 z^{-1} + \cdots + r_{d_1-1} z^{-(d_1-1)} \tag{1.19}$$

$$S(z^{-1}) = s_0 + s_1 z^{-1} + \cdots + s_{na-1} z^{-(na-1)} \tag{1.20}$$

MRACS は図 1.30 のようなモデル追従系 (model following system) を構成することにより実現できる。

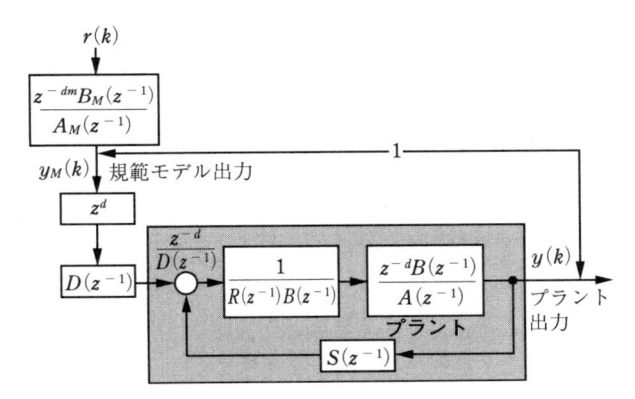

図 1.30 モデル追従系による MRACS の表現

まず，プラントの逆系を求めるために図 1.30 の網かけをした部分の入出力間の伝達関数を計算すると

$$\frac{\dfrac{z^{-d}}{A(z^{-1})R(z^{-1})}}{1 + \dfrac{z^{-d_1}R(z^{-1})}{A(z^{-1})R(z^{-1})}} = \frac{z^{-d_1}}{A(z^{-1})R(z^{-1}) + z^{-d_1}S(z^{-1})}$$

したがって式 (1.18) の関係式（これを Diophantine 方程式または Bezout の方程式と呼ぶ）を満足する $R(z^{-1})$, $S(z^{-1})$ なる多項式を用いればプラントの逆系（入出力間の伝達関数が 1 になるような系）を構成できる。

これにより設計者の願望である規範モデル（入出力間の伝達関数が 1 になるような系）がそのままプラントの出力に現れるので「モデル規範型適応制御」と称される。

式 (1.18) の両辺に $y(k)$ を乗じて式 (1.10) の関係を用いると次の式が得られる.

$$\begin{aligned}
D(z^{-1})y(k) &= A(z^{-1})R(z^{-1})y(k) + z^{-d1}S(z^{-1})y(k) \\
&= B1(z^{-1})R(z^{-1})u1(k-d1) \\
&\quad + B2(z^{-1})R(z^{-1})u2(k-d2) \\
&\quad + S(z^{-1})y(k-d1) \\
&\quad + C(z^{-1})R(z^{-1})w(k-dw) \\
&= R'(z^{-1})u1(k-d1) + R''(z^{-1})u2(k-d2) \\
&\quad + S(z^{-1})y(k-d1) + R'''(z^{-1})w(k-dw) \\
&= \theta^T \varsigma(k-d1) \quad (1.21)
\end{aligned}$$

式 (1.21) において

$$\left.\begin{aligned}
R'(z^{-1}) &= B1(z^{-1})R(z^{-1}) = r'_0 + r'_1 + \cdots + r'_{nb1+d1-1}z^{-nb1-d1+1} \\
R''(z^{-1}) &= B2(z^{-1})R(z^{-1}) = r''_0 + r''_0 + \cdots + r''_{nb2+d-1}z^{-nb2-d1+1} \\
R'''(z^{-1}) &= C(z^{-1})R(z^{-1}) = r'''_0 + r'''_1 + \cdots + r'''_{nc+d1-1}z^{-nc-d1+1}
\end{aligned}\right\} \quad (1.22)$$

また

$$\begin{aligned}
\theta^T = [&r'_0, \cdots, r'_{nb1+d1-1}, r''_0, \cdots, r''_{nb2+d1-1}, s_0, \cdots, s_{na-1}, \\
&r'''_0, \cdots, r'''_{nc+d-1}]
\end{aligned} \quad (1.23)$$

$$\left.\begin{aligned}
\varsigma^T(k) = [&u1(k), \cdots, u1(k-nb1-d1+1), \\
&u2(k+d1-d2), \cdots, u2(k-nb2-d2-1), \\
&y(k), \cdots, y(k-na+1), \\
&w(k+d1-dw), \cdots, w(k-nc-dw+1)]
\end{aligned}\right\} \quad (1.24)$$

である.

式 (1.21) は式 (1.10) で与えられるプラントの別表現を意味し, $R'(z^{-1})$, $R''(z^{-1})$, $S(z^{-1})$, $R'''(z^{-1})$ の係数 r'_i, r''_i, s, r'''_i は a_i, $b1_i$, $b2_i$, c_i に関係したパラメータとなっている. r'_i, r''_i, s_i, r'''_i の個数はそれぞれ $(nb1+d1)$, $(nb2+d1)$, na, $(nc+d1)$ であり, 全部で $(na+nb1+nb2+nc+3$

1.2 ボイラ制御への現代制御理論の応用

$\times d1)$ となる。

式 (1.10) のパラメータの数は $(na+nb1+nb2+nc+3)$ であるので $(d1>1)$ の場合,式 (1.21) は式 (1.10) の非最小実現である。

制御目的は式 (1.25) のとおりである。

$$D(z^{-1})e(k+d1)=0, \quad k \geqq 0 \tag{1.25}$$

式 (1.27) は式 (1.25) を用いると次のように書くことができる。

$$D(z^{-1})e(k+d1)=b1_0 u1(k)+\theta_0^T s_0(k)-D(z^{-1})y_M(k+d1)=0 \tag{1.26}$$

ただし

$$\theta_0^T = [r'_0, \cdots, r'_{nb1+d-1}, r''_0, \cdots, r''_{nb2+d-1}, s_0, \cdots, s_{na-1},$$
$$r'''_0, \cdots, r'''_{nc+d-1}]$$
$$s_0^T(k) = [u1(k-1), \cdots, u1(k-nb1-d1+1), u2(k+d1-d2),$$
$$\cdots, u2(k-nb2-d2+1), y(k), \cdots, y(k-na+1),$$
$$w(k+d1-dw), \cdots, w(k-nc-dw+1)]$$
$$\theta^T = [b1_0, \theta_0^T]$$
$$s^T = [u1(k), s_0^T(k)] \tag{1.27}$$

式 (1.26) より前述の制御目的を達成のための制御入力は次のように求められる。

$$u1(k) = \frac{1}{R(z^{-1})B1(z^{-1})}\{D(z^{-1})y_M(k+d1)-S(z^{-1})y(k)\}$$
$$-z^{-(d2-d1)}\frac{B2(z^{-1})}{B1(z^{-1})}u2(k)-z^{-(dw-d1)}\frac{C(z^{-1})}{B1(z^{-1})}w(k) \tag{1.28}$$

または

$$u1(k) = \frac{1}{b1_0}[D(z^{-1})y_M(k+d1)-S(z^{-1})y(k)$$
$$-(R'(z^{-1})-b1_0)u1(k)$$
$$-R''(z^{-1})u2(k+d1-d2)$$
$$-R'''(z^{-1})w(k+d1-dw))]$$

$$u1(k) = \frac{1}{b1_0}[D(z^{-1})y_M(k+d1) - \theta_0^T S_0(k)] \tag{1.29}$$

式 (1.29) における $y_M(k+d1)$ は式 (1.11) の関係により $y_M(k+d1) = \frac{B(z^{-1})}{A(z^{-1})}r(k)$ として与えられる。ただし，式 (1.16) において $d_M = d1$ としている。したがって式 (1.29) の $u1(k)$ は $d2 \geq d1$, $dw \geq d1$ であるかぎり $y(k)$, $u1(k)$, $u2(k)$, $w(k)$ の未来値を用いることなしに実現することができる。

実際にはプラントのパラメータは未知であるから式 (1.29) の $u1(k)$ をそのまま計算することはできない。

そのため式 (1.29) に含まれる $(na+nb1+nb2+nc+3 \times d1)$ 個の未知パラメータ $(b1_0, \theta_0^T)$ をその推定量 $\{\hat{b}1_0(k), \hat{\theta}_0^T(k)\}$ で置き換え $u1(k)$ を次のように合成する。

$$u1(k) = \frac{1}{\hat{b}1_0(k)}[D(z^{-1})y_M(k+d1) - \hat{\theta}_0^T(k)S_0(k)] \tag{1.30}$$

また式 (1.30) は，式 (1.26) により次に等価である。

$$D(z^{-1})y_M(k+d1) = \hat{\theta}^T(k)S(k) \tag{1.31}$$

ただし

$$\hat{\theta}^T(k) = [\hat{b}1_0(k), \hat{\theta}_0^T(k)]$$

パラメータの推定には逐次最小二乗法を用いる。まず式 (1.22) のプラント表現に対して

$$D(z^{-1})\hat{y}(k) = \hat{\theta}^T(k)S(k-d1) \tag{1.32}$$

なる同定モデルを考える。

ここで，$\hat{y}(k)$, $\hat{\theta}^T(k)$ はそれぞれ式 (1.21) の $y(k)$, θ に対する推定値である。

これから同定誤差信号 $e^*(k)$ を次のように与える。

$$\begin{aligned} e^*(k) &= D(z^{-1})[y(k) - \hat{y}(k)] \\ &= [\theta - \hat{\theta}(k)]^T S(k-d1) \end{aligned} \tag{1.33}$$

$e^*(k)$ を用いて次のパラメータ調整則を得る。

1.2 ボイラ制御への現代制御理論の応用

$$e^*(k) = \frac{D(z^{-1})y_M(k) - \hat{\theta}^T(k-1)\varsigma(k-d1)}{1 + \varsigma^T(k-d1)\Gamma(k-1)\varsigma(k-d1)} \tag{1.34}$$

$$\hat{\theta}(k) = \hat{\theta}(k-1) + \Gamma(k-1)\varsigma(k-d1)e^*(k) \tag{1.35}$$

$$\Gamma(k) = \frac{1}{\lambda_1(k)}\left[\Gamma(k-1) - \frac{\lambda_2(k)\Gamma(k-1)\varsigma(k-d1)\varsigma^T(k-d1)\Gamma(k-1)}{\lambda_1(k) + \lambda_2(k)\varsigma^T(k-d1)\Gamma(k-1)\varsigma(k-d1)}\right] \tag{1.36}$$

ただし

$$0 < \lambda_1(k) \leq 1, \quad 0 \leq \lambda_2(k) \leq 2, \quad \Gamma(0) > 0$$

なお，本制御系におけるパラメータ推定は，ランダウ（Landau）によって提案されたパラメータ調整則（固定トレース法）を用いた。

式（1.30）によって求めた制御信号を制御対象であるプラントに加えることにより $y_M(k) = y(k)$ すなわち，プラントの出力 $y(k)$ を目標値 $y_M(k)$ に一致させることが可能になる。

なお，本MRACSでは制御対象であるプラントの出力 $y(k)$ を設定値との差，つまり温度偏差として扱うため規範モデルの目標値は，恒常的に零と置かれる。

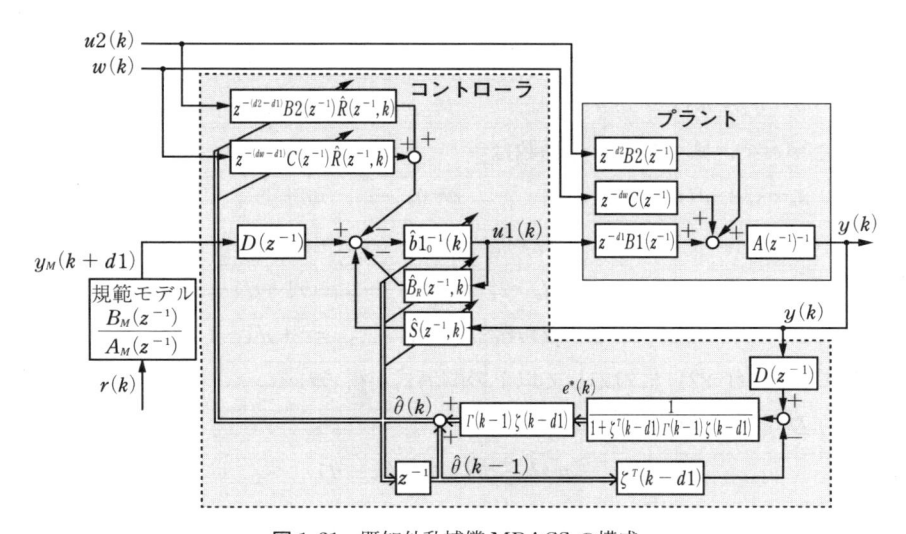

図 1.31　既知外乱補償 MRACS の構成

本項で記載した MRACS を用いて既知外乱を打ち消す方法（既知外乱補償）を図 1.31 に示す。

（d） 既知外乱，負荷指令変化に対するパラメータ推定値の補正 ボイラ蒸気温度に対するパラメータは負荷の大きさに依存して変化することはよく知られている。そこで以下では負荷指令を $w(k)$ と置き，パラメータが $w(k)$ の一次関数として表されるとの仮定の下に変動負荷対応型の MRACS を定式化する。

さて，MRACS はもともと時不変系を対象とした理論である。したがって火力プラントのように，負荷に依存してパラメータが変化する場合，例えばプラントの負荷を一定の割合で変化させたとするとプラントは時変系となり，特に負荷変化割合が大きい場合は，パラメータ推定値が実際のパラメータ変化に追従し得ないため，制御性が劣化する。

この対策として以下に述べる方式を採用することにより，火力プラントの蒸気温度制御においては，ランプ状態負荷変化に対しても良好な制御結果が得られることが実験によって明らかになった。

まず，パラメータ θ が次式のように負荷 $w(k)$ の関数として表されるものとする。

$$\theta = \theta^a + w(k-d)\theta^b \tag{1.37}$$

したがって，式 (1.22) の係数は

$$\left.\begin{array}{ll} s_i = s_i^a + w(k-d)s_i^b & i=0,\cdots,na-1 \\ r_i' \equiv r1_i = r1_i^a + w(k-d)r1_i^b & i=0,\cdots,nb1+d1-1 \\ r_i'' \equiv r2_i = r2_i^a + w(k-d)r2_i^b & i=0,\cdots,nb2+d1-1 \\ r_i''' \equiv rc_i = rc_i^a + w(k-d)rc_i^b & i=0,\cdots,nc+d1-1 \end{array}\right\} \tag{1.38}$$

となり，式 (1.22) に対応して以下の関係式が得られる。

$$\begin{aligned} D(z^{-1})y(k) &= \theta^T S(k-d1) \\ &= [\theta^{aT} + w(k-d1)\theta^{bT}]S(k-d1) \\ &= [\theta^{aT},\ \theta^{bT}][S^T(k-d1),\ w(k-d1)S^T(k-d1)]^T \\ &= \theta^{cT}S^c(k-d1) \end{aligned} \tag{1.39}$$

1.2 ボイラ制御への現代制御理論の応用

ここで

$$\left.\begin{array}{l}\theta^{aT}=[r1_0^a,\ \theta_0^{aT}]\\ \theta^{bT}=[r1_0^b,\ \theta_0^{bT}]\\ \theta^{cT}=[\theta^{aT},\ \theta^{bT}]\end{array}\right\} \quad (1.40)$$

$$\left.\begin{array}{l}\theta_0^{aT}=[r1_1^a,\ \cdots,\ r1_{nb1+d1-1}^a,\ r2_0^a,\ \cdots,\ r2_{nb2+d1-1}^a\\ \qquad s_0^a,\ \cdots,\ s_{na-1}^a,\ rc_0^a,\ \cdots,\ rc_{nc+d1-1}^a]\\ \theta_0^{bT}=[r1_1^b,\ \cdots,\ r1_{nb1+d1-1}^b,\ r2_0^b,\ \cdots,\ r2_{nb2+d1-1}^b\\ \qquad s_0^b,\ \cdots,\ s_{n-1}^b,\ rc_0^b,\ \cdots,\ rc_{nc+d1-1}^b]\end{array}\right\} \quad (1.41)$$

$$\theta^{cT}(k)=[s_0^T(k),\ w(k)s_0^T] \quad (1.42)$$

実際には $u1(k)$ の計算式として式 (1.44) のパラメータを推定値で置き換えた次式を用いる．

$$u1(k)=\frac{\hat{b1}_0^a(k)+w(k)\hat{b1}_0^b(k)}{(\hat{b1}_0^a(k)+w(k)\hat{b1}_0^b(k))^2+\varepsilon}\hat{\theta}_0^{cT}(k)s_0^c(k) \quad (1.43)$$

ただし，ε は十分小さい整数，式 (1.43) は $\varepsilon=0$ のとき，式 (1.44) にパラメータ推定値を置くと，制御入力計算式は式 (1.29) の代わりに次式のようになる．ただし，式 (1.29) において $y_M(k+d1)=0$ と置いている．また，$r1_0^a=b1_0^a$，$r1_0^b=b1_0$ である．

$$u1(k)=\frac{1}{b1_0^a+w(k)b1_0^b}\theta_0^{cT}s_0^c(k) \quad (1.44)$$

となる．ただし

$$\theta_0^{cT}=[\theta_0^{aT}(k),\ \theta_0^{bT}(k)] \quad (1.45)$$

を用いた場合に一致する．

式 (1.43) の ε は分母の $b1_0^a$，$w(k)b1_0^b$ が微小となったときに操作量が過大となることを避けるものである．

さて，式 (1.41) からわかるようにパラメータを負荷指令 $w(k)$ に関する一次式で近似する場合には，推定すべきパラメータの数は次式のように一次近似を行わない場合の 2 倍となる．

$$2\times(na+nb1+nb2+nc+3\times d1)$$

パラメータ調整則式 (1.34) から式 (1.36) の中の行列 Γ のサイズは推定パラメータ数の大きさをもつ正方行列であるから，これに伴って制御信号合成のための計算量も増大する．しかしながら，p.41 の脚注にも述べたようにこの方法を採用することによりパラメータ値の負荷追従性が著しく向上する．

（e）**パラメータ更新計算における UD アルゴリズム**　　適応制御信号の合成においては逐次最小二乗法によるパラメータ推定を行うが式 (1.36) による通常のパラメータ更新アルゴリズムを用いると，この計算過程において計算機のレジスターのビット長が有限であることによる計算誤差の蓄積によりパラメータ修正ゲイン行列 Γ の正定対称性がくずれ制御の安定性が失われる場合があることが指摘されている．

これを防止するために各ステップにおける Γ 行列の更新計算に UDU^T 三角分解法を用いた．

（f）**推定パラメータのドリフト対策**　　制御対象の出力が一定な希望値に近づき，制御入力自体も活動が弱くなってしまうと，パラメータ同定における入力の richness 条件が実質的に満足されなくなるので，同定パラメータの真値への収束性は期待できなくなる．このようなときの出力変動はノイズによる成分が優勢となり，同定をそのまま続けるとパラメータ推定値が徐々に変動するドリフト現象が発生する．

コントローラのパラメータがドリフトして行き，閉ループシステムが安定限界に達すると突然出力が乱れるということにもなる．ドリフト対策としては，同定誤差信号がしきい値よりも小さくなった場合には同定プロセスを休止させる方法が有効である．

$$e^*(k) = \frac{D(z^{-1})y_M(k) - \hat{\theta}^T(k-1)\varsigma(k-d1)}{1 + \varsigma^T(k-d1)\Gamma(k-1)\varsigma(k-d1)} \qquad (1.34) \text{ 再掲}$$

式 (1.34) で分母がプラントへの入出力信号に対する情報の尺度を示し，分子推定パラメータベクトル $\hat{\theta}(k-1)$ を用いた事前推定誤差を示している．

この，情報の尺度および事前推定誤差に対して，適当なしきい値（不感帯）をもうけ，プラントの入出力信号の変化がこのしきい値内に留まる場合は，パ

ラメータの更新ならびに $\Gamma(k)$ の更新を休止させることで，パラメータのドリフト現象を防ぐ対策とした．

〔4〕 **実プラントへの適用例**

以上に述べたモデル規範型適応制御理論を実際のプラントに応用した実例を以下に示す．

プラントは自然循環型および強制循環型ドラムボイラでいずれも 375 MW の発電機容量をもつもので，火力プラントとしては中型あるいは小型に属するものである．

ここでは実際のプラントに新しい理論を適用する開発の手順をのべ，さらに実機であるがゆえに，研究室では考えもしない泥臭いこともしなければならないことを説明する．

制御システムの設計は対象プラントの同定試験，試験データに基づくモデリング，制御システムの設計，モデルと制御システムを組み合わせて行うシミュレーションによる検証，そして実機による検証の順に行われる．

（a） **同 定 試 験**　プラントモデルには統計的モデルである自己回帰モデルを使用するため，モデリングのための特別な同定試験が必要である．

この試験は白色雑音（M 系列信号）をプラントに注入し，プラントの入出力信号を統計処理することにより，プラントのモデルを求めるものである．このとき，注意しなければならないのは白色雑音の更新周期である．プラントを最もうまく励振する更新周期（周波数）を選ぶ必要がある．経験的にはプラントの時定数の 1/10 程度の時間が望ましい．

自己回帰モデルによる同定手法の特徴はプラントをブラックボックスとして扱うことができ，精度も高いので広く工学の世界で応用されている．ただし，欠点として，統計的手法を使うのでデータの母集団が大きくなければならない．例えば，蒸気温度制御系の時定数が 20～30 分あるので 5 秒周期のサンプリングで 7～8 時間の試験が必要になる．

10 年ほど前はモデリング技術も貧弱であったので，オープンループで同定試験を行う必要がありプラント運転に随分神経を使ったが，最近では制御装置

を自動運転のまま同定試験を行う，いわゆるクローズドループ手法を取り入れることができ，作業はかなり軽減されている。

(b) **モデリング**　モデリングは先にも述べたように自己回帰モデルを採用している。この手法は文部省（現文科省）統計数理研究所赤池所長が提唱したもので，現在は工学の世界で広く使われており，市販のプログラムとして多くの物が発売されている。

当該研究では過去に別の研究で，電力中央研究所・極東貿易・日本ベーレーおよび中部電力が共同開発したモデリングプログラム「TRANS」でモデリングを行っている。

(c) **制御システムの設計**　設計手法については，当報告書の前の部分で詳細に述べたので，ここでの説明は冗長を避ける意味で省略するが，重要なことは正確なモデルができなければ，誤った設計をすることになるので注意が必要である。

(d) **シミュレーション**　p.45 の〔3〕(a) で作成したモデルと，p.46 の〔3〕(b) で設計した制御システムを接続してシミュレーション試験で設計の妥当性を確認する。

理論の確かさを確認するのであれば汎用の計算機でこれらを行えばよいが，実機に試用するシステムの開発を行う場合は，開発したシステムは実機に使う計算機上に構築すべきである。最近ではほとんど DCS の中にプログラムをインストールすることになるだろう。

モデルはもちろん実時間で動作するものでなければならない。理論的にいえばこのような面倒な制約はいらないが，現場で使うプログラムを開発するのであるから現場と同じ環境にしておくほうがよい。

実時間の何百分の一で走る高速シミュレーションの結果をグラフで確認して，理論の確かさを確認することもできるが，これでは体で覚えたプラントの特徴や DCS の問題点を見逃すことがあるからである。小生の場合はモデルと制御システムを実機で使用している日本ベーレー社製 DCS の MFC 03 (multi-function controller model 3) 上に構築し，シミュレーションはリアル

タイムで行った。

シミュレーションの結果が満足できる状態になるまでシミュレーションと設計が繰り替えされ，制御性の他に安全のための保護機能等の総合的な検証が終わると実証試験に入る。

（e）**実証試験と評価** 試験はMRACSを使用した場合と除外した場合の性能比較，MRACS使用中におけるパラメータ変動経緯，主蒸気圧力が169 kg/(cm²·g) および 140 kg/(cm²·g) に対応したプログラムの切り替え等を後に調べるため，通常の営業運転において，MRACSを使用した場合と除外し

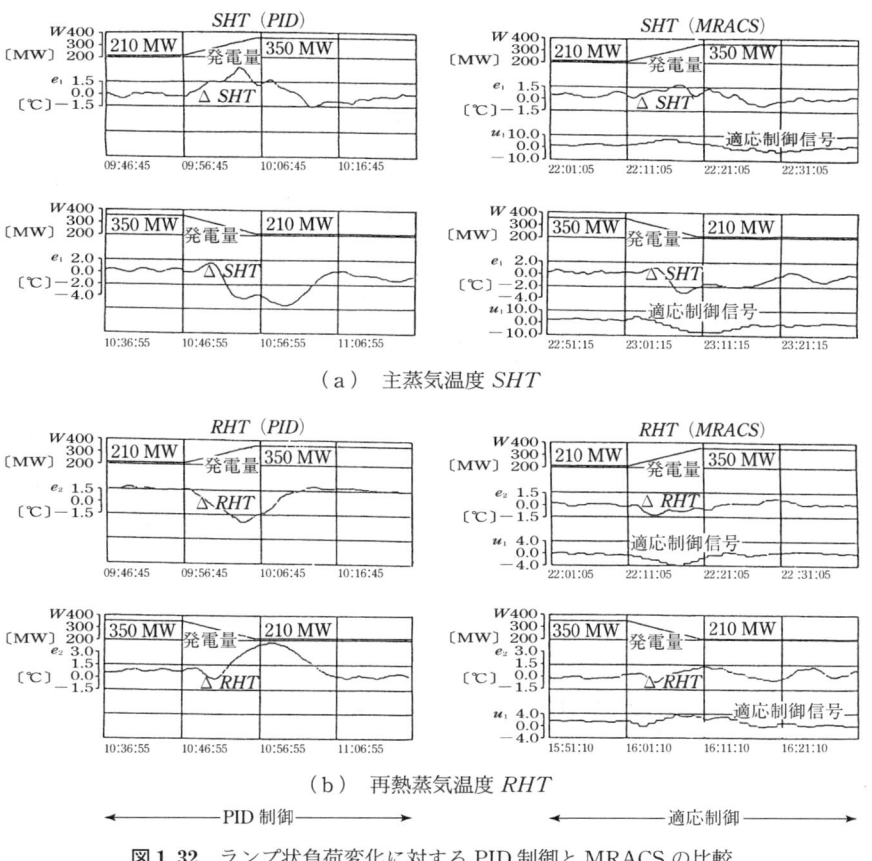

(a) 主蒸気温度 SHT

(b) 再熱蒸気温度 RHT

図1.32 ランプ状負荷変化に対するPID制御とMRACSの比較

た場合の運転を繰り返しその比較を行った。試験結果は**図 1.32** に示すように主蒸気，再熱蒸気ともに大幅に改善されていることがわかる。

（ f ） MRACS 設計の重要な仕様　　当該ユニットは 169 kg/(cm²・g) および 140 kg/(cm²・g) の二つの圧力領域で運転されているため，この定圧領域で MRACS が動作するように設計した。

プラントモデル式 (1.10) で使用した事前情報の値は次のとおりである。

主蒸気部　モデルの次数：　$na=4$, $nb1=2$, $nb2=4$

　　　　　むだ時間　　　：　$d1=d2=3$

再 熱 部　モデルの次数：　$na=4$, $nb1=2$, $nb2=4$

　　　　　むだ時間　　　：　$d1=d2=3$

したがって，パラメータを負荷司令 $w(k)$ に関する一次式で近似する場合には，推定すべきパラメータの総数は $2\times(na+nb1+nb2+2\times d1)=32$ 個となる。

負荷の大きさに依存するプラントの動特性変化に対応するため，モデルの次数を固定する代わりに制御周期を負荷司令 $w(k)$ を指標として，サンプリング周期を**表 1.1** のように定めた。中間負荷は内挿法で近似する。

表 1.1　MRACS サンプリング周期

MWD	SH サンプリング周期	RH サンプリング周期
130 MW	84 s	90 s
180	74	80
210	68	73
250	65	70
300	56	64
350	50	60

〔5〕　**適応制御の実用化に際して留意した事項**

適応制御の安定性，収束性については理論的な証明が与えられているが，現実にモデル化誤差，すなわち寄生要素の存在その他の原因によって制御系のロバストネスが完全に保証されているとはいい難い。とくに本例のように火力プ

ラントを対象とする制御系においては，制御系の不具合のためプラントトリップを生じた場合の損失は大きい。

そこで本例では制御の信頼性を向上させるための種々の方策を講じた。

以下では適応制御系を実プラントに導入するにあたって特に留意した点について述べる。

（a） **制御システムの構成**　図1.33に示したようにMRACSの調節計を在来のPID制御系と並列に設置し，MRACS調節計からプラントへ制御信号を加算する回路の途中に信号の変化率ならびに絶対値の制限回路を設けた。

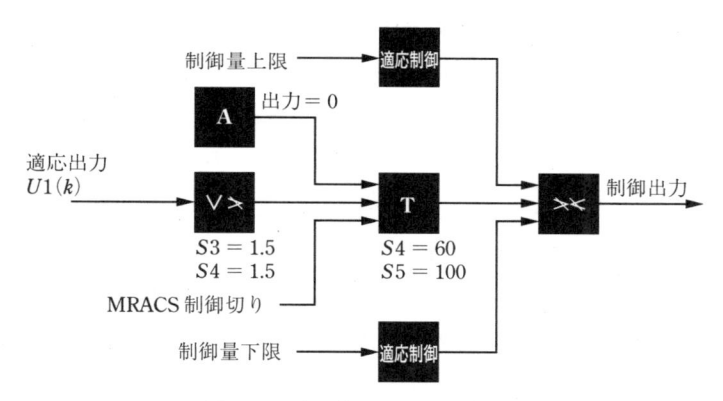

図1.33　実用化のための保護機能

この構成によってMRACS調節計内に何等かの原因によって不測の不具合が生じた場合には，MRACS側からの信号をある制限値以内に抑えるか，または制御信号の更新を止めてプラントの制御を通常のPID制御へ移行させプラントの運転が継続できる。

（b） **可変サンプリング周期の採用**　プラントの表現式とむだ時間の次数を固定する代わりにシステム同定とプラント制御のためのサンプリング周期を負荷に応じて連続的に変化させる方式を採用した。

これは，プラントの応答が緩やかな低負荷帯においては長いサンプリング周期を用い，プラントの負荷が増加し応答が早くなるに従ってサンプリング周期を短くする方式とした。このことによって広い負荷帯に対してプラントのダイ

ナミックスを適切に表現することが可能となった。

（c）**既知外乱に対する補償**　主蒸気制御系と再熱蒸気制御系のそれぞれに対して1入力1出力の調節計を用いる代わりに，それぞれの制御系に外乱補償回路を設け各制御回路の間の相互干渉を抑制する方式を採用した。

一般に燃焼ガス再循環量を制御するダンパ回路の操作は主蒸気温度と再熱蒸気温度の両方に影響を及ぼすため，主蒸気温度制御ループと再熱蒸気制御ループの間で相互干渉を生じるが，上記対策によってその程度を緩和することができる。

また，火力プラントの蒸気温度制御系にとって最大の外乱である負荷指令（MWD）の計測値を用い，蒸気温度制御に関連するパラメータをMWDに関する一次式で近似しその係数を推定する方式とした。

このことにより負荷変化に対するパラメータ変化の追従性を高め制御性の向上を図ることができた。

（d）**パラメータ更新計算におけるUDアルゴリズムの採用**　適応制御信号の合成においては逐次最小二乗法によるパラメータ推定を行うが，式(1.37)による通常のパラメータ更新アルゴリズムを用いるとこの計算仮定において，計算機のレジスタのビット長が有限であることによる計算誤差により行列$\varGamma$の正定性がくずれ制御性の安定性が失われる場合があることが指摘されている。これを防止するために$\varGamma$行列の計算にU^TDU三角分解法を用いた。

（e）**PE（persistent excitation）条件に対する考慮**　プラントの特性を同定するためにプラントからの信号にある程度の雑音があることが必要である。このことをPEという。

PE条件の不足をパラメータ推定計算に用いる入力信号の変化率および振幅の低下によって監視し，これがしきい値を下回るときは計算ループをバイパスすることによって一時的にパラメータ更新を休止する方法を採用した。

（f）**おわりに**　最近では非線形プロセスの適応制御の研究が盛んであるが，実用システムは線形プロセスの制御に限られている。

蒸気温度制御系は完全な線形プロセスではないが，蒸気圧力が一定であれば負荷変化による線形性のくずれが少ないので制御が可能であるが，蒸気圧力とボイラ負荷が同時に変化すると余りにも非線形が強くなり適応制御ができないことをシミュレーションで確認した。

しかし，火力の現場としては蒸気圧力とボイラ負荷が同時に変化する時にこそ適応制御が必要であるので，この問題については新しいテーマとして現在取り組んでいる。

また，仮に今直ちに非線形の制御が可能になったとしても，計算処理量が膨大になり制御に使われている現状の分散型計算機システムでは，メモリ容量，計算処理能力共に不足するので大規模なマトリックス演算処理の可能なハードウェアの開発も必要になる。

1.2.3 むだ時間の長い系の制御

火力プラントではセンサに分析計を使用することがある。例えば，ここに紹介する NO_x 制御が代表的な例である。

NO_x 計は赤外線を用いて光学的に NO_x 濃度を測定するので，その仕組みはカメラのような精密機械である。他方，ボイラで燃焼したガスは煙道と呼ばれるダクトでボイラから煙突まで導かれるが，この煙道はかなり振動しているため精密機械である NO_x 計を煙道に取り付けられないので，サンプリングされたガスは長い配管（数 10 m）で地上に設置された NO_x 計まで導かれる。このためセンサから NO_x 値が出力されるまでに 60〜120 秒かかっている。これに対してガスの流速は最大 15 m/s で設計されるのでセンサから NO_x 値が出力されたときには排ガスは煙突から大気中に放出された後ということになり，典型的なむだ時間プロセスを構成している。

〔1〕 NO_x 制御システム

火炉で発生する燃焼 NO_x を除去するために一般的には触媒を用いて NO_x とアンモニアを反応させる方法がとられている。図 1.34 に示すように，触媒出口 NO_x を設定値に制御することが基本システムである。しかし，センサに

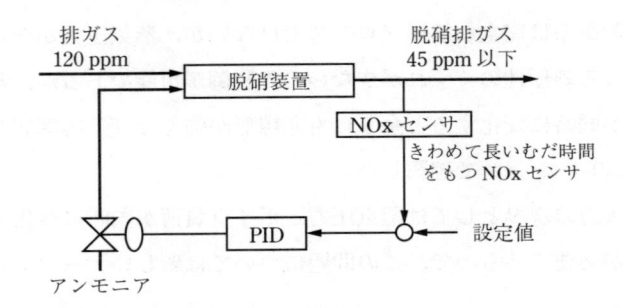

図 1.34 基本的な脱硝制御システム

長いむだ時間があるため，このままでは PID 制御は不可能である。

この問題を解決するために，触媒入口 NO_x 量と燃料流量から総 NO_x 量を求めて，これをアンモニア要求流量としてフィードフォワード的にアンモニアを注入する**図 1.35** に示すようなシステムが採用されている。このシステムでは，ボイラの負荷が変動しなければ，あたかもうまく制御できているように見える。しかし，NO_x 計のむだ時間の問題は解決できていない。特にボイラ負荷が変化すると，NO_x 計のむだ時間分だけアンモニアの過不足が発生する。

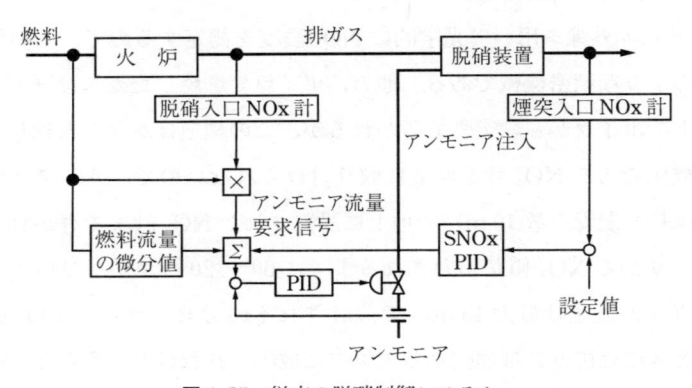

図 1.35 従来の脱硝制御システム

ボイラ負荷が変化するときのアンモニア過不足を補償するためにボイラ負荷変化の微分値を用いてアンモニアを先行的に注入する方法がとられている。具体的には燃料流量の微分値を用いるが NO_x の発生量が燃料流量の微分値に一致するという保証がないので完全な制御が望めない。

図 1.35 において触媒出口 NOₓ からの PID 制御のループは比例・積分量をきわめて小さく設定して，NOₓ 計のむだ時間より長い現象である触媒の劣化を補償する程度の働きしかしていない。

このように NOₓ 制御システムでは問題が多いが，プラントから排出する NOₓ は公害防止協定値を越してはならないので，アンモニアを必要以上に注入して運転している。その制御結果を**図 1.36** に示す。

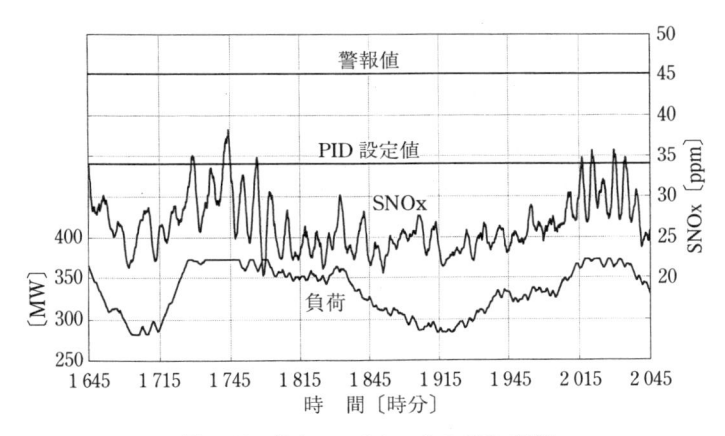

図 1.36 従来システムによる NOₓ 制御

〔2〕 NOₓ 発生メカニズムのモデリング

火炉で発生する NOₓ はボイラ入力である燃料，空気および燃料の燃焼状態と強い因果関係が認められている。このことからボイラ入力から NOₓ 量を求めるモデルができれば NOₓ 計を代替でき，むだ時間問題を解消できるはずである。

プラントモデルを作るにはいくつかの方法があるがプラントの入出力のみに注目してモデリングができる ARX（auto-regressive exogenous）モデル手法を採用した。これは先に述べたモデル規範型適応制御の手法と同じである。

NOₓ 発生メカニズムをモデリングするための測定点を**図 1.37** に示す。

NOₓ 発生の一般的な数学モデルは 1 式で表される。

$$\{Aa(z^{-1}) + w(k-d1)Ab(z^{-1})\}y(k)$$

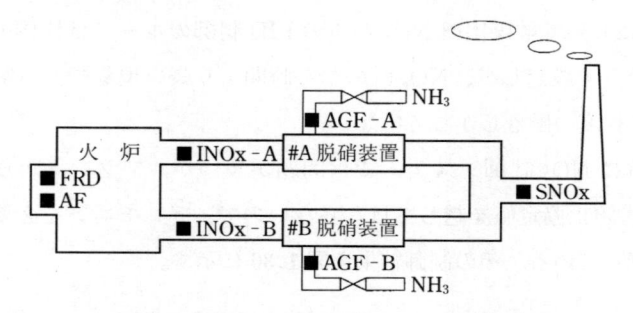

図 1.37 脱硝システム同定のための測定点

$$= \{B1a(z^{-1}) + w(k-d1)B1b(z^{-1})\}u1(k)z^{-d1}$$
$$+ \{B2a(z^{-1}) + w(k-d1)B2b(z^{-1})\}u2(k)z^{-d2} \qquad (1.46)$$

式 (1.46) の入出力は次の多項式で表される。

$$Aa(z^{-1}) = 1 + a_1^a z^{-1} + \cdots + a_n^a z^{-n},$$
$$Ab(z^{-1}) = 1 + a_1^b z^{-1} + \cdots + a_n^b z^{-n},$$
$$B1a(z^{-1}) = b_0^{1a} + b_1^{1a} z^{-1} + \cdots + b_{m1}^{1a} z^{-m1},$$
$$B1b(z^{-1}) = b_0^{1b} + b_1^{1b} z^{-1} + \cdots + b_{m1}^{1b} z^{-m1},$$
$$B2a(z^{-1}) = b_0^{2a} + b_1^{2a} z^{-1} + \cdots + b_{m2}^{2a} z^{-m2},$$
$$B2b(z^{-1}) = b_0^{2b} + b_1^{2b} z^{-1} + \cdots + b_{m2}^{2b} z^{-m2} \qquad (1.47)$$

ここで $d1$, $d2$ はむだ時間, z^{-i} は遅延演算子で i サンプリング周期前を意味する。そして $w(k)$, $y(k)$, $u1(k)$, $u2(k)$ は次のとおりである。

$w(k)$ はプラント負荷, $y(k)$ は触媒入口 NO_x 量, $u1(k)$ は燃料流量, $u2(k)$ は空気流量である。

〔3〕 **オンラインパラメータ予測**

$k \geq d1$ の条件で

$$\hat{y}(k) = \hat{\theta}(k)^T S(k-d1) \qquad (1.48)$$
$$\hat{y}(k+d1) = \hat{\theta}(k)^T S(k) \qquad (1.49)$$
$$\hat{\theta}(k) = \hat{\theta}(k-1) + \Gamma(k-1) S(k-d1) e^*(k) \qquad (1.50)$$
$$e^*(k) = y(k) - \hat{y}(k)$$
$$= [\theta - \hat{\theta}(k)]^T S(k-d1)$$

$$= \frac{y(k) - \hat{\theta}(k-1)^T S(k-d1)}{1 + S^T(k-d1)\Gamma(k-1)S(k-d1)} \tag{1.51}$$

θ はパラメータベクトル,$\hat{\theta}$ は推定パラメータベクトルである.入出力パラメータは次によって

$$\begin{aligned}S(k-d1)^T = [&y(k-1), \cdots, y(k-n),\\ &u1(k-d1), \cdots, u1(k-d1-m1),\\ &u2(k-d1), \cdots, u2(k-d1-m2),\\ &w(k-d1)u1(k-d1), \cdots, w(k-d1)u1(k-d1-m1),\\ &w(k-d1)u2(k-d1), \cdots, w(k-d1)u2(k-d1-m2),\\ &w(k-d1)y(k-1), \cdots, w(k-d1)y(k-n)\end{aligned} \tag{1.52}$$

$$\Gamma(k) = \frac{1}{\lambda_1(k)}\left[\Gamma(k-1) - \frac{\lambda_2(k)\cdot\Gamma(k-1)\cdot S(k)S(k)^T\cdot\Gamma(k-1)}{\lambda_1(k) + \lambda_2(k)\cdot S(k)^T\cdot\Gamma(k-1)\cdot S(k)}\right]$$

$$0 \le \lambda_1 \le 1,\ 0 \le \lambda_2 \le 2,\ \Gamma(0) = \Gamma(0)^T > 0 \tag{1.53}$$

以上に示した式による NO_x の推定結果と実測 NO_x は図 **1.38** に示すようによく合っている.

以上の説明はボイラ入力から脱硝装置入口の NO_x を推定する方法について

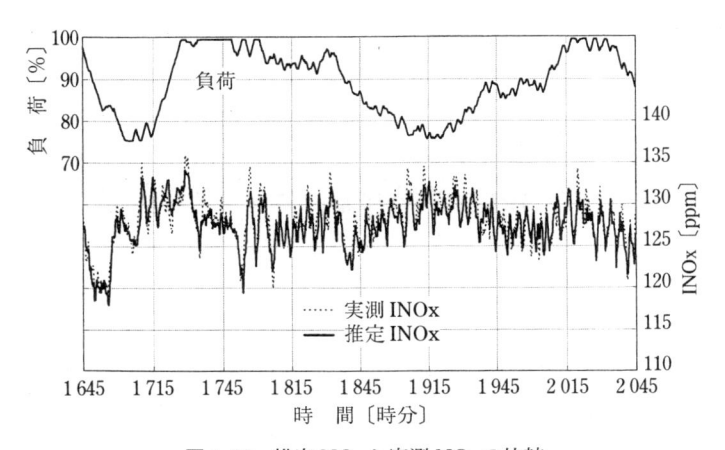

図1.38 推定 NO_x と実測 NO_x の比較

述べたが，脱硝装置入口の NO_x とアンモニア流量から脱硝装置出口の NO_x を推定することも同様の方法でできるので，ここでは説明を省略する。

〔4〕 **ソフトセンサによる NO_x 制御システム**

提案する制御システムは**図 1.39** に示すように NO_x 推定器を従来の NO_x 信号ラインに挿入するだけの改造ですみ，センサのむだ時間を補償するので「ソフトセンサ」と命名した。

ボイラ入力から脱硝装置入口の NO_x を推定して制御するループはフィードフォワード制御を行っている。

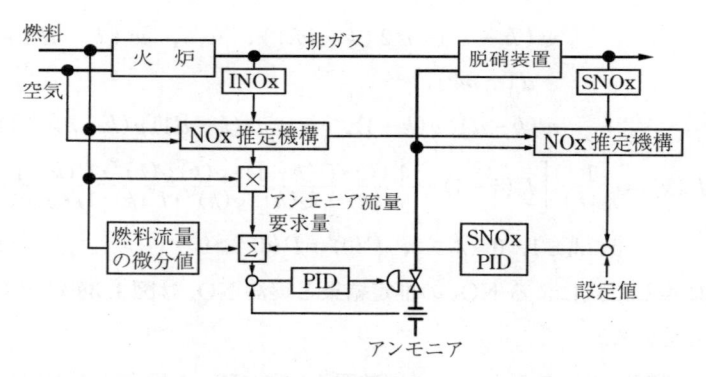

図 1.39 新脱硝制御システム

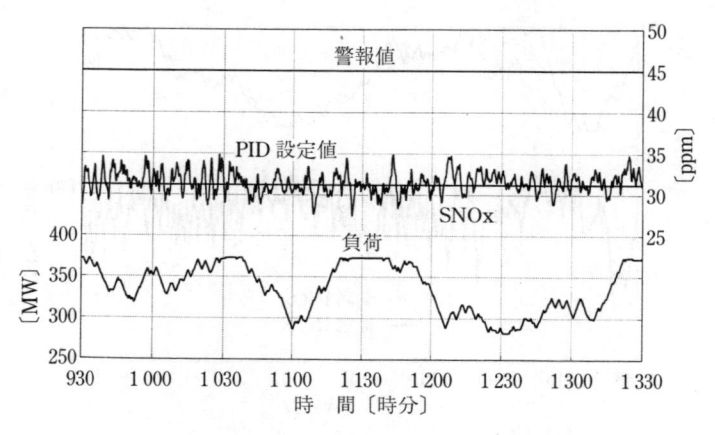

図 1.40 ソフトセンサによる NO_x 制御

脱硝装置入力から脱硝装置出口 NO_x を推定する SNO_x PID のループはフィードバック制御を行っているが，プラントを NO_x 推定機構が模擬してむだ時間を補償しているので，結果としてスミス法を構成したことになっている。このシステムによる制御性能を図 1.40 に示す。

1.3 ボイラ制御への人工知能技術の応用

ボイラ制御に必ずしも人工知能技術が必要ではないが，いくつかの事例がある中からファジィ，そしてエキスパートの応用について説明する。

ただ残念なことには，人工知能技術は一時的なブームでたくさんの研究がなされたが，長期的に実用化された事例がほとんどない。ここではファジィは2件説明するが，一つは実証試験を行ったが実用化に至っていない。他の一件はシミュレーションの結果を提示するに留まっている。エキスパートシステム技術の応用例もシミュレーションまでである。

1.3.1 蒸気温度制御系へのファジィ理論の応用

ファジィ理論でプロセス制御を行う場合，従来の PID 制御をファジィで代替する方法と，PID のパラメータをファジィで調整する方法がある。ここではこれらの両者について説明するが，それぞれに特徴があるので実際にファジィ制御を採用するときは制御の目的に合わせて選ぶ必要がある。

〔1〕 **PID 制御をファジィで代替する**

ここで説明する PID 制御をファジィで代替する実験は，中部電力（株）新名古屋火力発電所 4 号機 220 MW で行われたものである。

図 1.41 に事業用ボイラの従来の PID による主蒸気温度制御系を示す。主蒸気温度制御系は時定数が約 30 分，むだ時間が約 5 分くらいあるので，一般的にカスケード制御が行われているが，ボイラ負荷が変化しているときの制御性能を向上させるため，フィードフォワード制御も併せて採用されている。

ここでは PID をファジィで代替する方法と経験則で構成されているフィー

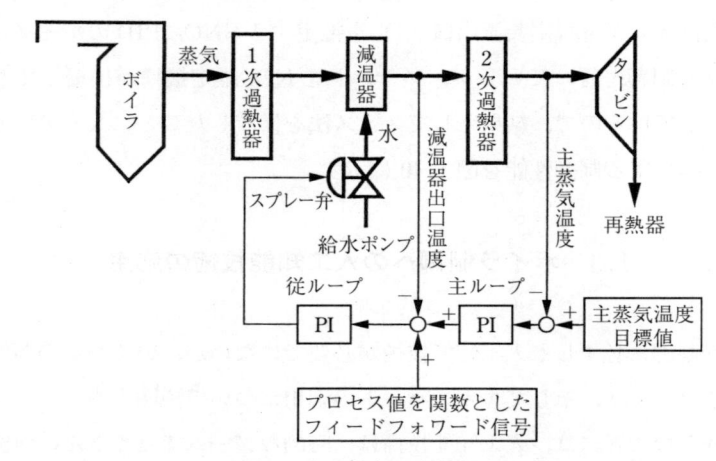

図 1.41 主蒸気温度制御系

ドフォワード制御をファジィで設計する方法について説明する。

〔2〕 **ファジィ PID**

ファジィ制御は曖昧さを含むアルゴリズムを制御規則で表現し，ファジィ推論を用いて制御動作を決定する。ファジィ制御はプラントを熟知した者が定性的に体得している経験・知識をファジィ制御ルール（もし〜ならば〜せよ）の形で記述し推論を行うことで，熟練したオペレータと同様で巧妙な制御を実現することができる。

ファジィ制御の推論にはいくつかの種類があるがここでは最も代表的な方法について制御規則を PID 制御と比較すると次のようになる。

PI 制御は次式で表現される。

$$\Delta MV_n = K_p(K_t E_n + \Delta E_n)$$

$$E_n = SV_n - PV_n$$

$$\Delta E_n = E_n - E_{n-1} \tag{1.54}$$

ここで，K_p，K_t は制御定数，E_n は偏差（時刻 n），E_{n-1} は偏差（時刻 $n-1$），SV_n は設定値，PV_n は測定値，MV_n は操作量である。

これに対してファジィ PID 制御は次のルールで表現される（**図 1.42**）。

① *IF E=Negative Small and ΔE=Positive Small THEN ΔMV=Posi-*

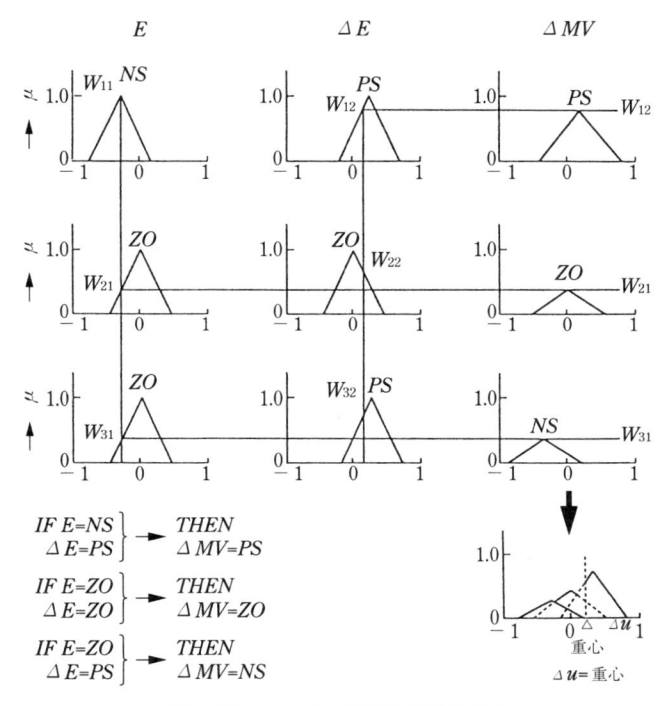

1.3 ボイラ制御への人工知能技術の応用

図1.42 ファジィ制御の代表的推論

tive Small

② IF $E = Zero$ and $\Delta E = Zero$ THEN $\Delta MV = Zero$

③ IF $E = Zero$ and $\Delta E = Positive\ Small$ THEN $\Delta MV = Negative\ Small$

今,入力 E, ΔE が与えられたとする.これが制御規則①にどれだけ適合しているか調べる.制御規則①に対しては E をメンバーシップ関数にあてはめてみると図 1.42 の W_{11} であることがわかる.ΔE のほうは適合度が W_{12} である.制御規則①の適合度としては,小さいほうをとることにすれば制御規則①の適合度 $\min(W_{11}, W_{12}) = W_{12}$ である.後件部のほうのメンバーシップ関数もこれに合わせ高さを W_{12} とする.

制御規則②についても同様のことを行うと,適合度は W_{21} であるから後件部のほうのメンバーシップ関数も W_{21} の高さに合わせる.制御規則③につい

ても同様のことを行う。この場合は制御規則が三つしかないが，もっと多くある場合はすべての制御規則について同様のことを行う。

次に出力を一つ決めなければならないので，その操作として図1.42のように三つの後件部のメンバーシップ関数の重心が来る点をとる。

〔3〕 **ファジィ理論による蒸気温度制御**

蒸気温度制御システムは図1.41に示すようにカスケードシステムが採用されている。カスケードシステムでは主ループの設計が重要であるので，ここにファジィ制御を試みた。

主ループは従来のPID制御を代替する主ファジィ部とボイラ負荷が変化したときの制御性能を向上させるために先行補償制御を行う補償ファジィ部で構成されている。

火力プラントでは高効率運転を実現するため，主蒸気温度目標値をボイラチ

表1.2 ファジィメイン計器のルール

NB : negative big
NM : negative medium
NS : negative small
ZO : zero
PS : positive small
PM : positive medium
PB : positive big

		主蒸気温度偏差の変化率					
	IN1＼IN2	NB	NM	NS	ZO	PS	PM	PB
主蒸気温度偏差	NB		PM	PS	PB	NS	NM	
	NM		PM	PS	PM	NS	NM	
	NS		PM	PS	PS	$\frac{ZO+PS}{2}$	$\frac{PS+PM}{2}$	NM
	ZO	PB	PM	PS	ZO	NS	NM	NB
	PS	PM	$\frac{PS+PM}{2}$	$\frac{ZO+PS}{2}$	NS	NS	NM	
	PS		PM	PS	NM	NS	NM	
	PB		PM	PS	NB	NS	NM	

	IN3＼IN2	NB	NM	NS	ZO	PS	PM	PB
主蒸気温度偏差拡大	NB							
	NM							
	NS							
	ZO							
	PS							
	PS					NS		
	PB					NM		

ューブ材料の許容温度付近に設定している．したがって，目標値に対して超過温度の上限を2％までと厳しく制限していることを考慮にいれて設計した主ファジィ部のルールとメンバーシップ関数を**表1.2**および**図1.43**に示す．

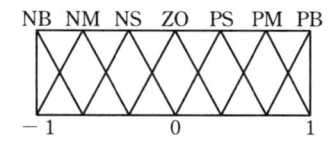

(a) IN1：主蒸気温度偏差

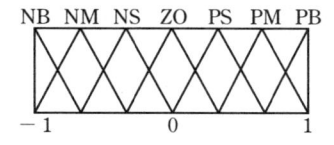

(b) IN2：主蒸気温度偏差変化率

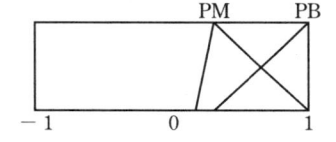

(c) IN3：主蒸気温度偏差拡大

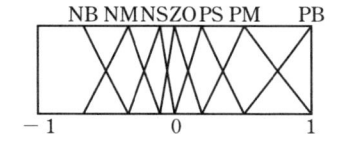

(d) OUT1：減温器出口温度設定値

図1.43 ファジィメイン計器メンバーシップ関数

表1.2の上段に示すルールはPID制御のファジィ実現に加速防止を中心に検討したものである．網掛けをした部分はオーバシュート防止ルールであり，応答の早い系では逆動作ルールとするが，時定数の長い系では発散する可能性が高いのでゲインを押さえるにとどめた．下段のルールは主蒸気温度偏差変化率が positive medium かそれ以上で緩やかに上昇しているときの感度を上げるものである．

主蒸気温度が高くなると下げ操作を積極的に，低いときには消極的というオペレータの操作方法を実現するために，図1.43のOUT1に示すように後件部メンバーシップ関数は非対称としている．

ルールの中に空白部があるが，これは採用したファジィ計器のメーカ特徴であり，ルールの成立しない領域（空白領域）に突入した場合，非空白領域での値を記憶しており，次の非空白領域が来るまで同じ値を出し続ける仕組みになっている．

ある蒸気流量に対して必要な燃料流量は，自ずから決定され，このバランス

が崩れると蒸気温度に影響がでてくる。**表 1.3** の補正ファジィ部では燃料流量と主蒸気流量の偏差を入力値として上 2 段のルールを作成している。

表 1.3 ファジィ補正計器のルール

（a） 主蒸気／燃料流量偏差の変化率

IN 1	NB	NM	NS	ZO	PS	PM	PB
	PB	PM	PS	ZO	NS	NM	NB

（b） 主蒸気／燃料流量偏差の加速度

IN 2	NB	NM	NS	ZO	PS	PM	PB
	PB	PM	PS	ZO	NS	NM	NB

NB : negative big
NM : negative medium
NS : negative small
ZO : zero
PS : positive small
PM : positive medium
PB : positive big

（c） 変圧運転時補正

IN 3	NB	PB
	PS	NS

また，主蒸気圧力上昇開始時に過剰投入される燃料により主蒸気温度が急上昇し，数分後に影響が激減する現象がある。既存の設備では主蒸気圧力の目標値の変化を検出し，補償信号を出力した後，既定の時間が来るとこの信号を止めるように工夫されている。これをファジィでルール化するには，ファジィ計器内に時間関数を取り入れなくてはならないが，仕様上不可能であるので，既存の信号を**図 1.44** 下段のメンバーシップ関数によりそのまま取り込んでいる。

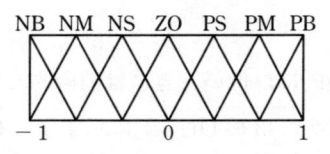

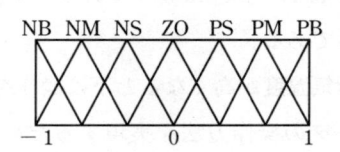

（a） IN 2：主蒸気／燃料流量偏差変化率   （b） IN 2：主蒸気／燃料流量偏差加速度

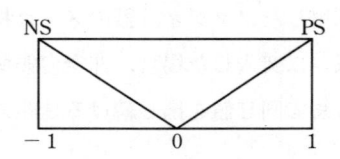

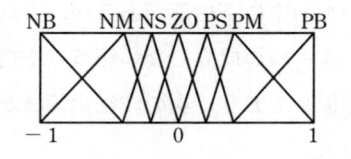

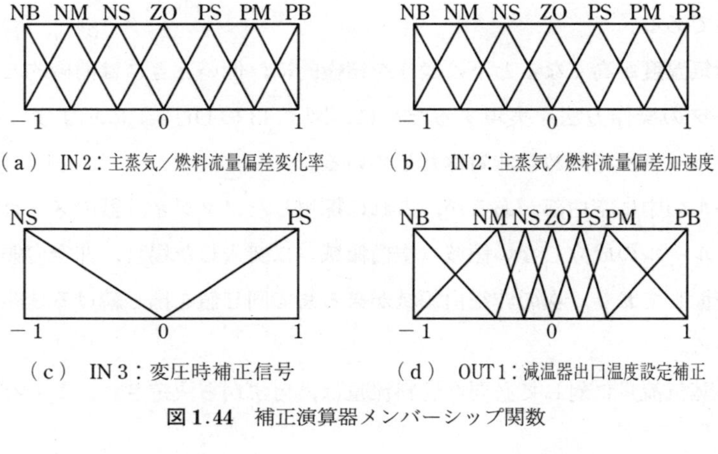

（c） IN 3：変圧時補正信号   （d） OUT 1：減温器出口温度設定補正

図 1.44 補正演算器メンバーシップ関数

1.3 ボイラ制御への人工知能技術の応用

〔4〕 **ファジィ理論による蒸気温度制御システム**

ファジィ理論による蒸気温度制御システムと従来方式による制御システムを組み合わせた制御システムを図1.45に示す。

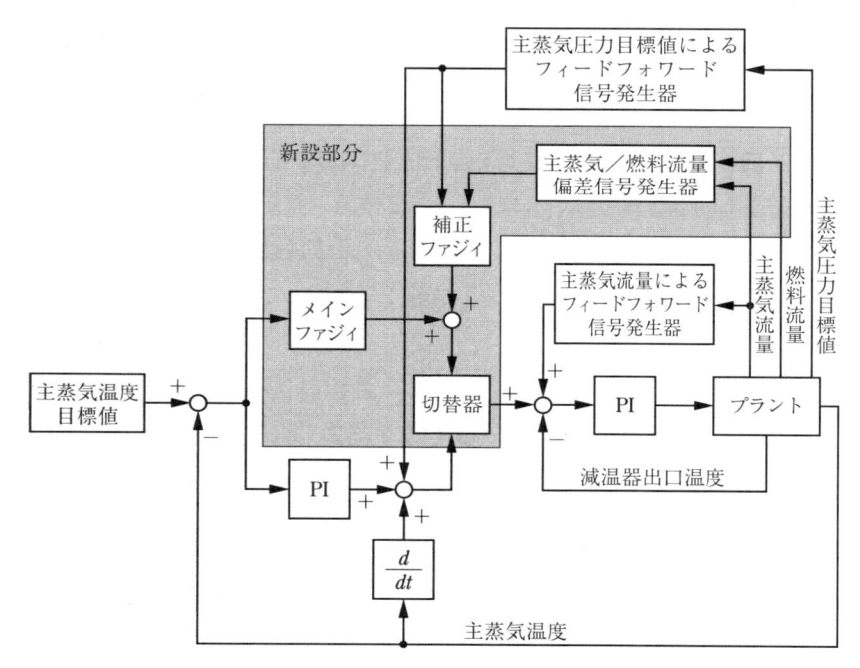

図1.45 ファジィによる主蒸気温度制御系

補正ファジィ部では燃料流量と主蒸気流量の偏差および主蒸気圧力上昇時に発生するフィードフォワード信号を取り込んで，減温器出口温度目標値の補正信号を演算している。

切替器は，従来制御とファジィ制御をバンプレスに切り替える機能をもっている。

〔5〕 **実　証　試　験**

実証試験ボイラの仕様を次に示す。

形　式　　単胴放射再熱強制循環型（双炉）

蒸発量　　730 t/h（maximum continuos rate）

主蒸気圧力　　17.26 MPa

蒸気温度　　主蒸気 541℃　再熱蒸気 541℃

燃　料　　原油，重油およびナフサ

送風方式　　平行通風

（a）　負荷スイング試験　　この試験方法は，主蒸気圧力を一定に保ち発電機出力のみを変化させるもので，通常の営業運転のパターンである。この試験の結果を図 1.46 および図 1.47 に示すが，従来の PID 制御方式では負荷上昇操作が終了した後，60 分以上にわたって目標値に整定しないのに対して，ファジィ制御では 30 分で整定している。さらに主蒸気温度の変動幅も PID 制御方式での 13.8℃に対して，ファジィ制御では 8.5℃であり制御性能が優れている。

（b）　突変試験　　この試験はタービン入口の蒸気加減弁を手動で急速増減させて，主蒸気流量による外乱抑制特性を確認するものである。

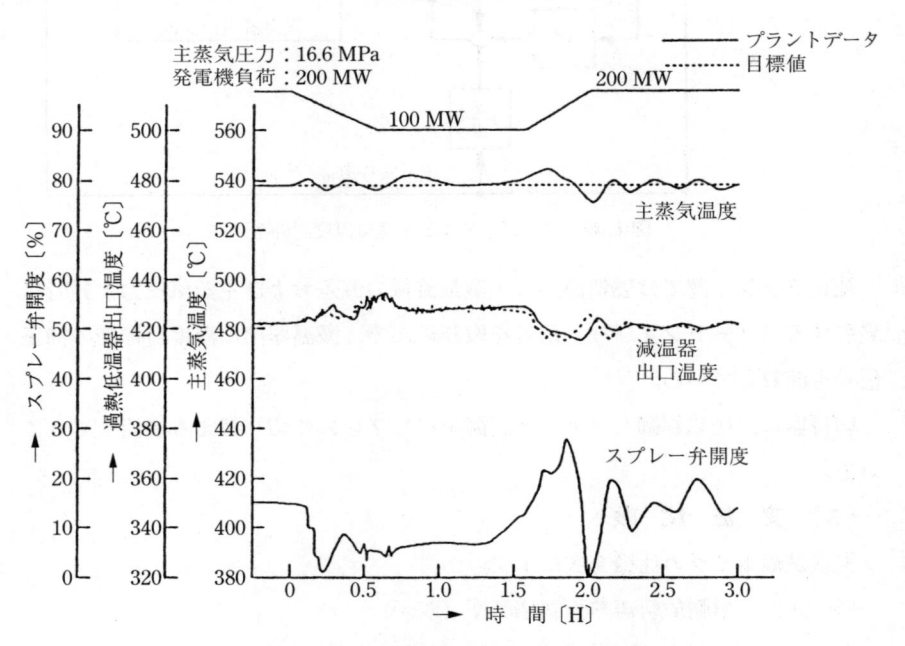

図 1.46　負荷スイング試験（PID 制御）

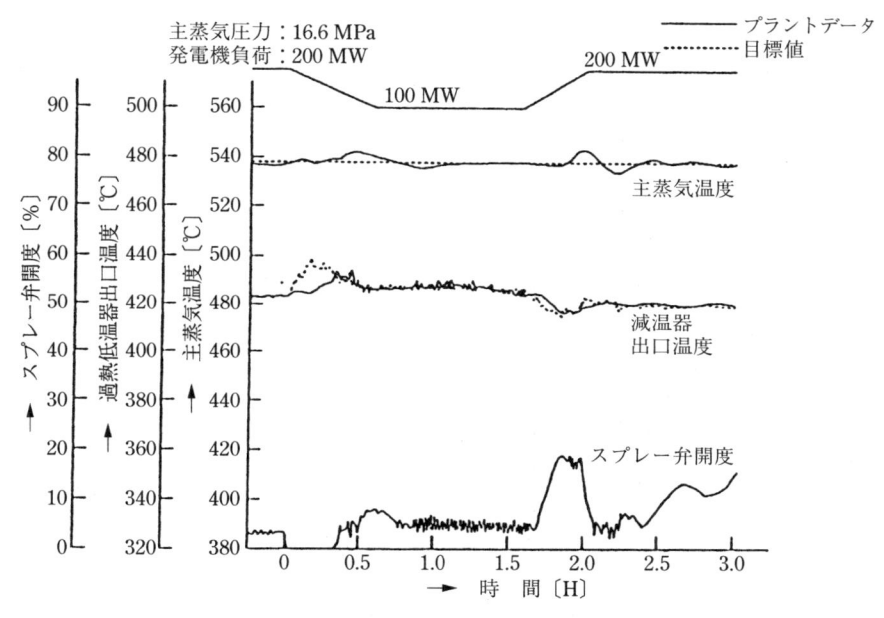

図 1.47　負荷スイング試験（ファジィ制御）

　図 1.48 および図 1.49 より PID 制御方式では，突変操作後約 40 分間主蒸気温度に脈動が見られ，抑制のためのスプレー流量が大きく変動している。
　これに対して，ファジィ制御では突変操作による主蒸気温度の変化は少なく，わずかにスプレー弁が動いているだけである。したがってこの試験での外乱抑制特性は，ファジィ制御のほうが PID 制御方式より優れている。
　（c）　**総合試験**　　この試験は主蒸気圧力とボイラ負荷が同時に変化する最も過酷な試験である。試験の結果を図 1.50 および図 1.51 に示す。主蒸気温度の目標値超過が PID 制御方式では 4.1℃であるのに対して，ファジィ制御では 7.7℃であり，PID 制御方式が優れている。しかし PID 制御方式では負荷変化が終了しても 60 分以上も主蒸気温度が目標値以下であるのに対して，ファジィ制御では約 20 分で整定していることから，主蒸気温度の目標値への収束性はファジィ制御が優れている。

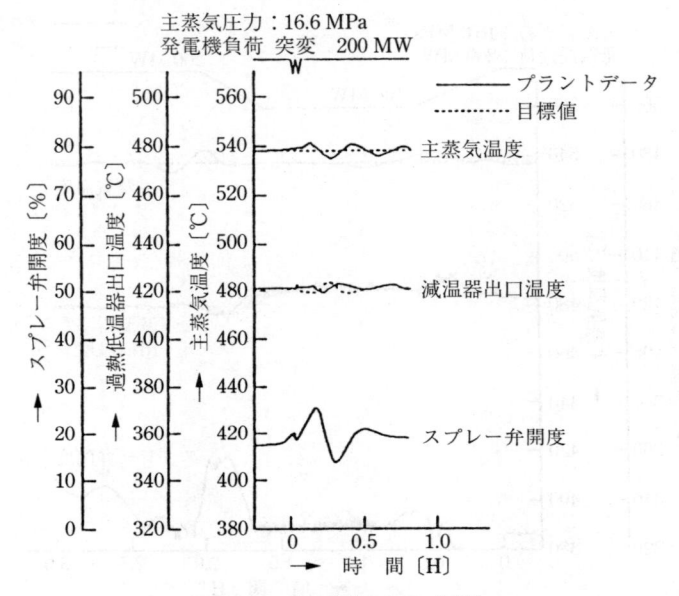

図 1.48 突変試験（PID 制御）

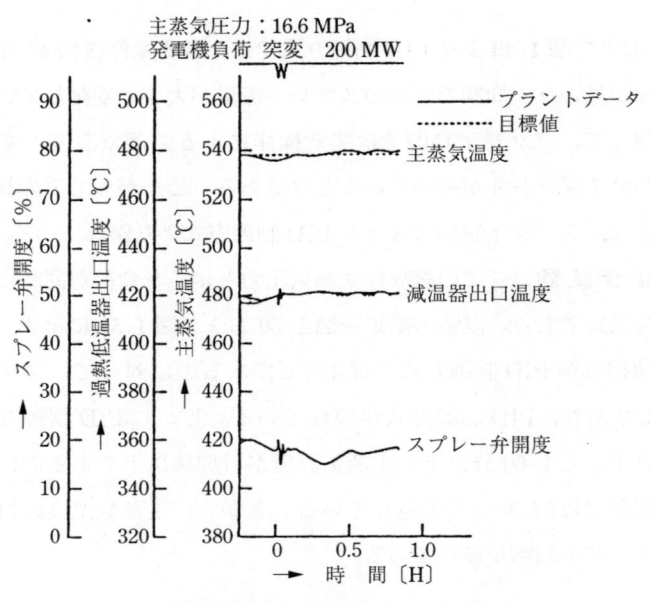

図 1.49 突変試験（ファジィ制御）

1.3 ボイラ制御への人工知能技術の応用　77

図1.50　総合試験（PID制御）

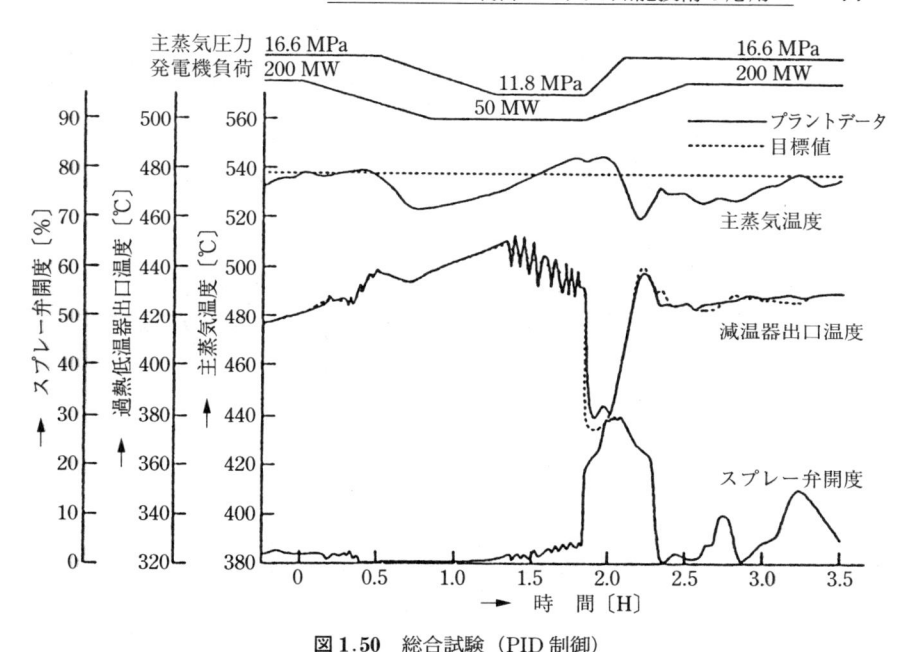

1.3.2　ハイブリッドファジィ制御の提案

　前項まで説明したファジィシステムは従来のPID制御を直接代替するものである。このシステムを実際に調整してみると決して曖昧にはできない難しさがあった。ファジィルールやメンバーシップ関数を調整するということは，PIDのパラメータを調整するのとまったく同じことであり，その調整に慣れていない分だけ苦労というしっぺ返しにあってしまった。

　前項までの説明では，一応ファジィ制御が従来の制御方式に勝っているとしたが，実態はPID制御をファジィ制御が越したのではなく，補正ファジィ部に人のノウハウを組み込むことにより，従来の補正制御より，よい制御が達成できたのである。

　したがって，PIDの長い歴史で熟成された技術はそのままにしておき，ファジィの魅力的な曖昧さと人のノウハウを表現できる機能があるので，これら

78   1. 火力発電プラントの制御

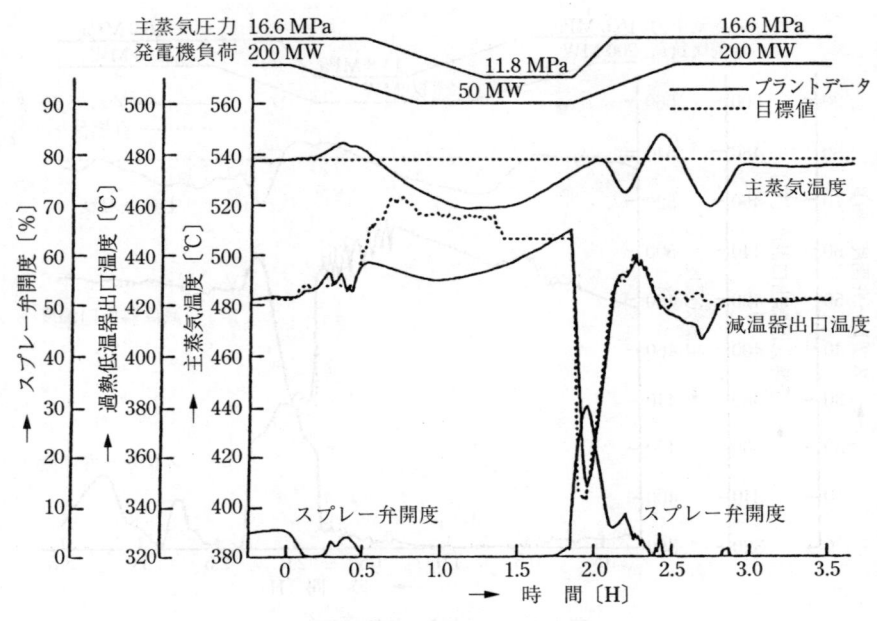

図1.51 総合試験（ファジィ制御）

の両者の優れたところを組み合わせた「ハイブリッドファジィ制御」を実験室で試みた。

　人が手動で何かを操作したとき，例えば車を運転したとき自分が目標のコースから大きく離れていればハンドルを大きく切り，目標に近づいてくるとハンドル操作は緩やかになってくる。これと同じようにPID制御に対して設計者は，目標値とフィードバック量が近くなると比例ゲインを小さくして，偏差をできるだけなくすために積分ゲインを高くしたいという願望があり，これを達成するために一部のPID調節系にはこの領域に不感帯を設けたものがある。これと同じような制御システムを以下に提案する。

〔1〕　**オーバシュート防止型ハイブリッドファジィ制御**

　火力プラントではオーバシュートを特に嫌がる制御系がある。このためオーバシュートしても警報が出ないように設定値を下げて運用するなどオペレータはそれなりに苦労をしている。

ここでは最初にオーバシュートはなぜ起こるかを考える。PID 制御では時間領域において次式で表される。

$$MV = P^*E + D^*\frac{dE}{dt} + I\int E dt$$

$$E = PV - SP \tag{1.55}$$

ここで，MV は操作量，E は偏差，SP は設定値，PV はプロセス値，P は比例ゲイン，D は微分ゲイン，I は積分ゲインとする。

図 1.52 に示すような PID 制御では，偏差のある状態から目標値に収束するまでにオーバシュートが発生しやすい。特に制御対象にむだ時間や遅れ時間要素がある場合に強い制御を行うと，オーバシュートが起こりやすくなる。

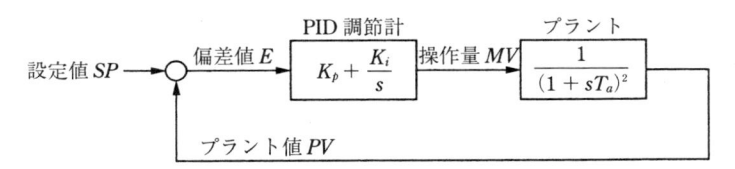

図 1.52 PID 調 節 計

図 1.52 の一巡伝達関数 $H(s)$ はラプラス空間では次式で表される。

$$H(s) = \frac{sK_p + K_i}{s(1+sT_a)^2} = \frac{K_i\left(s\frac{K_p}{K_i}+1\right)}{s(1+sT_a)^2} \tag{1.56}$$

ここで，K_p は比例ゲイン，K_i は積分ゲイン，T_a は時定数，s はラプラス演算子である。

式 (1.56) において $K_p = K_i T_a$ と仮定すれば次式が得られる。

$$H(s) = \frac{K_i}{s(1+sT_a)} \tag{1.57}$$

図 1.52 全体の伝達関数 $I(s)$ は次式で表される。

$$I(s) = \frac{\dfrac{K_i}{s(1+sT_a)}}{1+\dfrac{K_i}{s(1+sT_a)}} = \frac{K_i}{s^2 T_a + s + K_i} \tag{1.58}$$

図 1.52 のモデルは二次遅れ系としたが，実際のプラントはもっと次数が高

1. 火力発電プラントの制御

いことが一般的であり，複雑になるので以下の説明は二次遅れとむだ時間をもって等価的に表現する。この等価モデルの伝達関数 $G(s)$ は次式で表される。

$$G(s) = \frac{\varepsilon^{-Ls}}{s^2 T_1 + s T_2 + T_3} \tag{1.59}$$

ここで，$T_1 = T_a/K_i$，$T_2 = 1/K_i$，$T_3 = 1$，L はむだ時間とする。このモデルのステップ応答 $Y(s)$ からオーバシュート量 V の式を導出する。

$$Y(s) = \frac{\varepsilon^{-Ls}}{s^2 T_1 + s T_2 + T_3} \cdot \frac{1}{s} = \frac{\dfrac{1}{T_1}\varepsilon^{-Ls}}{s^2 + s\dfrac{T_2}{T_1} + \dfrac{T_3}{T_1}} \cdot \frac{1}{s} \tag{1.60}$$

ここで

$$\varsigma = \frac{T_2}{2T_1}$$

$$\omega^2 = \frac{T_3}{T_1} - \left(\frac{T_2}{2T_1}\right)^2$$

とすれば，式 (1.60) は次式のようになる。

$$Y(s) = \frac{\varepsilon^{-Ls}}{s^2 T_1 + s T_2 + T_3} \cdot \frac{1}{s} = \frac{\dfrac{1}{T_1}\varepsilon^{-Ls}}{(s+\varsigma+j\bar{\omega})(s+\varsigma-j\bar{\omega})} \cdot \frac{1}{s} \tag{1.61}$$

式 (1.61) の分子を $N(s)$ とし，分母を $D(s)$ とすれば，展開定理からラプラス逆変換は次式で表現される。

$$Y(t) = \left[\frac{N(s)}{d(s)}\right]_{s \to \infty} \delta(t) + \sum_{i=1}^{n}\left[\frac{N(s)}{\dfrac{dD(s)}{ds}}\right]_{s=si} u(t) \tag{1.62}$$

ここで，$I=1\sim n$ の正数，si は $Y(s)$ の極，$u(t)$ はステップ関数とする。式 (1.61) から式 (1.62) 第1項は0であることから次式のように展開できる。

$$Y(t) = \left[\left\{\frac{N(s1)}{\dfrac{dD(s1)}{ds}}\right\}\varepsilon^{s1t} + \left\{\frac{N(s2)}{\dfrac{dD(s2)}{ds}}\right\}\varepsilon^{s2t} + \left\{\frac{N(s2^*)}{\dfrac{dD(s2^*)}{ds}}\right\}\varepsilon^{s2^*t}\right] u(t) \tag{1.63}$$

式 (1.63) における $s2$ と $s2^*$ は共役複素数の関係にあることを示す。複素

極がある場合の展開定理により式（1.64）は次式で表される。

$$Y(t) = \left[\frac{N(0)}{\frac{dD(0)}{ds}}\right]\varepsilon^{0t} + \varepsilon^{-st}\mathrm{Re}\left[2\frac{N(-\varsigma+j\omega)}{\frac{dD(-\varsigma+j\omega)}{ds}}\varepsilon^{j\overline{\omega}t}\right]u(t) \quad (1.64)$$

ここで，式（1.60）から $s1=0$, $s2=-\varsigma+j\overline{\omega}$, $s2^*=-\varsigma-j\overline{\omega}$ である。

式（1.64）において各項の分母は

$$\frac{dD(s)}{dt} = 2s(s+\varsigma) + (s+\varsigma)^2 + \omega^2 \quad (1.65)$$

であることから，式（1.64）は次式のようになる。

$$Y(t) = \left[\frac{\frac{1}{T_1}}{s^2+\omega^2} + \varepsilon^{-st}\mathrm{Re}\left\{2\frac{\frac{1}{T_1}\varepsilon^{-Lt}}{2j\omega(-\varsigma+j\omega)}\varepsilon^{j\omega t}\right\}\right]u(t) \quad (1.66)$$

$$Y(t) = \left[\frac{\frac{1}{T_1}}{s^2+\omega^2} + \frac{1}{T_1}\varepsilon^{-st}\mathrm{Re}\left\{\frac{(\omega-j\varsigma)\{\cos(\omega t)+j\sin(\omega t)\}}{\omega(s^2+\omega^2)}\varepsilon^{-Lt}\right\}\right]u(t) \quad (1.67)$$

式（1.67）にラプラス変換における時間領域での推移定理を用いてむだ時間処理を行い，式（1.61），（1.62）を用いて整理すると次式が得られる。

$$Y(t) = \frac{1}{T_3}\left[1-\left\{\left(\frac{\varsigma}{\omega}\right)^2+1\right\}^{0.5}\varepsilon^{-\varsigma(t-L)}\sin\left\{\omega(t-L)+\arctan\frac{\varsigma}{\omega}\right\}\right]u(t-L) \quad (1.68)$$

減衰係数 $\gamma=\varsigma/\omega$ の関係を式（1.68）に入れて整理する。

$$Y(t) = \frac{1}{T_3}[1-(\gamma^2+1)^{0.5}\varepsilon^{-\gamma\omega(t-L)}\sin\{\omega(t-L)+\arctan\gamma\}]u(t-L) \quad (1.69)$$

式（1.69）からオーバシュート量 V は次式で表現できる。

$$V = \frac{\left.\frac{dY(t)}{dt}\right|_{t=L} - \lim_{t\to\infty}Y(y)}{\lim_{t\to\infty}Y(y)} = \varepsilon^{-\gamma\pi} \quad (1.70)$$

式（1.70）において $\gamma=1\sim0$ の変化をさせたときの $V-\gamma$ 曲線は図 **1.53**

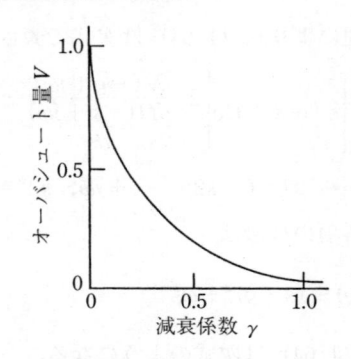

図 1.53 V-γ 曲線

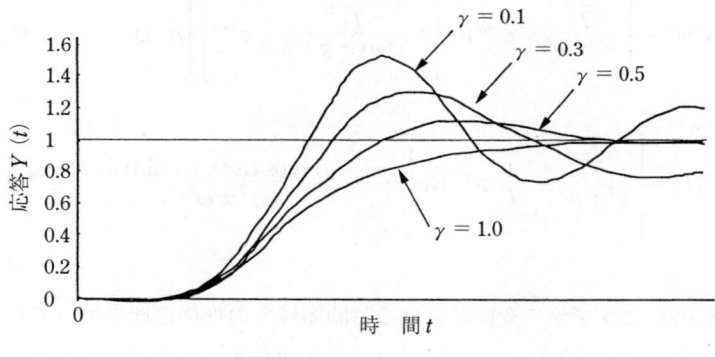

図 1.54 応答曲線

に示すようになる。また，γ を変えたときの応答 $Y(t)$ は**図 1.54** に示すとおりである。

式 (1.70)，図 1.53，図 1.54 から γ が小さければ立上りが速いが，オーバシュート量が大きくなる。

式 (1.61)，(1.62) から γ は次式となる。

$$\gamma = \frac{\dfrac{T_2}{2T_1}}{\left\{\dfrac{T_3}{T_1} + \left(\dfrac{T_2}{2T_1}\right)^2\right\}^{0.5}} \tag{1.71}$$

先にも述べた $K_p = K_i T_a$ と式 (1.57)，(1.58)，(1.71) から γ は次式となる。

1.3 ボイラ制御への人工知能技術の応用

$$\gamma = \frac{\dfrac{K_i}{2K_p}}{\left\{\dfrac{1}{K_p}+\left(\dfrac{K_i}{2K_p}\right)^2\right\}^{0.5}} = \left(\frac{K_i^2}{4K_p+K_i^2}\right)^{0.5} \tag{1.72}$$

ここで $\lim_{K_p \to \infty}\gamma=0$，$\lim_{K_p \to \infty}\gamma=1$ であるため，比例ゲイン K_p を小さく，積分ゲイン K_i を大きくすることで γ が大きくなり，オーバシュートを押さえることができる。このことをもとに考えた場合，ハイブリッドファジィ制御器は，PID制御器のパラメータにファジィ信号による補償信号を加える方法が適していると考えられる。

PID制御器のパラメータを調整するファジィルールは**表1.4**とし，メンバシップ関数は等間隔の三角形で設計する。

表1.4 ファジィルール偏差の変化率

		NB	NM	NS	ZO	PS	PM	PB
偏差	NB				NS(9)	PB(22)		
	NM				NS(11)	PB(23)	PB(25)	PB(27)
	NS				ZO(1)	PS(13)	PB(24)	PB(26)	PB(28)
	ZO	PM(3)	PM(4)	PS(7)	ZO(29)	PS(8)	PM(5)	PM(6)
	PS	PB(15)	PB(17)	PB(19)	PS(14)	ZO(2)		
	PM	PB(16)	PB(18)	PB(20)	NS(12)			
	PB			PB(21)	NS(10)			

比例ゲイン P の変化範囲は，他のファジィルールで作成された信号（先行信号）がSV補償値としてPI制御装置に入力されたとき，$P=0$ で未反応となる可能性がある。また，$P<0$ を許可すれば逆動作となる可能性があるため $P>0$ とする。

積分ゲイン $I \leq 0$ とすればオフセットが現れ，目標値に収束しなくなるため $I>0$ とする。

表1.4のファジィ出力と，γ および PI補償信号 X の関係は次のとおりである。

　　IF NB THEN　γ 小，x 小，ゲイン鋭い
　　IF ZO THEN　γ 中，x 中，ゲイン変更なし

IF PB THEN γ大, x大, ゲイン鈍い

ルールの設計思想については以下のとおり。

① 変化率：NS　偏差：NS　ハンチングしないようにゲインを戻す
② 変化率：PS　偏差：PS　ハンチングしないようにゲインを戻す
③ 変化率：NB　偏差：ZO　オーバシュート抑制のためゲインを下げる
　　　↓
④ 変化率：PB　偏差：ZO　オーバシュート抑制のためゲインを下げる
⑤ 変化率：NS　偏差：ZO　偏差0付近で振動抑制のためゲインを下げる
⑥ 変化率：PS　偏差：ZO　偏差0付近で振動抑制のためゲインを下げる
⑦ 変化率：ZO　偏差：NB　偏差大，変化率0なのでゲインを上げる
⑧ 変化率：ZO　偏差：PB　偏差大，変化率0なのでゲインを上げる
⑨ 変化率：ZO　偏差：NM　立ち上がりをよくするためゲインを上げる
⑩ 変化率：ZO　偏差：PM　立ち上がりをよくするためゲインを上げる
⑪ 変化率：ZO　偏差：NS　偏差0付近なのでゲインを下げる
⑫ 変化率：ZO　偏差：PS　偏差0付近なのでゲインを下げる
⑬ 変化率：PB　偏差：PS　オーバシュート抑制のためゲインを大きく下げる
　　　↓
⑭ 変化率：NS　偏差：PB　偏差大，変化率小なのでゲインを上げる
⑮ 変化率：PS　偏差：NB　偏差大，変化率小なのでゲインを上げる
　　　↓
⑯ 変化率：PB　偏差：NS　オーバシュート抑制のためゲインを大きく下げる
⑰ 変化率：ZO　偏差：ZO　偏差，変化率0なのでゲインを元に戻す

このハイブリッドファジィ制御では，表1.4のファジィルールからの出力をPI制御器のP成分とI成分に補償信号としていれる。**図1.55**にファジィ出力によるP成分の変化を3次元俯瞰図によって示す。

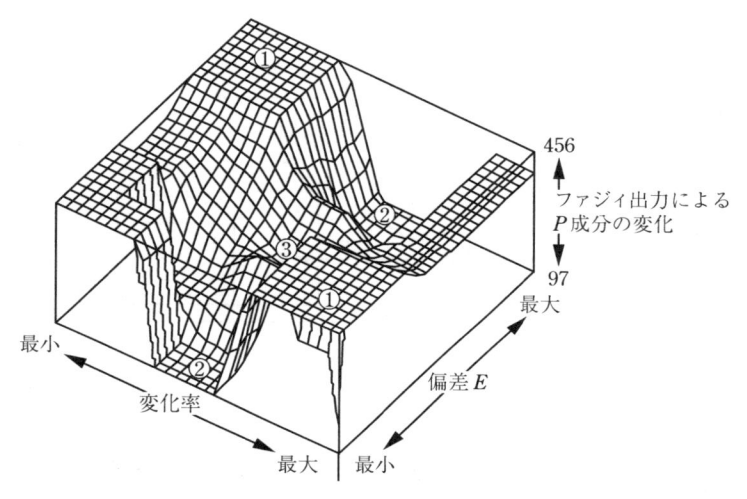

1.3 ボイラ制御への人工知能技術の応用

図1.55 ファジィ信号俯瞰図

① 偏差の絶対値が大きく変化率も大きい。オーバシュートしないようにP成分を大きくしてゲインを下げる。

　この部分は偏差が大きく，偏差の変化率も大きいときに作用するファジィルールでありこの時にPI制御器の出力が急激に変化しないようにしている。通常のPI制御器と違いこのハイブリッドファジィ制御器はある特定の状況でのみ応答性をよくするように働く微分要素をもったPI制御器といえる。

② 偏差の絶対値が大きく変化率は小さい。立上りをよくするためにP成分を小さくしてゲインを上げる。

　この部分は偏差に変化がないときに作用するファジィルールであり，この時にPI制御器の制御出力が大きくなるような出力をする。この場合の動きは微分要素に近い。

③ 偏差と変化率がともに0付近なのでP成分への補償信号をなくす。

以上の考え方を**図1.56**のシミュレーションモデルにより検証した。

PID調節計はジーグラ・ニコラウス（Zeigler-Nichols）のT，Lによる方法をもとに調整を行った。

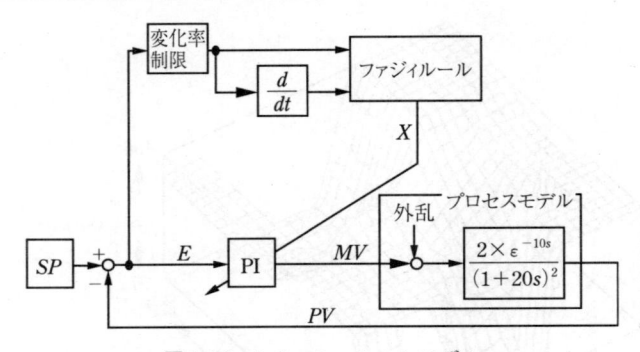

図1.56 シミュレーションモデル

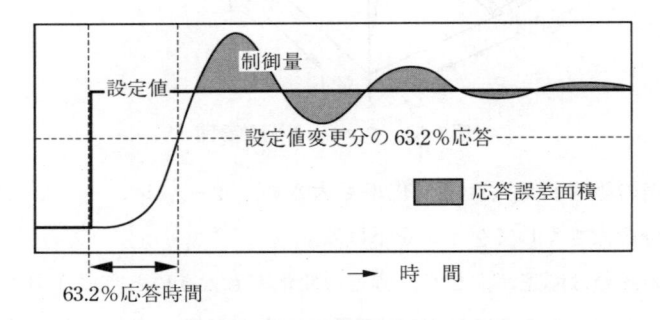

図1.57 制御応答の比較

ハイブリッドファジィ制御と従来のPI調節との制御応答結果を**図1.57**に示すように次の二つの指標で比較した。

① 設定値変更分に対する63.2％応答時間により，制御応答の立上りを比較する。
② 応答誤差面積により，オーバシュート量と行き過ぎによる振動を合わせて比較する。

シミュレーションを行った結果，ステップ応答は**図1.58**のようになり，次のような評価ができる。

① 63.2％応答時間　　ほぼ同じ
② 応答誤差面積　　約1/4に減少

シミュレーションの結果よりファジィにより，PI調節計のP，Iパラメー

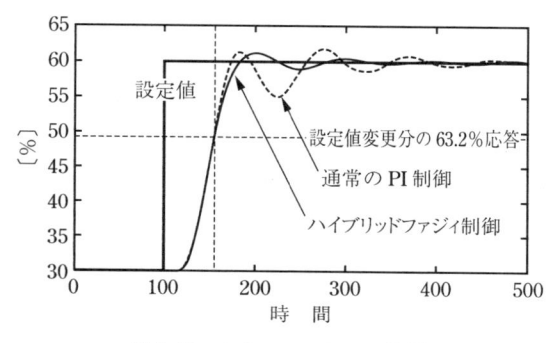

図1.58 シミュレーション結果

タに補償を加えることにより，制御系のゲインを調整する制御回路はオーバシュート防止に効果があることがわかった。このときの PI 調節計の P パラメータの状態については図 1.58 および**図 1.59** に示した。

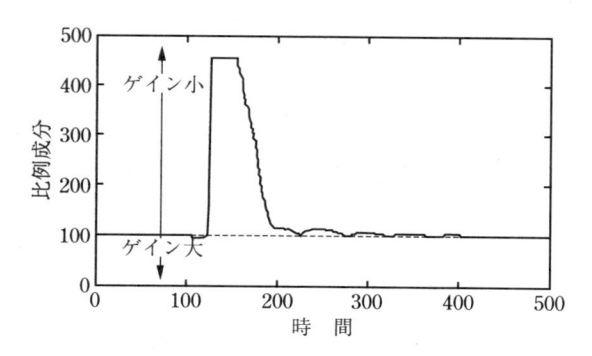

図1.59 ファジィ信号による比例成分の変化

ファジィ制御の入力として偏差と偏差の変化速度を採用することにより，通常の PID 調節計の微分要素とは異なる微分効果を得ることができる。この微分効果は状況によりその強弱を調節することが可能であり，人の制御に対する願望を達成できる一つの手法になる。

〔2〕 **時定数補償型ハイブリッドファジィ制御**

火力発電のように広い負荷範囲をもつプラントでは，高負荷と低負荷では時定数が 2 倍以上違うことがある。

ここでは時定数の変化を補償する方法について**図1.60**に示すような制御システムを対象に考える。ここで，K_p は比例ゲイン，K_i は積分ゲイン，T_a は時定数，s はラプラス演算子である。

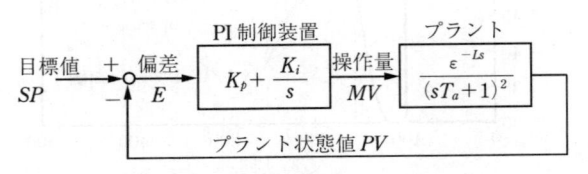

図 1.60 等価制御モデル

時定数補償は**図1.61**のように偏差 E に対してファジィ制御出力を加える SV 補償型を考える。

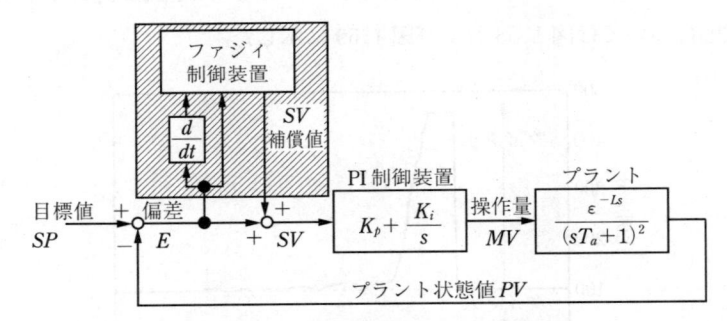

図 1.61 SV 補正による時定数補償制御

図 1.61 の一巡伝達関数 $H(s)$ は次式で表される。

$$H(s) = (F(s)+1)\left(K_p + \frac{K_i}{s}\right)\frac{\varepsilon^{-Ls}}{(sT_a+1)^2} \tag{1.73}$$

ここでモデル全体の最大勾配（立上りの傾き）を大きくするには

$$F(s)+1 = sT_a+1 \tag{1.74}$$

$$F(s) = sT_a \tag{1.75}$$

とすることで，式 (1.73) の立上りを変更することができる。実際には T_a が変化するので，ファジィ制御装置はいかなる状態でも立上りを最適にする必要がある。

時定数を可変にするには，ファジィ伝達関数を $Ff(s)$ とすれば次式で表現

1.3 ボイラ制御への人工知能技術の応用

できる。

$$Ff(s) = \frac{s(T_a - T_{fa})}{sT_{fa} + 1} \tag{1.76}$$

ここで T_{fa} はファジィルールによる時定数である。$T_{fa} = T_a$ とすればファジィ制御装置による補償を行わない場合と同じになり，一巡伝達関数 $H_1(s)$ は次式となる。

$$H_1(s) = \frac{sK_p + K_i}{s(sT_a + 1)^2} \varepsilon^{-Ls} \tag{1.77}$$

$T_{fa} = 0$ としたときの一巡伝達関数 $H_2(s)$ は次式となる。

$$H_2(s) = \frac{sK_p + K_i}{s(sT_a + 1)^2} \varepsilon^{-Ls} \tag{1.78}$$

$T_{fa} \neq 0$ としたときの一巡伝達関数 $H_3(s)$ は次式となる。

$$H_3(s) = \frac{sK_p + K_i}{s(sT_a + 1)s(sT_{fa} + 1)} \varepsilon^{-Ls} \tag{1.79}$$

ここで T_{fa} の変化範囲を $0 \sim T_a$ とすれば，式 (1.77)，(1.78) の間で立上り時間を可変できることになる。すなわちファジィ出力によって立上り時間を可変にできる。

ファジィルールは**表 1.5** とし入出力メンバーシップ関数は等間隔の三角形で設計する。

ルールの設計思想については以下のとおり。

① 変化率：NB　偏差：ZO　オーバシュート防止の強い引き戻し

表 1.5　ファジィルール偏差の変化率

		NB	NM	NS	ZO	PS	PM	PB
	NB				NB(13)	NM(20)		
	NM		NM(6)		NM(14)	NS(21)	PS(25)	PS(27)
偏	NS		NS(7)		NS(15)	ZO(22)	PS(26)	PS(28)
差	ZO	NS(1)	ZO(8)	ZO(9)	ZO(19)	ZO(23)	ZO(24)	PS(29)
	PS	NS(2)	NS(4)	ZO(10)	PS(16)		PS(30)	
	PM	NS(3)	NS(5)	PS(11)	PM(17)		PS(31)	
	PB			PM(12)	PB(18)			

↓
② 変化率：*NM*　偏差：*PM*　オーバシュート防止の強い引き戻し
③ 変化率：*NM*　偏差：*NM*　偏差の絶対値増加のため引き戻し
④ 変化率：*NM*　偏差：*NS*　偏差の絶対値増加のため引き戻し
⑤ 変化率：*NM*　偏差：*ZO*　偏差の絶対値小のため補償信号を小さく
↓
⑥ 変化率：*NS*　偏差：*PS*　偏差の絶対値小のため補償信号を小さく
⑦ 変化率：*NS*　偏差：*PM*　変化率の絶対値小のため立ち上げ
⑧ 変化率：*NS*　偏差：*PB*　変化率の絶対値小のため立ち上げ
⑨ 変化率：*ZO*　偏差：*NB*　変化率の絶対値小のため偏差の絶対値に応じた立ち上げ
↓
⑩ 変化率：*ZO*　偏差：*PB*　変化率の絶対値小のため偏差の絶対値に応じた立ち上げ
⑪ 変化率：*ZO*　偏差：*PB*　偏差，変化率ともに小さいため補償信号0
⑫ 変化率：*PS*　偏差：*NB*　変化率の絶対値小のため立ち上げ
⑬ 変化率：*PS*　偏差：*NM*　変化率の絶対値小のため立ち上げ
⑭ 変化率：*PS*　偏差：*NS*　偏差の絶対値小のため補償信号を小さく
↓
⑮ 変化率：*PM*　偏差：*ZO*　偏差の絶対値小のため補償信号を小さく
⑯ 変化率：*PM*　偏差：*NM*　変化率の絶対値小のため偏差の絶対値に応じた立ち上げ
↓
⑰ 変化率：*PB*　偏差：*ZO*　変化率の絶対値小のため偏差の絶対値に応じた立ち上げ
⑱ 変化率：*PM*　偏差：*PS*　偏差の絶対値が増加のため引き戻し
⑲ 変化率：*PM*　偏差：*PM*　偏差の絶対値が増加のため引き戻し

このハイブリッドファジィ制御では，表1.5のファジィルールからの出力を，

PI 制御器の P 成分と I 成分に補償信号としていれる。**図1.62**にファジィ出力による SV 補償信号の変化を3次元俯瞰図によって示す。

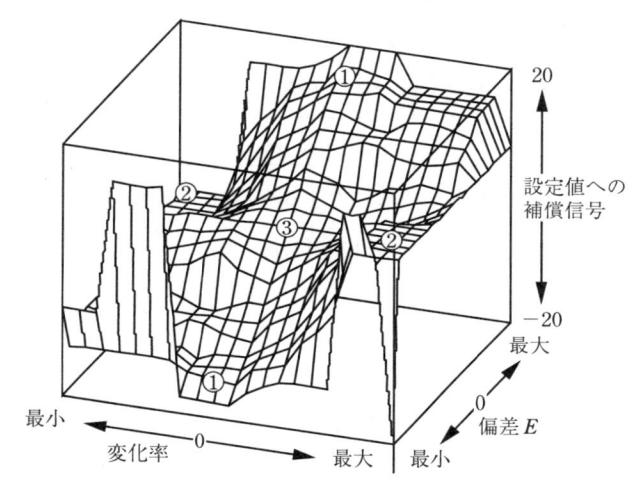

図1.62 ファジィ信号俯瞰図

① 偏差の絶対値が大きいが変化率の絶対値が小さい。SV に補償信号を加えて制御応答をよくする。この部分は偏差に変化がないときに作用するファジィルールであり，PI 制御器の出力が大きくなるような SV 補償信号を出力する。この場合の動きは微分要素に近い。

② 偏差の絶対値が大きく，変化率の絶対値も大きい。オーバシュートしないように SV に補償信号を加える。この部分は偏差が大きく偏差の変化率も小さいときに作用するファジィルールであり，オーバシュートしないように PI 制御器の出力を調整している。この二つの特性によりハイブリッドファジィ制御器は，通常の PI 制御器と比べて応答性がよくなり，かつオーバシュート量が少なくなるような制御が期待できる。

③ 偏差と変化率がともに0付近なのでファジィ出力による SV への補償信号をなくする。

以上の考え方を**図1.63**のシミュレーションモデルにより検証した。

プラントモデルは式 (1.80)，(1.81) の時定数をもつものとし，図1.63の

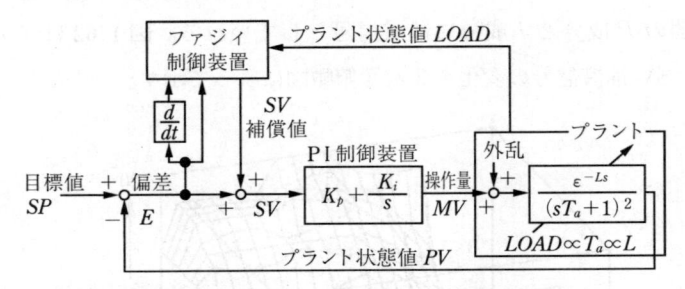

図 1.63 ファジィによる時定数補償制御

ルールを適用して制御応答の改善効果を検証した。

$$G_p10(s) = \frac{\varepsilon^{-10s}}{(10s+1)^2} \tag{1.80}$$

$$G_p30(s) = \frac{\varepsilon^{-10s}}{(30s+1)^2} \tag{1.81}$$

$$G_p20(s) = \frac{\varepsilon^{-10s}}{(20s+1)^2} \tag{1.82}$$

式 (1.80), (1.81) の両者に対して, 同じファジィルールを用いて偏差の変化率における入力メンバーシップ関数のゲインを変えることで対応する。これにより中間時定数をもつものにも対応が可能になるので, 式 (1.80), (1.81) の中間特性をもつ式 (1.82) についても評価を行った。

プロセスモデル $\frac{2 \times \varepsilon^{-10s}}{(1+20s)^2}$ に対して PID 調節計は北森法をもとに調整を行い, $P=340$, $I=25$ を得て, 3 種類のプラントモデルに対して PI パラメータはこれを用いた。

ハイブリッドファジィ制御と従来の PI 調節との制御応答結果を**図 1.64** に示すように次の二つの指標で比較した。

① 設定値変更分に対する 63.2 % 応答時間により, 制御応答の立ち上がりを比較する。

② 応答誤差面積により, オーバシュート量と行き過ぎによる振動を合わせて比較する。

シミュレーションを行った結果のステップ応答は**図 1.65** のようになり, このときの SV 補償値を**図 1.66** に示す。式 (1.80), (1.81) のプラントモデルに

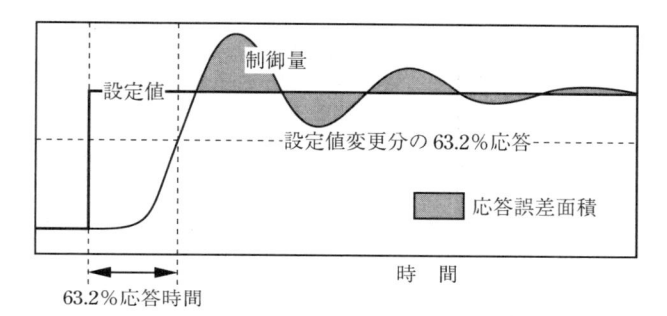

1.3 ボイラ制御への人工知能技術の応用　　93

図 1.64　制御応答の比較

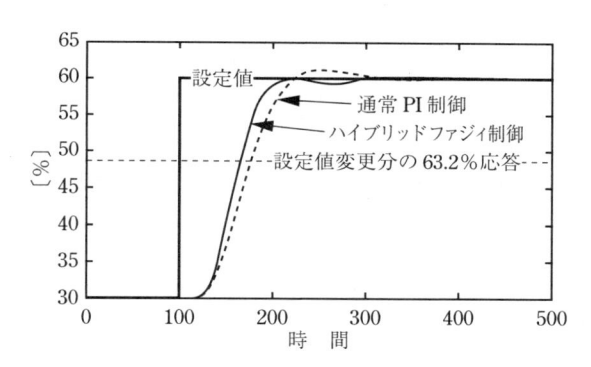

図 1.65　シミュレーション結果

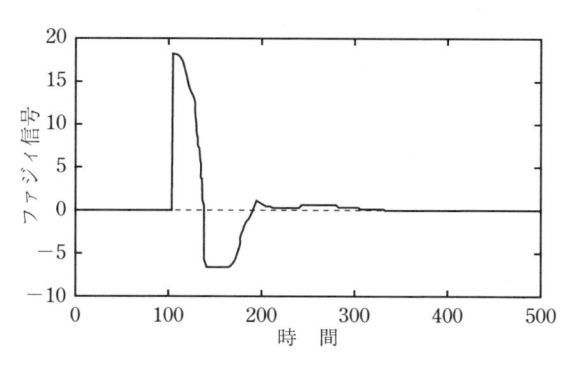

図 1.66　ファジィ出力値（SV への補償値）

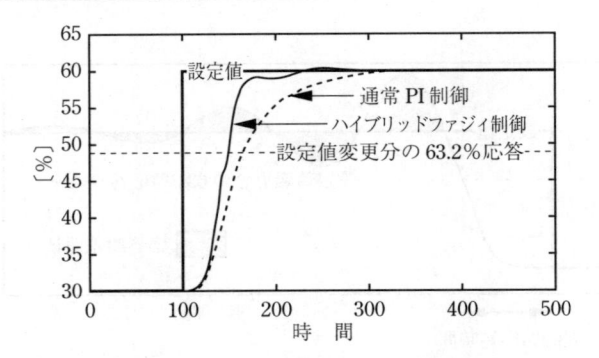

図1.67 シミュレーション結果（時定数10のとき）

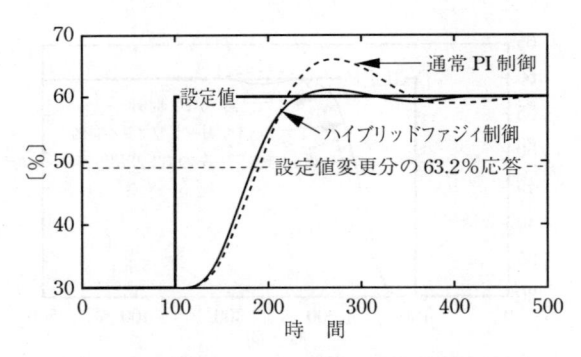

図1.68 シミュレーション結果（時定数30のとき）

表1.6 ハイブリッドファジィ制御の比較

比較項目 ％値はPI制御 に対する改善値	$G_p10(s)=\dfrac{\varepsilon^{-10s}}{(10s+1)^2}$	$G_p30(s)=\dfrac{\varepsilon^{-10s}}{(30s+1)^2}$	$G_p20(s)=\dfrac{\varepsilon^{-10s}}{(20s+1)^2}$
63.2％応答時間	26.7％	12.7％	7％
応答誤差面積	0％	35.7％	83.2％

対するシミュレーション結果を**図1.67**および**図1.68**に示す。これらは**表1.6**のような評価ができる。

　以上のようにプラントの時定数が変化しても応答時間やオーバシュート量を改善しており，このハイブリッドファジィ制御器は時定数の変化が起きたとき通常のPI調節計を上回る制御特性をもっていることがわかった。

1.3.3 エキスパート技術による先行制御信号の自動調整

ボイラ制御システムは，デマンドカーブと呼ばれるボイラの静特性をあらかじめ求めておき，負荷をインデックスにしてプログラム制御するもの，このプログラム制御の誤差を吸収する PID 制御とダイナミックスを補償する BIR (boiler input rate) 制御が組み合わされていることは先に述べた。

BIR の調整は熟練した調整員がボイラ負荷を大幅に変化させるロードスイング運転により，データを収集して自己の経験に照らし合わせて試行錯誤的に調整をしている。したがって調整の仕上りが調整員の技量に支配される他，調整のためのデータ収集に時間がかかるなどの問題点が多い。

しかし職人さんが調整できるのであれば，彼らの知識を整理して，知識ベースをつくればエキスパート調整システムができるはずである。このような発想から開発した BIR を自動調整するシステムの説明を行う。

〔1〕 知 識 ベ ー ス

貫流ボイラの主蒸気温度は基本的には燃料流量で制御されるがボイラ負荷が変化するとき炉に蓄積されたあるいは蓄積する熱エネルギーが熱慣性として制御の外乱になる。これを補償するために over/under firing を行うことはすでに述べた。

ボイラ制御装置の調整員が BIR を調整する作業方法をインタビューで解析したり，過去の調整データから彼らの調整行動を分析すると図 1.69 のような行動解析ができた。ただしここで説明するのは 500 MW 級定圧貫流ボイラの例である。

調整員は主蒸気温度の偏差をおよそ 5 分おきに把握して，意志決定の材料としている。負荷変化開始から約 5 分は，むだ時間であるので主蒸気温度は変化しない。ボイラ負荷変化開始後 5〜10 分の主蒸気温度偏差の変化は BIR の立上りに支配されているので，この部分の主蒸気温度偏差から BIR の立上りのパターンを決定する。その後の主蒸気温度偏差は BIR の積分量に支配されるので，主蒸気温度偏差がマイナスであれば BIR を大きくする調整を行う。ただし職人さんはここで計算づくめでの調整はせず，熟練した勘がこれを行う。

96   1. 火力発電プラントの制御

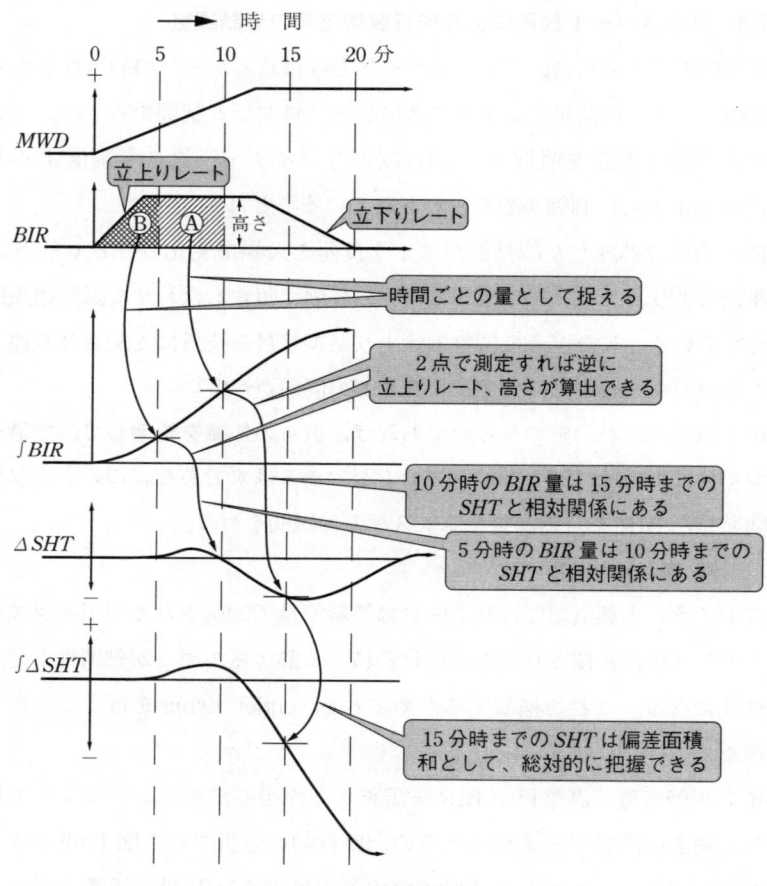

図1.69 BIR の調整知識

この知識を整理・分析すると同じ負荷パターンで異なる BIR 量で 2 回以上の運転データがあれば，BIR 量を定量的に求めることができる。例えば図1.53 に示すように同負荷，同負荷変化率で異なった BIR 量で運転したデータがあれば，相対関係で判断値が作成できる。**図 1.70** において T-101，T-103，T-201 が試験番号を示し Y 軸に 15 分時の主蒸気温度偏差の積分値，X 軸に 10 分時の BIR 積分量をプロットする。そしてそれらを直線でつなぐと主蒸気温度偏差が 0 になる所の BIR＝21.7 が求める BIR 量である。

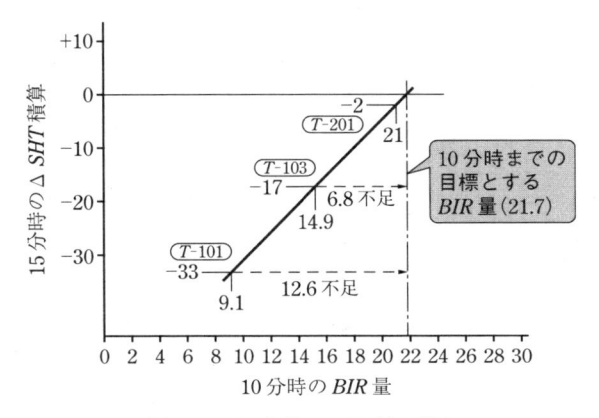

1.3 ボイラ制御への人工知能技術の応用

図1.70 10分時のBIR量の推定

さらにエキスパートシステムとして図1.71に示すようにボイラ制御装置にこの知識ベースを組み込めば，BIR自動調整オンラインリアルタイムエキスパートシステムを構築できる．この考え方をエキスパートシステム開発ツールARTおよび専用計算機Symbolics 3650を用いて開発した事例を以下に示す．

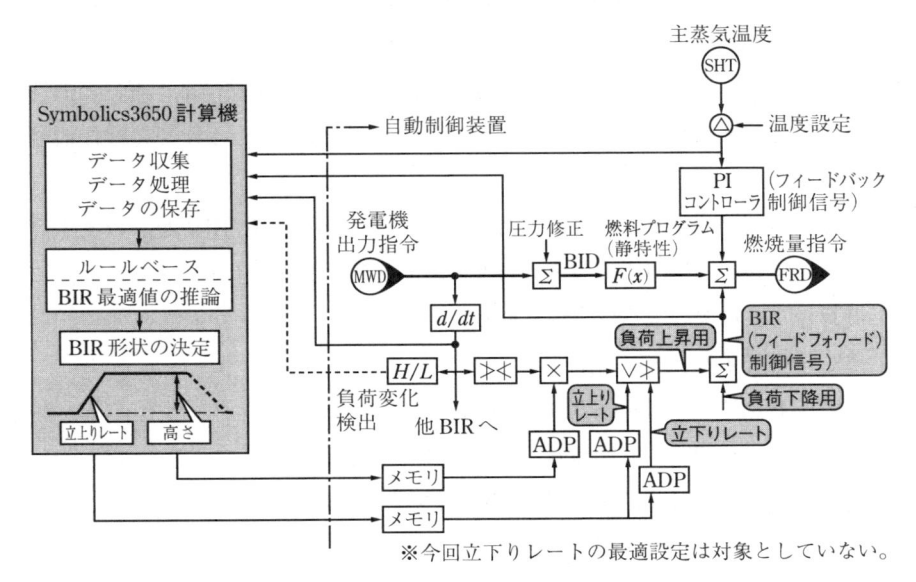

※今回立下りレートの最適設定は対象としていない．

図1.71 BIR自動調整システム

〔2〕 知識ベースのプログラミング

図 1.72 に示すようなボイラ負荷変化（MWD：mega watt demand）をシステムが自動キャッチして，以下のルールに従って推論を開始する。

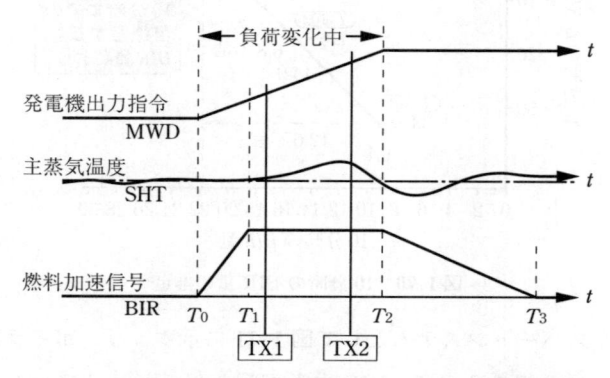

図 1.72 FF/BIR 初期量設定の判断タイミングと記号の定義

ここでは FF/BIR という信号の発生について説明する。FF/BIR とは fuel flow/boiler input rate の略でボイラ負荷が上昇するときは，燃料を余分に投入する過大加熱（over firing）を行うことにより，主蒸気温度を規定値に維持する。逆にボイラ負荷が下がるときは，炉壁に蓄熱された熱エネルギーの慣性があるので早めに燃料を絞る過少加熱（under firing）を行うための操作信号である。

ボイラ負荷が変化するたびにシステムは 30 秒周期で FF/BIR を計算するデータを収集し，FF/BIR の設定を TX 1 および TX 2 のタイミングで行う。この計算ルールは次のように表現される。

TX 1，TX 2 の設定ルール

  If T 1≦5 min then TX 1＝5 min

  If 5 min＜T 1≦T 2 then TX 1＝T 1

  If 5 min＜T 1 and T 1＝T 2 then TX 1＝none and TX 2＝T 2

  If T 2≦5 min then TX 2＝none

  If 10 min≦T 2 then TX 2＝10 min

1.3 ボイラ制御への人工知能技術の応用

If 5 min＜T2＜10 min then TX2＝T2

TX1時のBIR積算時間と主蒸気温度（SHT）の関係は，T0〜TX1時までのBIR積算値は次式により求める。

$$\mathrm{TX1(n)BIR} = \sum_{T0}^{TX1} \mathrm{BIR(n)} \tag{1.83}$$

TX1から5分後の主蒸気温度偏差は次式により求める。

$$\mathrm{TX1(n)SHT} = \mathit{\Delta}\mathrm{SHT}(\mathrm{TX1}+5\,\mathrm{min}) \tag{1.84}$$

TX2時のBIR積算時間と主蒸気温度（SHT）の関係は，T0〜TX2時までのBIR積算値は次式により求める。

$$\mathrm{TX2(n)BIR} = \sum_{T0}^{TX2} \mathrm{BIR(n)} \tag{1.85}$$

T0〜TX2+5分までの主蒸気温度偏差の積算値は次式により求める。

$$\mathrm{TX2(n)SHT} = \sum_{T0}^{TX2+5\mathrm{min}} \mathit{\Delta}\mathrm{SHT(n)} \tag{1.86}$$

TX1(n)BIRの判断ルール（**図1.73**）は，新しく取り込んだデータをTX1SHT(n)＝x1，TX1(n)BIR＝y1とし，過去のデータをTX1SHT(n−1)＝x2，TX1(n−1)BIR＝y2とする。

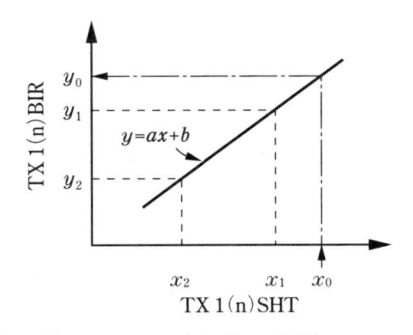

図1.73 TX1(n)BIRの判断ルール

$y=ax+b$ より TX1(0)SHT＝0 とする TX1(0)BIR＝y0 を次式により求める。

$$y_0 = y_1 - \frac{y_2 - y_1}{x_2 - x_1} x_1 \tag{1.87}$$

100　　1. 火力発電プラントの制御

TX2(n)BIR の判断ルールは TX1(n)BIR の判断ルールと同じ方法で求める。

FF/BIR の形の決定つまり BIR の立上りの勾配と立上り後の高さの決定方法は次による（図 1.74）。

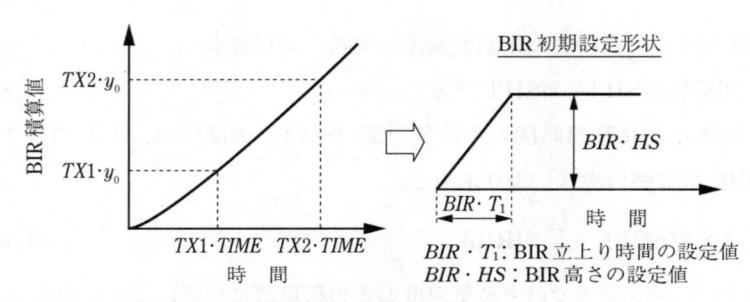

図 1.74　FF/BIR 形状の設定

$BIR \cdot T_1$：BIR 立上り時間の設定値
$BIR \cdot HS$：BIR 高さの設定値

TX1 および TX2 時の BIR 量がすでに求められているので、これらを次のように関係付けて表現する。

TX1 時を $TX1 \cdot TIME$、そのときの BIR 量を $TX1 \cdot y_0$、TX2 時を $TX2 \cdot TIME$、そのときの BIR 量を $TX2 \cdot y_0$ とする。

BIR の高さおよび立上り時間はそれぞれ次のように求める。

$$BIR \cdot HS = \frac{TX2 \cdot y_0 - TX1 \cdot y_0}{TX2 \cdot TIME - TX1 \cdot TIME}$$

$$BIR \cdot T1 = \frac{2(BIR \cdot HS \times TX2 \cdot TIME - TX2 \cdot y_0)}{BIR \cdot HS}$$

(1.88)

〔3〕　シミュレーション

以上の知識ベースを演算するプログラムと火力プラントシミュレータを接続して実証試験を行った結果を図 1.57 および図 1.58 に示す。

図 1.75 は初回の推定値によるシミュレーション結果である。そして**図 1.76** に至るまでに何回かのシミュレーションを経て最適解に到達している。図から分かるように初回には、5.18℃あった主蒸気温度偏差が最終的には 2.36℃まで改善できている。

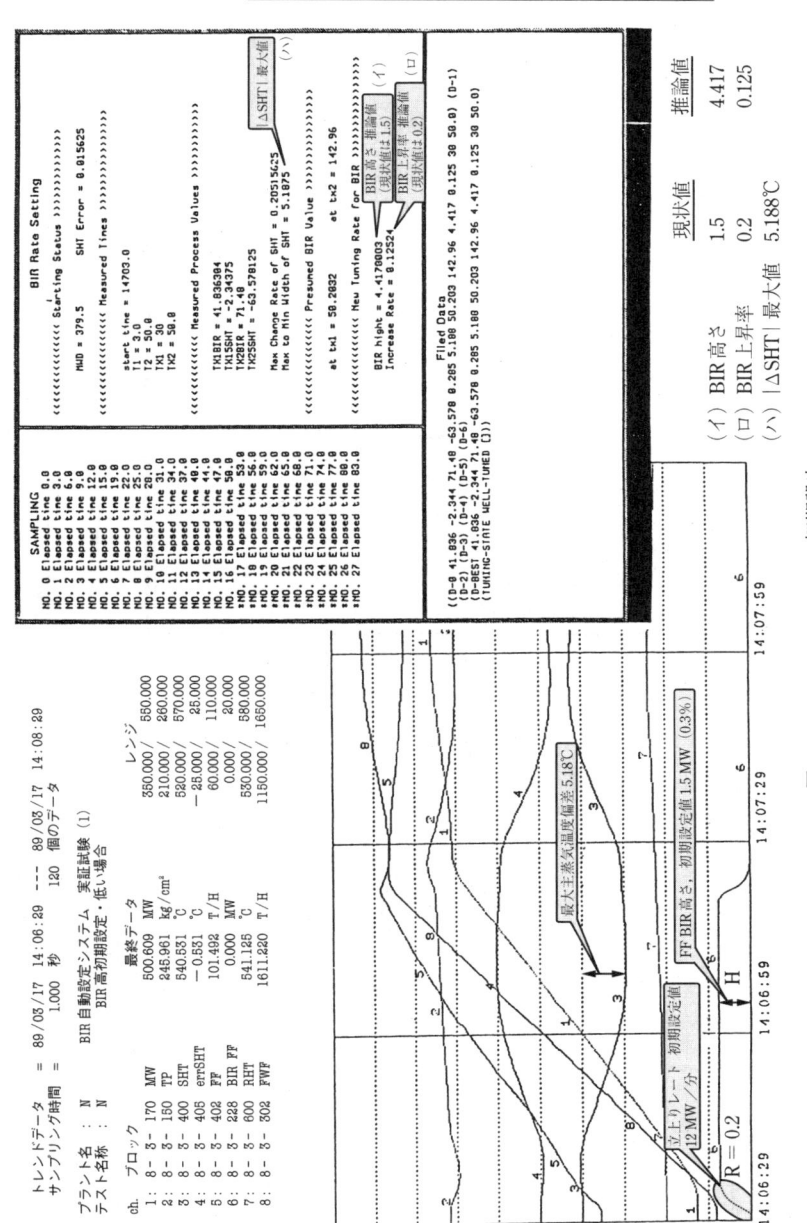

1.3 ボイラ制御への人工知能技術の応用　　101

図1.75 シミュレーション初期設定

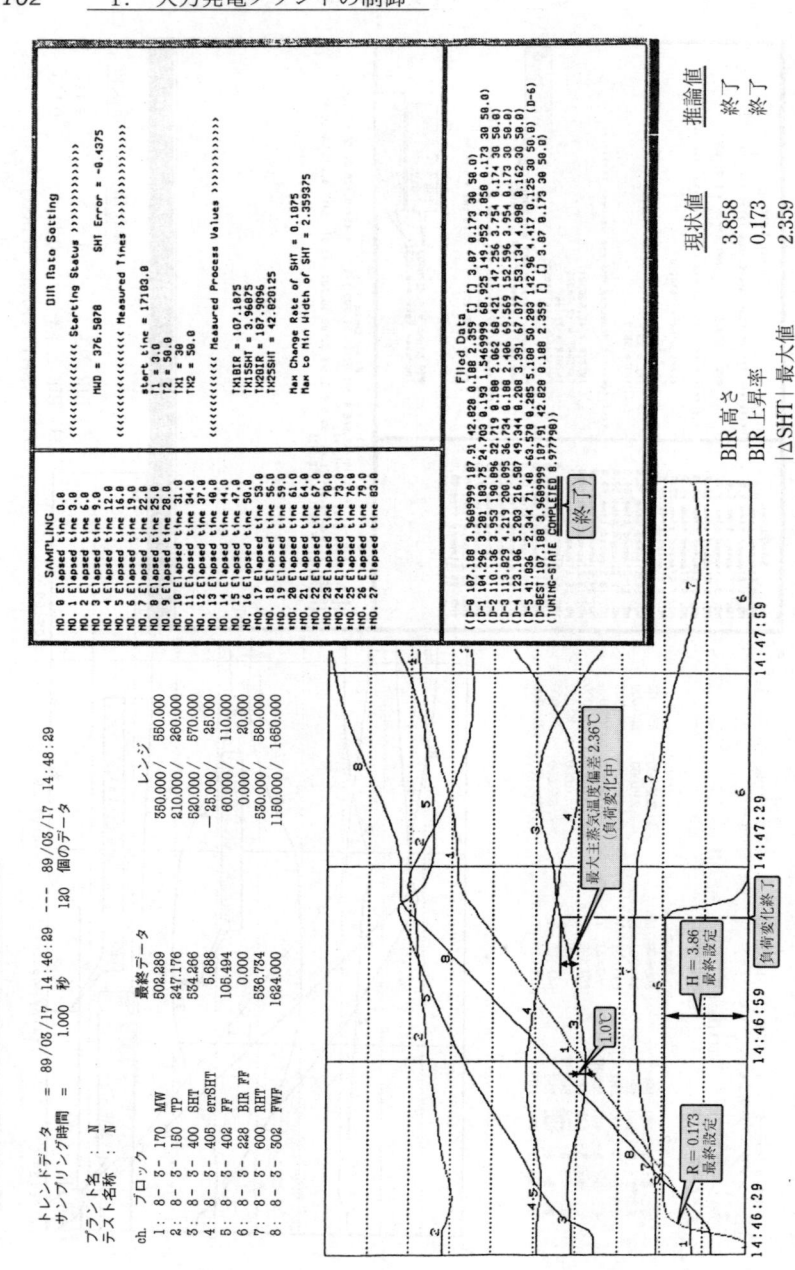

102　　1. 火力発電プラントの制御

図1.76 シミュレーション最終設定

1.4 火力プラントのシミュレーション

　プラントのシミュレーションを行うには最初にプラントのモデルを作成しなければならない。このモデリングには大別して二つの方法がある。その一つは本書でたびたびとりあげている自己回帰モデルで代表される統計的な手法を用いたものである。他の方法はここで説明するプラントの設計データに基づきモデルを構築する物理的な手法である。

　統計的な手法を用いるモデルの最大の欠点は実際のプラントが存在して，モデルを統計的に構築するためのデータを収集できなければならないことである。これに対して物理モデルはプラントの設計データがあればモデルを構築できるので，実際のプラントがなくても図面などの設計データさえあればよい。したがって，設計したプラントが設計者の願望通りに稼働するかなどの検証などにも応用されている。

　火力プラントの中でもランキンサイクルのシミュレーションに対するニーズは多いが，ずいぶんながい間シミュレーションはコンピュータプログラミングと熱力学の両方ができる専門家の仕事であった。さらにこの作業はプログラムを1行ずつ記述するため1組のボイラタービン発電機とその補機で構成される発電システムをシミュレーションするのに，早くても1年程度の時間がかかっていた。

　このような問題を改善してシミュレーションを身近にしたものが米国にある電力研究所（EPRI：electric power research institute）が開発した MMS（modular modeling system）と呼ばれるシミュレーションのツールである。

1.4.1　MMS の開発経緯

　これまでの原子力発電プラントのダイナミックシミュレーションは TRAC, RELAP, RETRAN などの著名な解析コードにより行われてきた。これらのコードは LOCA（loss of control accident）のようなプラントの重大

事故の解析を目的として開発されたものであり，プラント運転モードの変更や制御方式を解析するコードとしては複雑すぎるため活用が限定されていた。

EPRIはこれらの状況にたいして，1978年にB&W社やBechtel社などとの契約のもとに経済的・実用的な火力・原子力プラント用シミュレーションコードの開発に着手した。

EPRIはコード開発にあたり以下のことを意図した。第一は通常および非通常運転現象の解析，プラント制御系の設計と解析および運転手順の評価などが可能であること。第二は利用者の作業時間を短縮し，能率のよい解析を行うために発電プラントを構成する機器についてのデータベースをあらかじめMMSファイルとして収納すること。

開発されたコードはその後改訂に改訂を続け1984年にEPRIに代わり本コードの改善と利用者の拡大のためにエージェント業務を民間に移行し1997年現在で39の企業，大学がユーザとして登録されている。

1.4.2　MMSの基本構造と特徴

MMSは図1.77に示すように構成を大きく分けると，モデルを作成するmodel builderと呼ばれるGUI（graphical user interface）技術を駆使したプラントモデルを構築する部分と，ACSL（advanced continuous simulation language）をプラットホームにして，ランキンサイクルのシミュレーションを実行する部分で構成されている。

モデル構築部はモデルライブラリー，モデル編集機能およびACSLソースコード発生部で構成されている。ここでは実際に給水加熱器のモデルを作る作業を追いながら説明を行う。

モジュールライブラリーには発電所を構成する部品が一つ一つモジュールとして登録されている（図1.78）ので，必要なモジュールを画面にドラッグしてそれらを接続することにより，モデル全体の形ができあがる。個々のモジュールにはワークシート（図1.79）が用意されており，ここに機器の設計データや運転データをフィルインブランク方式で入力することにより，あらかじめ

1.4 火力プラントのシミュレーション

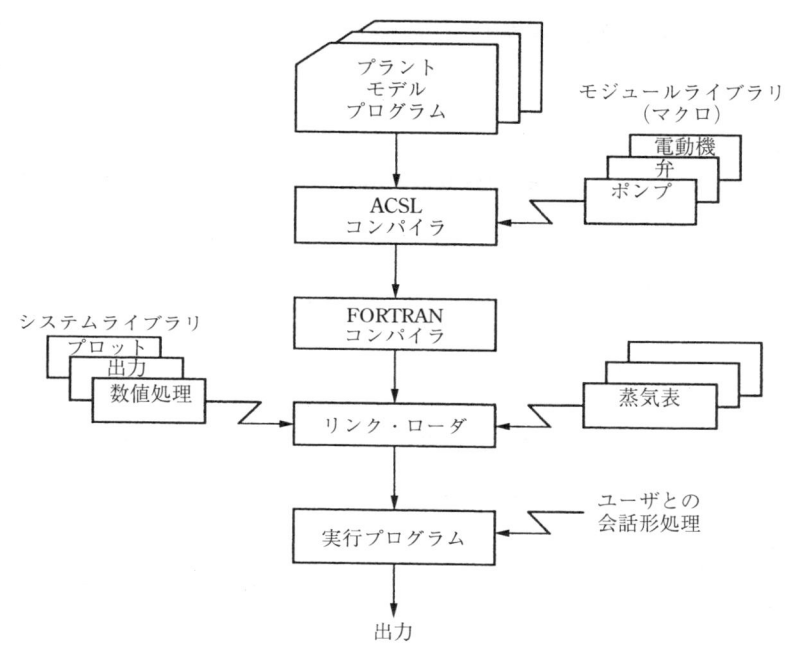

図 1.77 MMS の構成

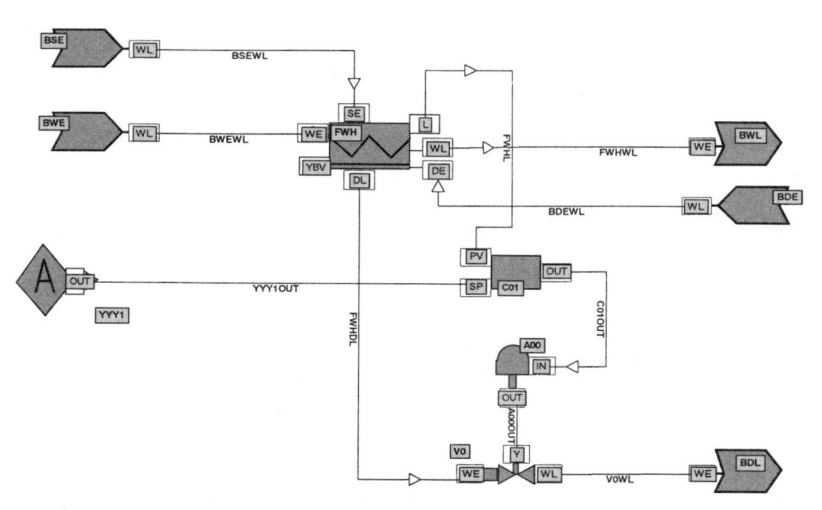

図 1.78 MMS によるモデリングの例

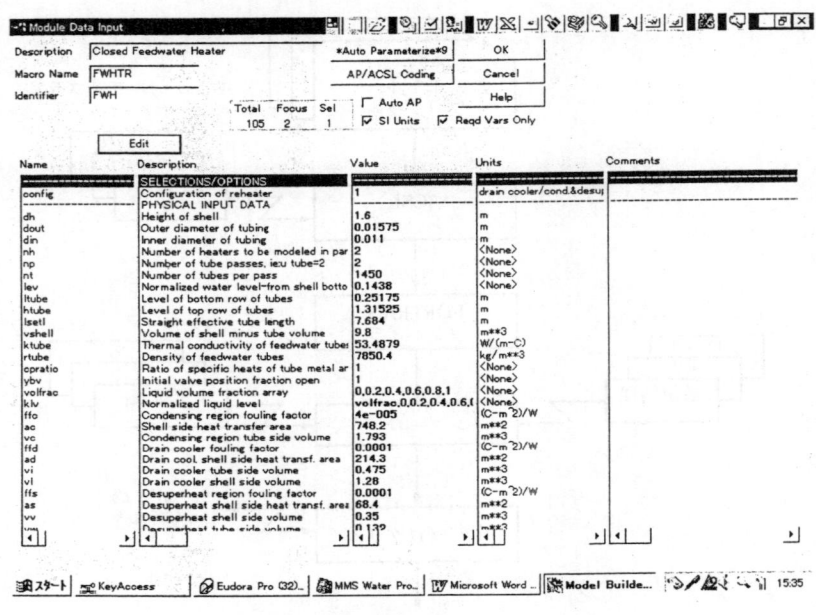

図 1.79 MMS のワークシート

システム内に用意されたモデルを表現する式に定数が代入されて個々のモデルが完成する。

　MMS は ACSL というシミュレーションツールの上で実行されるので，先に述べたようにして作られたモデルを ACSL ソースコードに変換する。もちろんこれは自動変換される。ACSL はシミュレーションを行うためのツールであり事例ではグラフィカルなモデルから ACSL ソースコードを生成したが，直接 ACSL でモデルを記述することができる。実際のシミュレーションの現場ではモジュールだけでは表現しきれないことが多いのでその部分については ACSL でプログラムを記述している。

　ACSL ソースコードは，次にはフォートラン・ソースコードに変換されてさらにシステムライブラリや蒸気表などとリンクされて，実行プログラムが生成される。この実行プログラムは会話形式で稼働しているのでシミュレーション結果を CRT 等で見ながらシミュレーション条件などを変更できる便利な構

1.4.3 MMSによるダイナミックシミュレーションの例

制御システムを設計するには，最初に正確なプラントモデルを作る必要がある。このために対象とするプラントで各種データを収集したりモデリングのための特別な試験を従来は行っていた。しかし，プラントの安全操業などの観点から現場での試験が快く受け入れられないのが現実である。

このためプラントの設計データから作った物理モデルが制御システムの設計にどの程度使えるか試験を行った実例を示す。

物理モデルの正確さを検証するために，最初に実際のボイラの特性を同定する試験を行った。これはボイラ制御システムに M 系列信号をいれてボイラを励振してデータを収集して，これらのデータを用いて自己回帰モデルを求める。他方このプラントを MMS で図 1.80 のようにモデリングし，モデルを実機と同じように M 系列信号をいれて励振し，データを収集してこれらのデータからモデルボイラの自己回帰モデルを求める。図 1.81 はこれらの自己回帰モデルの周波数特性をボード線図で比較したもので MMS によるモデルが実

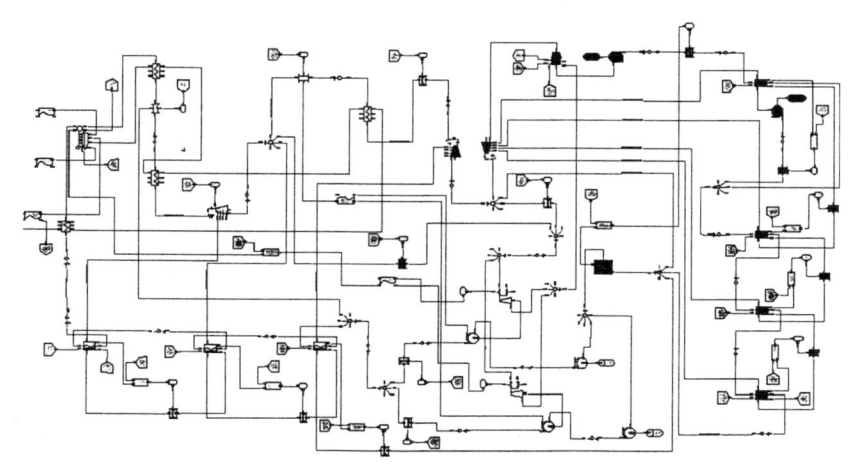

図 1.80 MMS モデル

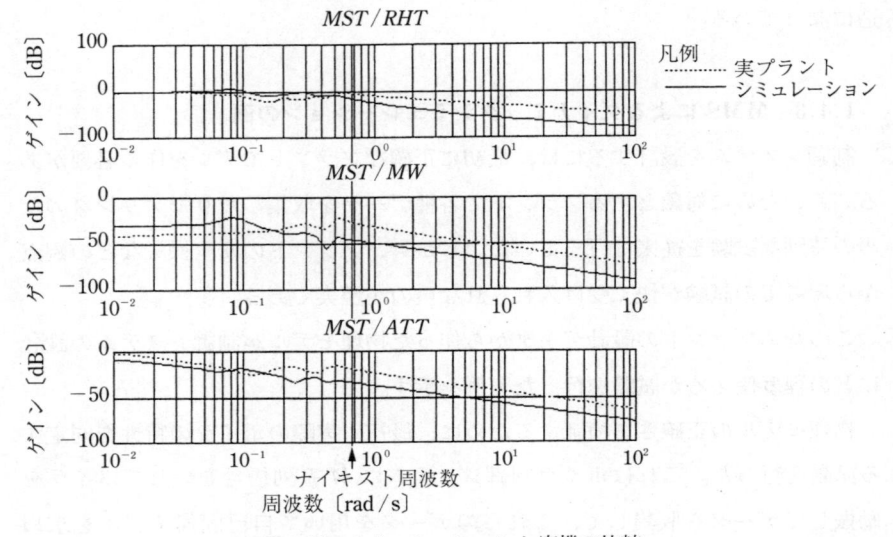

108   1. 火力発電プラントの制御

```
                    MST/RHT
                                        凡例  ……… 実プラント
                                              ─── シミュレーション
                    MST/MW

                    MST/ATT

              ↑
         ナイキスト周波数
         周波数〔rad/s〕
```

図1.81 シミュレーションと実機の比較

機をよく表現していることがわかる。

　MMSはプラントの設計データから容易にそのモデルを作ることができ、しかもその精度が十分に高いので制御理論の開発や制御システムの設計に寄与するものである。

1.5　火力プラント用SCADAシステム

　SCADA（supervisory control and data acquisition）システムに関する技術は10～20年前にすでにあったが、SCADAを支える計算機とその周辺の技術が十分に育っていなかったり、高価であったため十分に活用されていなかった。

　SCADAシステムについて誤解や見解の違いを招かないように定義らしきものを述べる。

　SCADAは制御装置の監視や操作をするが制御そのものは実行しない。SCADAで解析・評価などを行うための原始データは制御装置やデータ収集用

計算機（logger）等から提供され，SCADA そのものはデータ収集は行わない。つまり，プラント運転の上で重要なマンマシンインタフェースを行う装置である。

現在の火力プラントはその起動・停止・事故のような非定常状態も含めてほぼ完全な自動化が行われている。

ただしここで注意をしてほしいのは事故に対する自動化というのは，事故が発生したときにはプラントは保護装置によって安全な停止状態に自動的に至るということである。

このような環境の中でプラントオペレータについて考えると，人はその能力から数秒より早い現象に対しては的確な判断と操作は一般的にできない。また，数十分より長い時間をかけて変化をするような現象については，常に緊張を保ちながら監視・操作をすることも一般的にできない。つまりプラントオペレータには数秒〜数十分の間に起こる現象について監視・操作などを委ねるべきである。これはプラントオペレータの人間性を尊重しヒューマンエラーを防止するという観点からも重要なことである。筆者は人の時間に関するこのような特性を「人のタイムドメイン」と表現している。

本節ではこのような背景のもとに SCADA のありかた，SCADA を支える技術について言及する。

1.5.1 SCADA を支える基盤技術

火力プラントでは発注する装置に計算機が付随して納入されるのでその種類が多く，例えばユニット監視用計算機，ボイラ制御用計算機，タービン起動制御用計算機，バーナ制御用計算機，燃料設備監視用計算機，公害監視用計算機等が別々のメーカから納入され，スタンドアローンで稼働している。

SCADA ではプラントの保護・制御は従来の信頼度の高い設備をそのまま利用し，マンマシンインタフェースだけを新たに開発してプラントの運転・監視を統合化するものである。このためにはこれまではバラバラに構築されていた計算機システムをネットワークに接続しなければならない。

ここで新たに異機種の制御用計算機を接続するという問題が発生するが，この技術には通信の速度と信頼度が要求される．このための国際通信規格としてISO/IEC 9506-1 industrial automation system - manufacturing message specification - が制定されておりMMSと呼ばれているが，これはそのままJIS B 3600 工業自動化システム―製造メッセージ仕様―サービス定義として国内にも制定されているので，これを利用することが望ましい．

　異機種計算機間でのデータのやりとりを行うには必ずしもMMSによらなくても米国・マイクロソフト社が提供するOLE（object linking and embedding）やDDE（direct data exchange）のような機能を利用することにより容易に達成できるが，プロセス用計算機はきわめて長く（10～20年）使うので一私企業の規格を業界全体の統一規格とすることは，リスクが大きすぎる使用は控えることが望ましい．

　参考までに大型汎用計算機の接続規格としてOSI（Open System Interconnection が制定されている．MMSは制御用計算機の接続規格として制定されているのでOSIの下に位置する．センサやアクチュエータの現場機器の接続規格として foundation fieldbus も含めた国際的な通信規格が整備されているので，OSI-MMS-fieldbusで今後のSCADAシステムの開発基盤は整ったと考えられる．

　SCADAシステムではマンマシンインタフェースが重要であるが，これについては国の内外でそれぞれ特徴をもったSCADA構築ツールが販売されているので，これらを利用すればほとんど問題ない．ただし電力プラントに特化したSCADA構築ツールはないのでユーザ独自の開発も必要になってくる．

　SCADAシステムのハードウェアはどうするかという問題については，重装備で使い勝手の悪いUNIXマシンはおそらく今後はほとんどの人が使わなくなると思われる．そして，それに代わって安価で性能がUNIXマシンに勝るとも劣らないDOS-Vマシンに取って代わる考えが主流である．DOS-Vマシンはユーザのすそ野が広いことからハードウェア，ソフトウェア共に安価で，しかもUNIXマシンを意識しているがゆえに高性能であるのでこれを使わな

い手はない。

1.5.2 火力発電の現在と将来像

現状の火力発電所の監視・操作業務を業務の省力化，発電所情報の有効活用の面から分析すると次のような現状がある。

① オペレーションに用いる情報と保全・エンジニアリングに用いる情報が分離されているため有効な情報を相互に交換できない。
② 比較的時間に余裕のあるときに行うことができるプラント解析などの業務環境が整っていない。
③ 業務連絡などの通知手段が書類ベースであるため，連絡が行き渡るまでに長い時間を要する。
④ システム構成が一つの発電所に特化しているため，汎用技術を取り入れることが難しい。

これらの現状を解決することでさらに効率的な監視・操作業務を行う環境を構築できる。オペレータの業務に注目して現状を打破する火力発電所の運転環境は図 1.82 に示す。

オペレータのおもな業務は監視・操作である。このためオペレータは運転計画を確実に遂行するためにプラントの状態を常に監視しており，他の業務に携わる人よりも詳細にプラントの状況を判断できると考えられる。

そのようなオペレータの判断した情報を用いることで，保全やエンジニアリングに携わるひとは，より正確なプラント管理が行え，さらに保全・エンジニアリングの業務情報をオペレータが活用することでプラントをより的確に運転できると考えられる。

このように運転と他業務との情報連携，現場情報をより正確に収集するための現場作業者との作業連携，運転計画との連携をとることでより効率の良い発電所運転が実現できる。

他方，システム構築技術の観点から考えると，現状のシステムは設置した発電所に特化した設計となっているので，世の中の技術革新に追従することは難

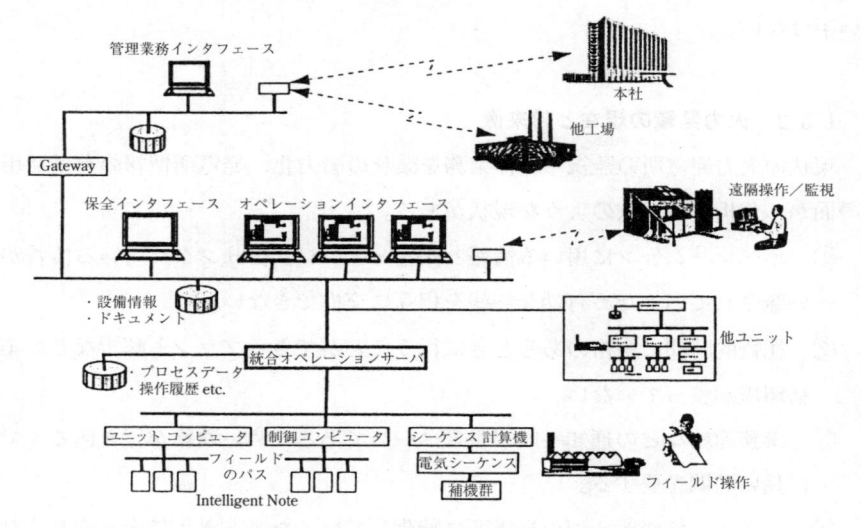

図1.82 将来の発電所運転のための統合環境

しい。そのような問題を解決する一つの方法として図1.82に示したオペレーションインタフェースにパーソナル計算機（以降PCと表記する）などの汎用機器を用いて低価格で柔軟性をもったシステム構築が考えられる。

PCを採用してSCADAシステムを構築するために解決すべき項目を次に示す。

（1） **グラフィカルオペレータインタフェース**　従来のCRTオペレーションは操作盤に取り付けられた調節計などの物理機器を映像化し，それに対するオペレーションがおもな用途である。ここでは情報処理を行うという本来の計算機の特徴を活用し，オペレータにわかりやすい表現を行うオペレーションインタフェースを提供すること。

（2） **汎用機器（PC）を用いたオペレーション**　マンマシン部に汎用機器を用い最新のハードウェア・ソフトウェアを迅速に導入し，常に最高の性能を維持すること。これはPCのハードウェア・ソフトウェアの価格がそれほど高くないので実現可能である。

（3） **汎用ツールによるデータ処理**　表計算・報告書作成・解析など目的

に適した汎用ツールを用いてツール間のデータ連携機能によるプラントデータ処理が可能なシステム構成とする。

（4）情報共有による業務連携　運転業務と保全・エンジニアリングの情報管理業務を統一化し、異なる業務間の情報連携を可能にする。

（5）独自ツールの組み込み　各プラントの運営方法に従った独自ツールを統合環境に組み込み、専用・汎用ツールを併用することを可能にする。

（6）ユニット監視・操作の統合　従来は1ユニットあるいは数ユニットを1クルーで運転しているが、統合化によりさらに多数のユニット[†1]を1クルーで運転することを可能とする。

1.5.3　運　転　業　務

オペレータを中心にした発電所運転業務の効率化は**図1.83**に示す情報について、保全業務など関連する他業務の情報を利用できること、関連する他業務へ効率的に情報を提供できることである。

運転業務はプラントの監視・操作であり、おもにオンライン業務である。オペレータは運転業務で得た様々な情報をエンジニアリング部門にわたしエンジ

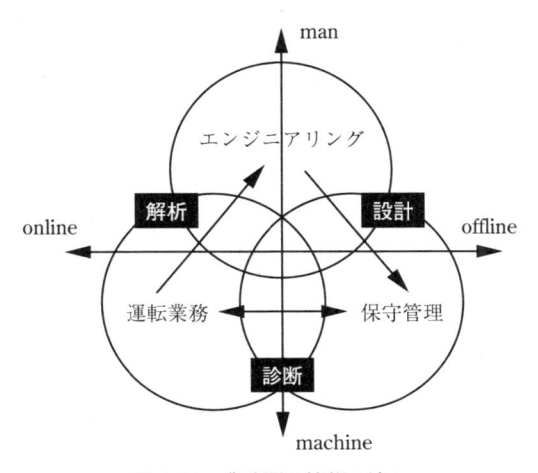

図1.83　業務間の情報の流れ

---

†1　ユニットとはボイラタービン発電機の発電最小プラントの単位

114　　1.　火力発電プラントの制御

ニアリングを効果的に行うためのヒントを与える．エンジニアリングはオフラインで人手による作業が多い．保守管理は運転部門およびエンジニアリング部門と互いに情報連携し設備を安定に保つための作業を行う．

図1.83に示す情報の流れをスムーズに行うためには

① 電子情報として交換されること

② 解析・操作などの情報を自動的に電子化・ビジュアル化するユーザインタフェースがあること

が必要であり，たとえばSTEP[†1]（STandard for the Exchange of Product model data）あるいはDEF[†2]（integrated DEFinition method）で定められるフォーマットが考えられる．

1.5.4　オペレータインタフェース

図1.83の部門間の情報の流れに着目して，オペレータが行う作業の種類と発電所の運転モードを分類し，各モードの遷移とそのモードで必要な支援機能を**図1.84**に示す．

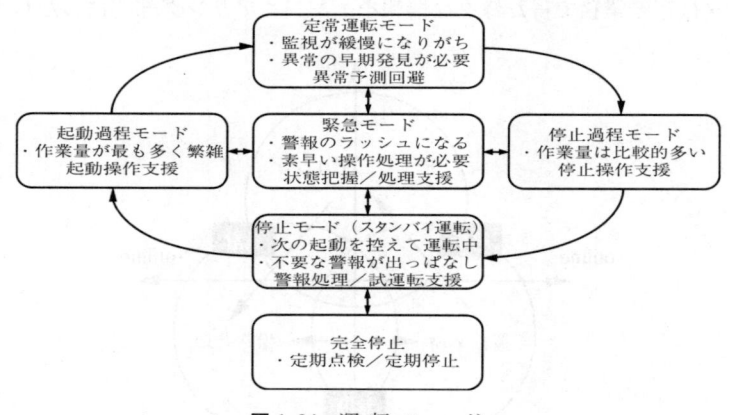

図1.84　運 転 モ ー ド

[†1] 電子情報でデータ交換を行うための製品モデルの規格化
[†2] 生産活動，コンピュータシステム，データベースを記述するために使用するモデリング手法

オペレータインタフェースに必要な機能あるいは特性は運転モードにより異なるので，各モードでのインタフェースに必要な特徴を次に示す。

（1）**定常運転モード**　定常運転時には時間的余裕があるのでプラントの通常の運転インタフェースの他に，その時間を効果的に活用してプラントの異常早期発見，性能チェック，解析など各種ツールを用いた作業が行なえる機能があること。

（2）**起動過程モード**　作業量が最も多く煩雑であるため，各機器の起動状況が的確に把握でき迅速な作業のできる運転支援機能を備えたインタフェースであること。

（3）**停止過程モード**　作業量は多いが起動過程ほどではないので起動過程に類似したインタフェースであること。

（4）**緊急モード**　制御技術が高度化された状況では，緊急時の人手による回復は困難な場合が多い。そのため，オペレータが発電を継続すべきか否かを即座に判断するための情報を提供するインタフェースであること。

（5）**停止モード**　プラントが次の起動に備えてスタンドバイしている状態であり，定常運転モードから見れば異常状態である。このため不必要な警報が多く表示されたりするので，スタンドバイ状態に必要な情報だけを伝えるインタフェースであること。

定常運転モードでの情報はオペレータだけでなく保全，エンジニアリング部門とも共有できなければならない。このような各運転モードでのオペレータ作業を支援する環境を構築することでオペレータの運転業務の負荷を軽減できると考えられる。そのためには煩雑な操作を強いてはならないので，オペレーションの目的に応じて表示情報と操作種類の抽象度を変えて全体把握と詳細把握が可能な図1.85に示すような階層化インタフェースが望ましい一つの形である。

保全，エンジニアリング部門については時間的制約がないので，その操作の容易さよりは，業務に密着した各種アプリケーションを用意して，オペレータと共有している情報の取り扱いに便利なものでなければならない。

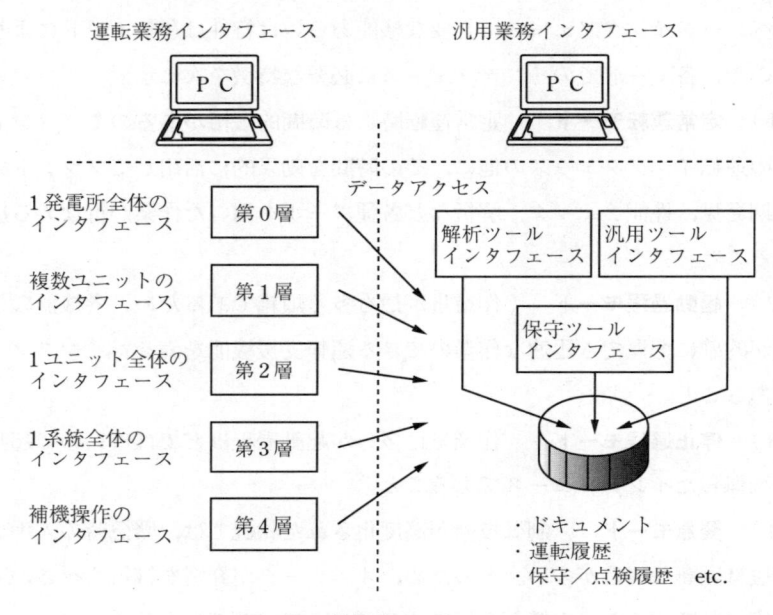

図 1.85　階層化インタフェース

1.5.5　SCADA システムのプログラム

先にも述べたように SCADA システムはマンマシンインタフェースのシステムであり，すべての情報は他の計算機に依存している。ならば SCADA システム自体のプログラムも個々の SCADA システム計算機にもつ必要がないという考えも成り立つ。

今日のパーソナル計算機の世界は目まぐるしくバージョンが改訂され，アプリケーションプログラムのメンテナンスをどうするかが重要な課題になってくる。

このようなことから SCADA システムのプログラムは SCADA サーバのような計算機で一括管理して，SCADA システムが必要とするアプリケーションプログラムは必要が発生した都度 SCADA サーバからダウンロードして使うシステムが今後の方向だろう。これによりプログラムの保全が容易になり，SCADA システム用計算機を小型にすることも可能になる。

また必要の都度必要プログラムをダウンロードして使うシステムでは情報をネットワークの外に取り出すフロッピーディスクのようなものも不要になるので，企業情報の保護という意味で重要なことである。今日，紙にプリントされた情報などは情報化が進んでいる今日では再び計算機に入力しなければその価値は半減する。しかしこれがフロッピーディスクなどでディジタル情報として外部に取り出されると企業は壊滅的な打撃を受けることもあり得る。

各企業のネットワークは堅固なファイヤウォールでセキュリティが一見維持できているように見えるが，カード型モデムの普及，大容量の取り外し型記憶装置がファイヤウォールのセキュリティ機能を無意味にしていることをシステム技術者は再認識しなければならない。

引用・参考文献

1) J. G. Singer：Combustion Fossil Power Systems pp.1〜4 Combustion Engineering
2) 社団法人火力原子力発電協会著：火原協会講座③，タービン・発電機，p.123
3) M. Nakamura, T. Yoshikai, S. Goto, S. Matsumura：Nonlinear Separation Modeling and Control of a Boiler System by Use of Actual Data of a Thermal Power Plant, Electrical Engineering in Japan, Vol.**144**, No. 4（2003）
4) 中村，吉戒，後藤，松村：火力発電プラントの実機データに基づく非線形分離モデルと制御，電気学会論文誌C，Vol.**122**-C, No.7（2002-7）
5) 藤井省三：デジタル適応制御，コンピュートロール，No.2, pp.35〜48, コロナ社（1983）
6) 藤井省三：適応制御技術の動向とその応用「適応制御理論とその適用事例」計測自動制御学会関西支部講習会テキスト
7) 藤井省三：離散時間MRACSの設計，計測自動制御学会，自動制御ハンドブック基礎編第3部第3章適応制御，pp.719〜723
8) 尾形，藤井，加藤，松村：発電ボイラにおける過熱蒸気温度の適応制御に関する考察，日本機械学会論文集（C編）**57**巻539号
9) 松村，塩谷：適応制御理論を用いたボイラの蒸気温度制御，センサ技術，

Vol.**12**, No 11, pp.95〜100

10) S. Matsumura, K. Ogata, S. Fujii, H. Shioya and H. Nakamura：Adaptive Control for steamtemperature of thermalpowerplant, IFAC World Congress, Sydney (1933)

11) 松村, 尾形, 藤井, 塩谷, 中村：ボイラ蒸気温度制御への適応制御方式の応用, SICE'93, August 4〜6, Kanazawa

12) I. D. Landau, 富塚誠義：適応制御システムの理論と実際, オーム社

13) 高橋安人：ディジタル制御, 第4章, 連続時間プラントの離散時間表現, pp.55〜73

14) S. Niu, D. G. Fisher and D. Xiao：An augment UD identification algorithm, International Journal of Control, Vol.**56**, No.1, pp.199〜211

15) 片山徹：応用カルマンフィルタ, 第8章, UD分解フィルタ, pp.133〜151, 朝倉書店

16) 中村正俊：SICE セミナー適応制御テキスト「ボイラ蒸気温度制御への適応制御方式の応用」

17) 松村司郎：適応制御の実用化に関する研究, 中部電力株式会社 研究資料, No.91, pp.63〜71 (1993-11)

18) 水野直樹：適応制御の応用とそのガイドライン, 計測自動制御学会, 計測と制御, Vol.**32**, No.12, pp.990〜1002 (1993)

19) 富塚誠義：適応制御の実際と適用限界, 計測自動制御学会, 計測と制御, Vol.**29**, No.8, pp.709〜715 (1990)

20) S. Matsumura and others：Adaptive control for the steam temperature of thermal power plant, IFAC Control Engineering Practice, Vol.**2**, No.4, pp.567〜575 (1994)

21) H. Akaike and T. Nakagawa：Statistical Analysis and Control of Dynamic System, Kluwer Scientific Publishers, Dordrecht/Boston/London (1981)

22) S. Nui and others：An augmented UD Identification Algorithm, Vol.**56**, No.1, pp.199〜211 (1992)

23) S. Matsumura and others：Modeling and De-NOx control system for fossil-fired power plants, IFAC Control of Power Plants and Power System, SIPOWER '95 Cancum, Mexico (1995)

24) S. Matsumura and others：Study on the improvement of the control characteristic of De-NOx plant, 11th IFAC Symposium on System Identification

SYSID '97 Kitakyushu, Kokura, Japan (1997)
25) I. D. Landau and M. Tomizuka：適応制御システムの理論と実際，pp. 75〜84，オーム社
26) S. Matsumura：Application of Fuzzy Control to Power Plants '94 Japan/Korea Joint Conference on Expert Systems
27) 中部電力（株）・極東貿易（株）：火力プラント用制御装置への人工知能技術応用に関する基礎研究報告書（1989-3）
28) 松村司郎 他：モジュール化プログラムによる超臨界圧ボイラの動的解析 火力原子力発電，Vol.**40**，No.1
29) Framatome Technologies：Modular Modeling System, Model builder User's Guide（1996-5）
30) Framatome Technologies：Minutes of the MMS user group meeting（May 20〜23, 1997）
31) Advanced Continuous Simulation Language, Reference Manual, MGA Software, Concord MA 01742 USA
32) 松村司郎：第35回計測自動制御学会学術講演会予行集，業務と情報を統合化した火力発電所運転システム
33) 松村司郎：計装，Vol.**39**，No.8，pp.71〜76，火力発電所の次世代統合運転システム（1996）

2 発電機の励磁制御

　発電機は，界磁巻線に直流電流を流して界磁磁束を発生させることにより，電機子巻線に電圧（発電機端子電圧または発電機電圧）を発生する。その直流電流を供給する装置が励磁装置であり，発電機の運転には必要不可欠な装置である。一方，電力系統（電力ネットワークまたは単に系統）に電力を送電することにより電機子巻線には電流（発電機電流）が発生し，回転子にて発生する磁束を打ち消すように働く。これは電機子反作用と呼ばれ，もし発電機電圧に対して，発電機電流の位相が遅れている遅れ力率の場合では，界磁電流を増加させないと発電機の端子電圧は大きく減少し，系統に接続して安定な運転を継続することができなくなる。

　発電機は内部インピーダンスが大きいため電圧変動率が大きい。このため，発電機出力電圧（発電機電圧）が運転中に変動しても目標値（発電機電圧設定器であり，90Rと呼ぶ）に制御・調整する機能が必要であり，これが自動電圧調整装置（AVR, automatic voltage regulator）である。発電機の内部誘起電圧は，回転速度と励磁量に比例するので，励磁量を調整することで発電機電圧を調整できる。そして，特殊な例を除いて励磁装置にはAVRが必ず付属されるので，励磁装置全体をAVRと称することもある。

2.1 はじめに

　発電機とは，原動機（タービン）から伝達される回転エネルギーを電気エネルギーに変換する電気機械である。一次エネルギーの形態により，水の位置エ

ネルギーを利用して発電する水力発電,化石燃料（LNG,石油,石炭）の燃焼により高い熱エネルギーを有した蒸気を発生させ,これを利用して発電する火力発電,ウラン燃料等の核分裂によるエネルギーを利用して蒸気を発生し,それにより発電する原子力発電等があるが,これらの発電設備が電力系統の発電容量の大半を占めている。しかし,量的には少ないが,風車と発電機を組み合わせ,風力を利用して発電機を駆動して発電する風力発電や,太陽光から直流を取り出し,インバータにより交流に変換する太陽光発電等も実用化されている。これらの小発電設備は,大電力設備と比較して発電コストは高いが,再生かつクリーンなエネルギーという特徴を有している。そのため,環境保護志向というトレンドに適合してはいるが,主要電源に置き換わることは期待できない。

　発電機により発生された電力は送電に適した形で昇圧・送電され,電力の消費センターで降圧・配電され,需要家に電力供給される。この過程において重要なことは,適切な質の電力が確保されなければならない。需要家からみた電力の質は,"停電時間が少ないこと""周波数が安定していること""電圧が安定していること"の3点に集約できる。

　表2.1に示したように日本は停電回数も少なくかつ停電時間も短く,周波数・電圧共に安定した良質な電力を安定的に供給しているといえる。電力の質を左右する要素は,発・送・変電・配電システムを構成する機器の信頼性の高さもさることながら,適切な系統の構成・系統の運用・保護・制御システムも大きく貢献している。これらが有機的に電力の質維持・向上のために運転されるということが重要である。

表2.1　需要家1軒当りの年間停電時間の国際比較
　　　　電力の質の比較（02.7.29電気新聞）　　　（分）

	1990	1992	1994	1996	1999
日　本	19.0	10.0	37.9	11.2	7.8
イギリス	202.0	75.9	78.1	72.5	62.5
フランス	224.0	93.8	96.5	96.5	56.9
アメリカ	89.0	57.5	78.1	78.1	73.1

2. 発電機の励磁制御

日本に建設される発電所は，経済性，環境，エネルギーセキュリティ等を考慮して建設・運用されている。最近の傾向としては，火力発電では高い効率が得られるコンバインド発電が主流であり，一方エネルギーセキュリティの面からは石炭焚き大容量発電設備も建設されている。容量面でみると水力機で400 MWクラス，火力では単機容量1 000 MW，原子力では1 350 MWと大容量機が営業運転されている。

電力系統に接続して運転しているほとんどの発電機は，同期発電機（単に発電機）である。発電機の利点は自ら無効電力を調整できるため，系統電圧を調整することで電力品質向上に貢献できるという特徴をもっている。発電機とは，他の発電機と同期して運転する発電機のことである。すなわち，同一系統に連係されている他の発電機と同一の周波数で運転（関東，東北，北海道は50 Hz，他の地域は60 Hz）している。この発電機は，原動機（発電機を駆動する回転機）として水車やタービンからの機械的なエネルギーが増加すると位相（相差角と呼ぶ）が増加して，電気エネルギー（電力）を増加させる。**図2.1**に代表的な発電機断面を示す。

水車やタービン等の原動機のシャフトと発電機のシャフト（回転子）が直結されており，このシャフトを経由して回転エネルギーが発電機に伝達される。回転子にはコイル（界磁巻線）が巻かれており，これに直流電流（界磁電流）

図2.1 タービン駆動発電機の断面図

を流すことにより，磁束が発生する。この磁束は回転子の回転に伴い固定子側に巻かれた電機子巻線に鎖交し，いわゆる速度電圧を発生する。電機子巻線は発電機電圧を発生し，系統に電力を供給することになる。電機子巻線は電気的に120°の間隔をもって配置されており，3相交流を発生することができる。また，回転子の回転速度 N と磁極数 P は，発電機が並列運転する系統の周波数 f の電気（50 Hz か 60 Hz）になるように決められる。

回転速度（回転磁界の速度）$N：N = 120\dfrac{f}{P}$（rpm, 回転数/分）

なお，P（回転子磁極の数）は極数であり，火力機の多くは $2P$（2極），原子力はほとんどが $4P$（4極）の構成であり，水力は落差，流量等からプラントが最適な特性となるように決められ，一般的に回転数は低く，したがって極数は大きく，$96P$（96極）の実績もある。

2.2 発電機励磁制御の概要

長い歴史のなかで種々の励磁方式が開発され，それぞれの時代の主流方式として採用されてきた。そして，開発の古い方式にも現在の技術で見てもそれなりの長所があり，最近の技術と組み合せたハードで，現在でも採用されている方式が多い。

2.2.1 自動電圧調整器（AVR）の設置目的

発電機は，電力系統に有効電力，無効電力を出力する電機子巻線と高速回転して，界磁磁束を発生させることにより発電機電圧を発生させる回転子から構成されている。発電機の運転限界は，電機子では電機子電流による発熱のために最大電機子電流が制限され，また火力・原子力発電機では電機子に進み電流が流れると，電機子鉄心端部に磁束が集中して加熱されるために，進み電流の限界がある。回転子では界磁電流による発熱のために最大界磁電流の制限がある。

2. 発電機の励磁制御

発電機の能力曲線を**図 2.2** に示す。能力曲線は，発電機が連続運転可能な範囲を示している。発電機電圧，周波数は能力曲線に示されていないが，発電機電圧は定格電圧の±5％以内，周波数も定格周波数の±5％以内で支障なく運転されなければならない。

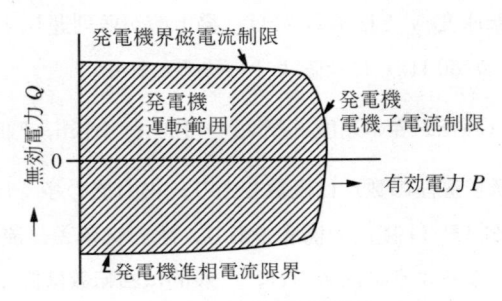

図 2.2 発電機の能力曲線

AVR は上記の規定を常に満足するような制御や制限機能をもち，次に示される目的で設置される。

〔1〕 **発電機電圧の維持**

発電機は内部インピーダンスが大きく，系統の負荷変動が発生すると発電機電圧が変動する。発電機の内部インピーダンスについての詳細を 2.5.2 項の発電機モデルで示すが，発電機を簡単なモデルで**図 2.3**のように表現する。

（a）発電機が一定励磁　　（b）AVR使用

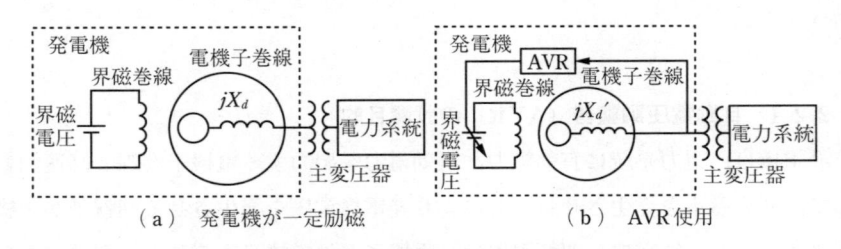

図 2.3 簡易表現の発電機モデル

一定励磁の場合は，発電機の直軸リアクタンス X_d を通して系統と接続され，AVR 使用時は，直軸過渡リアクタンス X_d' を通して系統と接続される。火力，原子力機では $X_d/X_d'=5～7$ 倍程度であり，水力機の場合は $X_d/X_d'=3～4$ 倍程度である。

一定励磁（界磁電圧を一定とし，手動で界磁電圧を調整）の場合には，AVR運転時よりも大きく，発電機電流の変化により発電機端子電圧が変動する。AVRは内部電圧降下（X_d'による電圧降下）の影響による発電機電圧の変動を自動的に調整し，電圧設定器（90 R）の設定値に維持するように，界磁電圧を調整する。

〔2〕 **無効電力の適正な配分**

隣接発電機やクロスコンパウンド機のプライマリー機とセコンダリー機間の無効電力を発電機容量に応じた配分を行う。すなわち，クロスコンパウンド機は，図2.4に示すように2台の発電機の電機子出力で接続され，常に2台が並列に運転される。

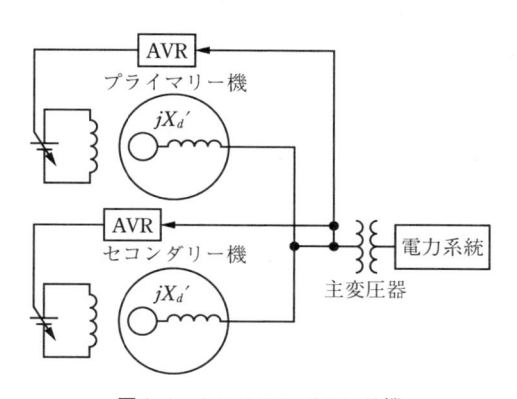

図2.4 クロスコンパウンド機

クロスコンパウンド機のプライマリー機とセコンダリー機の容量が同一の場合と，プライマリー機がセコンダリー機の容量より大きい場合がある。AVRは，発電機容量を1 p.u（per unitであり，1 p.u＝100 %）とすれば，同じ出力値，例えばプライマリー機の無効電力が0.2 p.uであれば，セコンダリー機も0.2 p.uとなるように両方の発電機の無効電力を制御する。

〔3〕 **無効電力源としての系統電圧維持**

系統の電圧が大幅に変動した場合に，系統の要求する無効電力を供給する無効電力源として系統電圧の維持に寄与する。

2. 発電機の励磁制御

〔4〕線路充電

発電機が接続されている負荷までの送電線が長いほど，送電線と対地間の容量（コンデンサ（対地C））が大きくなる。この対地Cが大きくなると充電量が増大するが，AVRにより送電線への充電を安定に行うことができる。

〔5〕動態安定度の向上

系統安定化装置（PSS，power system stabilizer）と組み合わせて，電力動揺を積極的に抑制することにより，動態安定度領域を拡大する。詳細は2.6電力系統安定度を参照のこと。

〔6〕過渡安定度の向上（**サイリスタ励磁方式**）

系統に擾乱が発生し，発電機の回転子が加速される場合に界磁電流を急速に増加させ，事故が除去された後の過渡的な電力を増加させることで相差角の増加を防ぐことにより，過渡安定度の向上を図る。

2.2.2 励磁システム構成

励磁システムの変遷を図2.5に示す。1960年代は直流励磁機方式が主流であり，AVRの出力はアンプリダイン発電機（直流発電機の一種）により電圧が増幅されて直流励磁機の界磁に供給されていた。1960年代の後半より，交流励磁機出力電圧を整流器で直流に変換して，発電機の界磁に供給する交流励磁機方式が，直流機の保守の困難さから解放されることから主流になった。

また，1960年代では，励磁機方式の保守を軽減させ，メンテナンスフリー

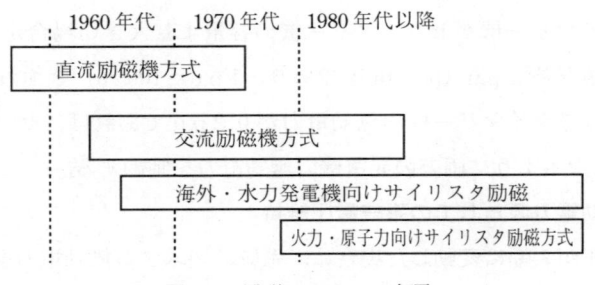

図2.5 励磁システムの変遷

化を図るために海外向けの火力発電機や水力発電機にサイリスタ励磁方式が適用された。大容量火力発電機のサイリスタ励磁はサイリスタの実績が十分得られたことから，国内電力会社向けには1970年代の後半から適用が開始された。

各種の励磁システム構成を以下に示す。

〔1〕 **ブリッジフィールド励磁機方式**

ブリッジフィールド励磁機方式は，直流励磁機（DC-EX）の界磁巻線を図2.6に示すように2分割して抵抗とブリッジを構成した方式である。

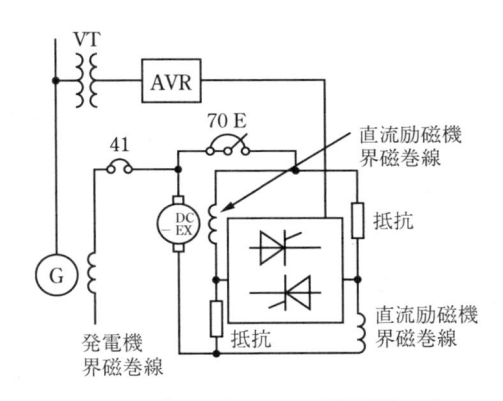

図2.6 ブリッジフィールド励磁機方式

ブリッジ両端に接続されたサイリスタの両端電圧は，常にほぼ0Vになるように界磁調整抵抗器70Eが制御装置により駆動され，発電機の電圧を発生するための界磁電圧は，界磁調整抵抗70Eを通して界磁巻線に供給されている。発電機電圧が，電圧設定（図2.9参照）よりも上昇すると，AVRはDC-EXの界磁電圧が減少するような方向にサイリスタ電圧を発生させて，DC-EXの出力電圧（発電機界磁電圧）を下げる。反対に，発電機電圧が電圧設定よりも減少すると，上記とAVRは逆方向の出力電圧をサイリスタに発生させる。図2.6に図示していないが，サイリスタの電源はPMG（永久磁石発電機，permanent magnet generator）を使用している。

ブリッジフィールド励磁機方式は，大容量発電機に適用されてきたが，1970年代に入ってから，次に示す分巻コミュテータレス方式や分巻回路のない交流

励磁機方式が主流となった。

〔2〕 **交流励磁機方式**

分巻コミュテータレス方式を**図2.7**（a）に示す。コミュテータレスとは同期発電機を励磁機（AC-EX）として使用しているので，コミュテータ（整流子）がないことを意味している。分巻は，励磁機出力より自身の界磁に電流を供給していることである。直流機の特徴は，界磁調整抵抗70Eにより，安定に直流機の出力電圧を調整できた。しかし，同期機を励磁機として直流機と同様に界磁調整抵抗による手動回路を設けると不安定となる。

（a）分巻コミュテータレス方式　　（b）ブラシレス方式

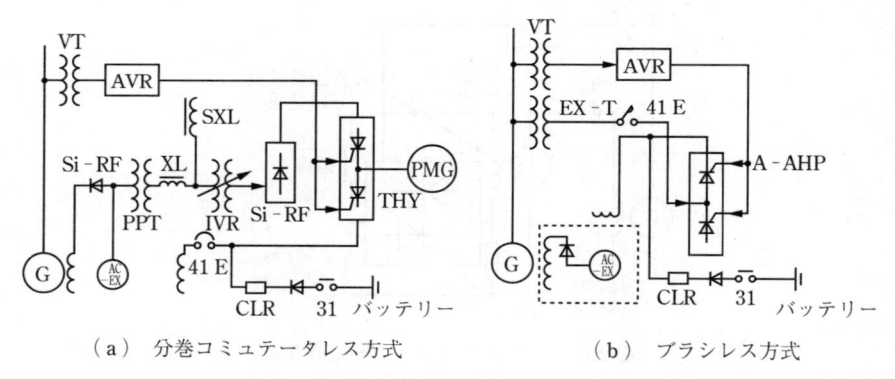

図2.7　交流励磁機方式の構成

この対策として，図（a）に示したような変圧器 PPT，限流リアクトル XL，可飽和リアクトル SXL より構成される分巻回路を適用して，AC-EX の電圧がある値以上になると SXL の出力電圧は一定となることを利用する方式が開発された。誘導電圧調整器 IVR は，直流励磁機の 70E と同等の機能をもつ。AVR はサイリスタの出力電圧を制御する。サイリスタの電源は永久磁石発電機 PMG から供給される。直流励磁機のアンプリダインと同様にサイリスタの出力は常時 0V であり，70E と同様に IVR がサイリスタ出力を 0V にするように自動追従装置により駆動される。AC-EX の出力電圧は交流であるので，シリコン整流器 Si-RF で直流に交換して発電機に界磁電圧として供給する。

3相同期発電機を励磁機として使用する代表的な別の方式に図(b)に示したブラシレス方式がある。励磁機の回転子に電機子巻線があり，出力電圧を直流に変換する整流器が同じく回転子上にあるので，界磁に電流を流すためのブラシが不要である。そのためにブラシの保守が不要である。

〔3〕 **静止型励磁方式**

静止型励磁方式として，中小容量の発電機に適用される自励複巻方式と適用する発電機の容量には制限はないが，主として大容量発電機に適用されるサイリスタ励磁方式を図2.8に示した。

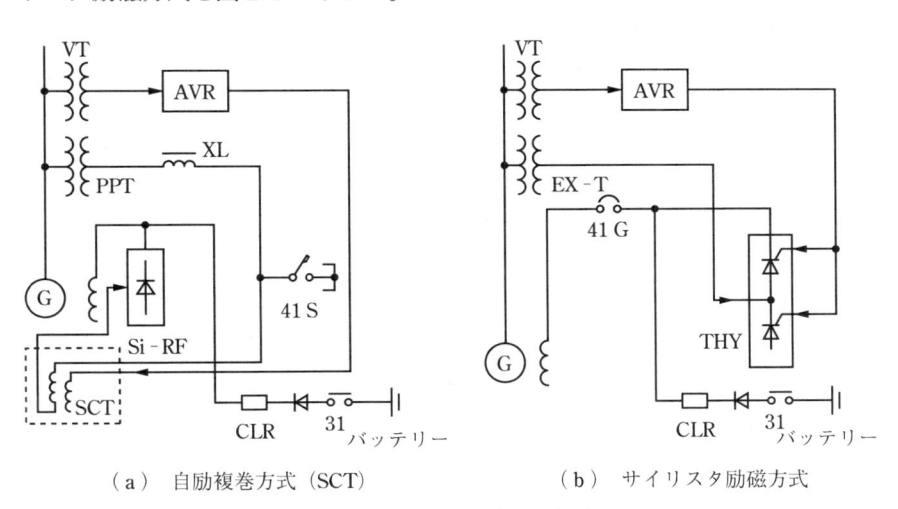

(a) 自励複巻方式(SCT)　　(b) サイリスタ励磁方式

図2.8 静止型励磁方式の構成

自励複巻方式は，発電機の電圧と電流をベクトルSCT（過飽和変流器）にて合成し，AVRがSCTの飽和度を制御することで，整流器の交流電圧を変えて界磁電圧を調整する。発電機の遅れ電流が大きくなるほど，電機子反作用により発電機電圧が低下するので，CT要素は発電機電流が大きくなると界磁電圧を増加させるように動作する。これを自励式という。

サイリスタ励磁方式は，自励複巻方式と同様に発電機の出力から変圧器を通してサイリスタへ電源を供給する。交流励磁機に比較して，サイリスタは数十倍応答（約20ms程度）が速いので，電圧の制御特性がよい。過渡安定度，

2. 発電機の励磁制御

系統安定化装置（PSS）との組合せによる動態安定度の向上や保守の軽減等の要求があり，1980 年代よりサイリスタ励磁方式が主流になった。

2.3　励磁制御特性

図 2.9 に制御を主とした励磁装置の機能構成を示す．発電機電圧を検出し，これと電圧設定値 90 R とを比較して得た偏差信号 ΔV_g を増幅（遅れ‐遅れ進み補償）して，その信号に従って励磁量を増減する．これが電圧制御を行う自動電圧調整器 AVR の機能構成である．ただし，励磁装置は，図中で簡単に諸量検出部と各種付加的制御機能で代表した部分に多くの機能が含まれている．

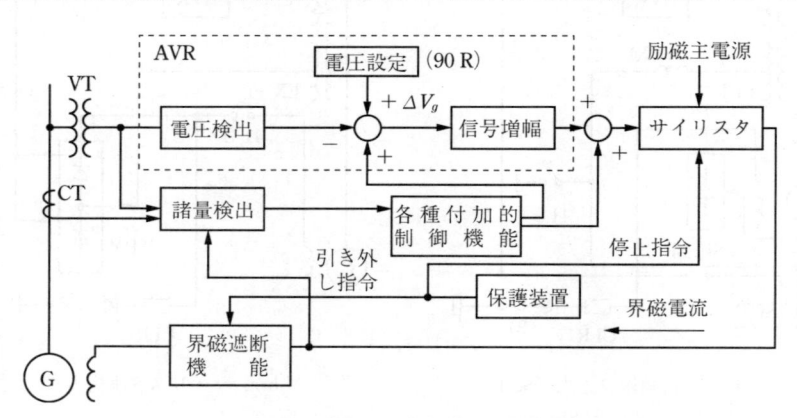

図 2.9　制御を主とした励磁装置の機能構成

2.3.1　励磁制御機能

励磁制御機能を実現するためのハードとしては，現在アナログタイプとディジタルタイプの 2 種類がある．

アナログ AVR は，アナログのアンプやトランジスタ増幅器等から構成されている装置で，機能ごとに AVR，不足励磁制限装置 UEL（under excitation limiter）のようにハードが独立している．

一方，ディジタル励磁制御装置は本格的に国内で実用化されたのは 1988 年

(特殊用途向 130 MVA 発電機のディジタル AVR としては 1975 年の例もある)からで，ほぼ同時期に海外においてもその適用が図られた。ディジタル AVR の制御機能はアナログ AVR と同様に発電機の電圧を制御する AVR，不足励磁を制限する UEL，過励磁を制限する過励磁制限装置 OEL（over excitation limiter），発電機用主変圧器の過励磁（over flux）を制限する V/f 制限装置，系統安定化装置 PSS の制御機能をもつ。ディジタル AVR はアナログ AVR に比較して保守サービス機能に優れている。

保守サービス機能として運転状態・故障状態の表示，自己診断機能，動特性検証のための発電機電圧基準設定器ステップ信号発生，過渡事象記録をもつ。また，試験や定期点検時の技術サポートのために，ディジタル AVR から過渡事象記録データをパソコンへ RS 232 C 経由で送り，ボード線図の計算や過渡応答のトレンドグラフ表示，立上りおよび整定時間，オーバシュート等の計算を行う機能を保守ツールとして使用されるパソコンに機能をもっている。励磁制御の機能を**表 2.2** に示す。

2.3.2 励磁システムの応答

励磁制御応答性能は，立上り時間，オーバシュート，整定時間により評価される。整定時間とは，AVR の電圧目標値あるいは外乱を階段上に単位量だけ変化した場合に，出力電圧が最終値からの特定範囲内におさまるまでの時間をいう。したがって整定時間をいうときには必ず最終値あるいは目標値に対する許容範囲（±5％が多い）を明記する必要がある。以下に，AVR の代表的な特性の規定を示す。

〔1〕 **発電機電圧ステップ応答**

発電機が，無負荷で定格回転速度時に発電機の基準電圧を 2％程度ステップ場に変化させた場合，発電機電圧応答の立上り時間，オーバシュート，整定時間の例を示す。

2％ステップ応答では，**図 2.10** の 100％が 2％に相当するので，立上り時間を定義する 10％から 90％を 2％ステップに換算すると 0.2％から 1.8％と

2. 発電機の励磁制御

表2.2　制御・制限・補償装置

No	装置名	機能
1	自動電圧調整器 (AVR)	発電機には電機子反作用があるので，発電機の負荷が変化すると発電機電圧は増減する。そのため AVR は 90 R の設定値と発電機電圧の差が正であれば発電機の界磁電圧を増加させ，負であれば界磁電圧を減少させて，発電機電圧を一定になるように制御する装置である。 AVR は前記の差の比例制御であり，通常 90 R の設定に対して，発電機電圧は最大約 0.5～1 ％程度の誤差がある。
2	不足励磁制限装置 (UEL)	UEL は発電機の進相運転領域（進み力率運転であり，進みの無効電力を出力する）を制限する装置である。 　発電機は励磁を弱めていくか系統電圧が上昇すると進相運転となる。発電機の電機子鉄心端部への磁束集中は進み無効電力を出力するほど大きくなり，電機子鉄心端部は加熱される。この発電機としての許容される進相運転範囲は能力曲線で示されている。 　また，発電機が系統に対して安定に並列運転を行いながら送電できる最大電力を示した動態安定度，定態安定度（後述）がある。 　UEL は発電機の能力曲線と動態安定度，定態安定度の内側で一定のマージンをもつように制限線を設定し，その設定より進相方向へ無効電力が変化するとき UEL が動作して，発電機の励磁を強める方向の信号を AVR へ出力するので，発電機無効電力は UEL の設定に制限される。
3	過励磁制限装置 (OEL)	OEL は回転子耐量を超えないように界磁電圧（電流）を制限する装置である。 　発電機電圧が増加するか系統電圧が減少する場合に発電機は遅れ無効電力を出力する。AVR は発電機が遅れ無効電力を出力すると，発電機電圧が低下するために励磁を強めるため界磁電圧を増加させるので，界磁電流も増加する。界磁電流の増加により界磁のワットロスが増加するため，回転子が加熱される。発電機の界磁は短時間の過励磁に耐えることができるので，界磁耐量は時間対界磁電圧（電流）カーブで示される。したがって，OEL の設定はこの耐量曲線の内側になるように設定される。 　OEL が動作すると発電機の励磁を弱める（界磁電圧を減少）方向の信号を AVR へ出力し，発電機の界磁が過励磁のために損傷を受けることを防止する。
4	過励磁制限装置 (OQL)	ブラシレス発電機は発電機の界磁電圧，電流の検出は困難であるので UEL と同様に発電機の能力曲線以内に無効電力を制限することで回転子の過励磁を防止する。 　遅れ無効電力を制限する装置であるので OQL と呼ぶ。OQL の設定は UEL と違い安定度を考慮する必要がないので発電機の運転が能力曲線を逸脱しないように設定される。OQL が動作すると発電機の励磁を弱める方向の信号を AVR へ出力し，界磁電圧を減少させる。

〔注〕　AVR：automatic voltage regulator
　　　UEL：under excitation limiter
　　　OEL：over excitation limiter
　　　OQL：over Q (var) limiter

2.3 励磁制御特性　133

表 2.2 （つづき）

No	装置名	機　　能
5	系統安定化装置(PSS)	PSSは発電機が通常運転中の動態安定度を拡大するための装置である。PSSは有効電力，回転子の速度，発電機電圧周波数を入力信号とし，進み/遅れ補償回路，微分回路，ゲイン回路，出力制限回路で構成される。 　発電機からみた系統インピーダンスが増大するとAVRのみでは電力を安定に送電できなくなる。 　PSSは制動トルクを増加させることにより動態安定度領域を拡大させることができる。 　UEL，OEL，OQLは励磁を片方向に制限する装置であるのに対して，PSSは常時動作しAVRへ励磁強め，弱めの信号を出力する。 　したがって，界磁電圧はAVRの発電機電圧制御とPSSの電力動揺を抑制する信号が加算されて制御されるので，AVRのみの運転時よりも変化はやや大きくなる。 　そのためPSSはAVRの発電機電圧制御に必要以上の外乱を与えないように発電機の電圧に換算して±3〜5％程度に制限している。
6	V/f制限装置	V/f が大きくなる原因は，発電機の電圧が増加するか周波数低下した場合である。 　電機子鉄心，変圧器鉄心の磁束は下記に示すように V/f に比例する。 　　　　$V = K\phi f \rightarrow \phi = K'V/f$ 　V：電圧，K：比例定数，$K'=1/K$，ϕ：磁束，f：電圧の周波数 　系統事故等である地域が系統から分離され発電機が単独運転となる場合や，落雷等で系統から切り離され発電機が工場負荷の唯一の電力供給源となることがある。 　買電中や接続されている負荷の増加等により発電機の周波数が大幅に低下する可能性がある。 　V/f制限装置はあらかじめ設定された V/f 基準値よりも V/f が大きくなると，励磁を下げる方向の信号をAVRへ出力する。 　それにより電機子，変圧器の鉄心の過励磁になることを防止し，発電機の電圧，周波数が変動時にも安定な連続運転を可能にする。 　OELは，界磁の電圧（電流）による回転子の過励磁を防止するため，前記 V/f の防止はできない。
7	横流補償装置(CCC)	クロスコンパウンド機や低圧同期をしている発電機の横流（発電機間を流れる無効電流）を抑制するために使用する。 　高圧同期の発電機は，主変圧器のインピーダンスがあるので，AVRを使用しても，横流は問題にならない。 　しかし低圧同期の発電機は変圧器のインピーダンスがないので，各発電機の諸定数，運転状態，AVR特性や設定の違いにより大きな横流が発生する。 　CCCは横流に応じて変圧器のインピーダンス相当の垂下特性をもつようにAVRへ信号を出力する。 　AVRへの信号は，進み電流の場合に発電機電圧が他機よりも低いのでAVRへは発電機電圧を上げる方向の信号，遅れ電流の場合に発電機電圧を下げる方向の信号をAVRへ出力する。

〔注〕　PSS：power system stabilizer
　　　V/f制限装置：V (voltage)/f (frequency) limiter
　　　CCC：cross current compensator

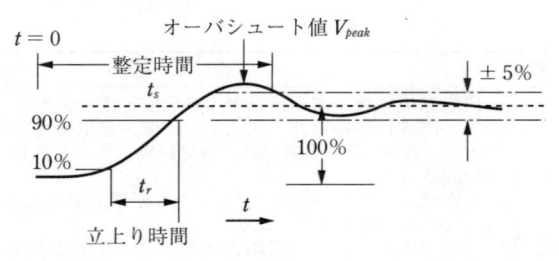

t_r : $0.2\%\left(2\%\times\dfrac{10}{100}\right)$ から $1.8\%\left(2\%\times\dfrac{90}{100}\right)$ の時間

オーバシュート $V_p = \dfrac{V_{peak}}{2\%}\times 100$

t_s : $1.99\%\left(2\%\times\dfrac{95}{100}\right)$ から $2.01\%\left(2\%\times\dfrac{105}{100}\right)$ の範囲に入った最も短い時間

図 2.10 2 % ステップ応答

なる。他の数値も同様に変幅を 100 % として換算する。

〔2〕 **負 荷 変 化**

図 2.11 は制御偏差と整定時間を説明するものであり，発電機に全負荷を突然加えたときに，AVR が発電機電圧の低下を検出して発電機出力電圧を負荷が印加される前の電圧へ回復させる現象を示している。負荷変化は，有効電力の変化，無効電力の変化あるいはそのベクトル和で与えられる。この特性は，1 台の発電機で大容量電動機を始動させるときの発電機電圧降下を規定する場合等に適用される。

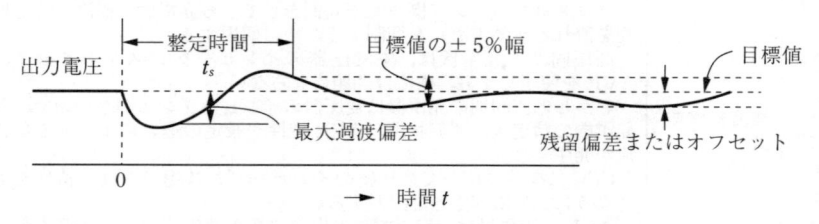

図 2.11 負荷印加時の発電機電圧応答

〔3〕 **負荷遮断時の発電機電圧上昇**

図 2.12 に示すように，発電機が定格負荷を遮断した場合に，最大電圧上昇率は何 %，整定時間は何秒，タービンの速度上昇は何 % になるかを測定する例

2.3 励磁制御特性   135

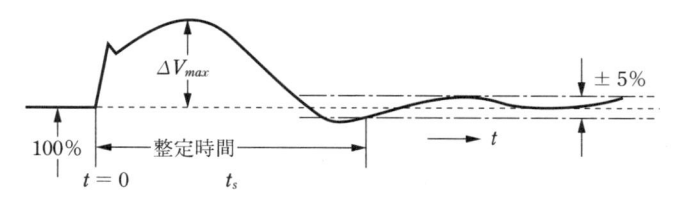

図2.12 負荷遮断時の発電機電圧応答

である。

図2.12に示した最大電圧上昇 ΔV_{max} や整定時間 t_s の目標をどのように設定するかは，AVRを製作する側に対して設計上，または制御定数を設定する上に重要である。

2.3.3 ディジタル励磁制御（D-AVR）

D-AVRの機能構成図を図2.13に示す。D-AVRは，制御機能をソフトで実現しており，また，アナログAVRに比較してディジタルの特徴を活かした自己診断，通信（多重伝送，パソコン等），発電機の電力，電圧等のプロセス信号の記録およびパソコンと連係して発電機を含む励磁制御システムの解析等の機能をもっている。

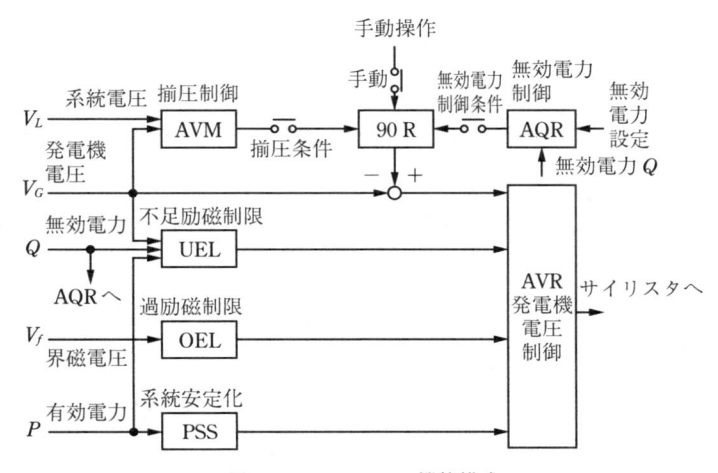

図2.13 D-AVRの機能構成

図2.13に示した機能は表2.2と同様な動作を行う。ディジタルAVRはアナログAVRの連続制御と違い，サンプルホールド時間がある。ディジタルAVRの制御性能をアナログAVRと同等にするために，サンプルホールド時間の理論に基づく設定と制御定数の設計方法を確立することが必要である。ディジタルコントローラを設計する方法としてS領域（周波数領域であり，後述するボード線図等を利用した設計）で設計してディジタル領域（Z変換）へ変換する方法がある。ディジタルAVRは，入力から出力までに演算時間を加えた一定の時間が必要である。しかし，この時間が，AVRとしての応答時間に比較して無視できるくらい小さければ，ディジタルのサンプルホールド時間は励磁制御システムの動作に影響はない。励磁制御システムの応答は機器構成により異なってもよいが，適用される励磁システムの応答が実用上問題ないように，励磁方式ごとにサンプルホールド時間を決める必要がある。もちろん，それよりも，サンプルホールド値を短くして，どの励磁方式に適用できるようにしてもよい。

各励磁制御システムの応答はボード線図の折点周波数で表現すると

① 励磁機方式の場合 　　$\omega_c = 1$ から $5 \, \mathrm{rad/s}$
② サイリスタ方式の場合　　$\omega_c = 4$ から $20 \, \mathrm{rad/s}$

程度に設定されることが多い。ω_c が大きいほど励磁制御システムの応答が速くなる。励磁制御としては，ω_c が3から5 rad/sであれば実用上十分な性能といえるが，後述する過渡安定度向上を図るためには10 rad/s以上に設定されることもある。上記の ω_c について，サンプルホールド時間が，何秒以下であれば励磁システムの応答に影響しないかを検討する。閉ループ制御系は，通常位相余裕を30°以上もつように設計されるので，ループの位相遅れは150°（180°−30°）以下となる。サンプルホールド時間による位相遅れを150°の10％以下（15°以下）とすれば，実用上の問題はない。サンプリング制御における零時ホールドと演算時間の位相遅れ $\theta(\omega)$ は，以下の式で定義される。

$$\theta(\omega) = 1.5 \omega_c T \frac{180}{\pi} \, [\mathrm{deg}]$$

T：サンプリング時間

より，サンプルホールド時間 T は

$$T = \frac{\theta(\omega)}{1.5\omega_c \frac{180}{\pi}} \tag{2.1}$$

となる。回転励磁機方式の場合，$\omega_c=1\sim5$ より，ω_c の最大は5である。

$\omega_c=5$，$\theta(\omega)=15$，$\pi=3.14$　より　$T\leq35$ ms

サイリスタ方式の場合，同様に

$\omega_c=20$　より　$T\leq8.7$ ms

となる。以上より，ディジタル AVR のサンプルホールド時間は

回転励磁機方式　　$T=20$ ms

サイリスタ方式　　$T=5$ ms

のように設定されることが多い。ディジタル AVR のサンプリング時間が上記に示した数値より小さい場合は，アナログ AVR と同様な制御アルゴリズムを使用できる。アナログ AVR に現在適用されている制御方式は，ディジタル AVR においても変更せずに適用しても不都合はない。したがって，PSS を除く AVR，UEL 等の制御アルゴリズムはアナログ AVR で実績があり，運用上から従来方式を変更する必要がないのでアナログ制御方式と同様な方式が適用されている。

ディジタル AVR は，ブラシレス励磁方式，励磁機方式およびサイリスタ励磁方式等ほとんどすべての励磁方式に適用されている。また，ディジタル AVR の演算速度が向上し，前記のサンプル時間より短くなってきたので，サンプル時間を考慮せずにアナログ方式と同じように取り扱ってもまったく支障がない。

2.4　励磁制御理論

AVR，PSS（設計方法については後述）等の制御定数を設計する手法とし

て
① 作図的に設計する手法としてボード線図
② 解析的に設計する手法として，根軌跡法や固有値法
③ 直接的に選定する手法として，動的シミュレーション
④ 現代制御理論の適用例として，リカッチ方程式，H^∞ 等の最適制御理論
が実用化されている。

　上記に示した一つの手法のみの設計というよりも，組合せで設計する場合が多い。試行錯誤が必要であるが慣れると短時間でかなり精度よく設計でき，また現場での制御定数の変更にも簡単に対応できるボード線図の応用が実用的な手法として採用されている。しかし，パソコンのソフトの充実から，複雑な計算が必要な最適制御や膨大な繰返し計算を行う必要があるが，制御特性を容易に評価するために動的シミュレーションが増加している。

　励磁系では 2.3.3 項で示したようにディジタル AVR を適用した場合においても，アナログ AVR と同様に連続比例形の AVR として表現しても制御応答上の差異がほとんど無視できるので，励磁系はすべて連続比例式の AVR として扱う。励磁制御方式は回転励磁機をもつ励磁系，サイリスタを励磁機として使用し回転励磁機をもたない励磁系（サイリスタ励磁方式）およびリアクトルと変流器を使用した自励複巻励磁系が適用されている。

　励磁機には界磁時定数が数秒あり，そのために発電機の電圧を高速で制御することは難しい。したがって，励磁機の特性で応答が大きく左右されるので励磁機の部分のシミュレーションが重要である。この方式では，アナログAVR，D-AVR 共に AVR 出力増幅器としてサイリスタが使用されている。このサイリスタは，励磁機の界磁電圧を制御し，その結果励磁機出力電圧，すなわち発電機界磁電圧を調整して，発電機の電圧制御を行う。

　サイリスタ励磁方式は，サイリスタ整流器の出力で直接発電機界磁を励磁する方式である。この方式の特徴は，励磁機の界磁回路の遅れがないので，応答が非常に速く設計することが可能であるが，サイリスタ電源は発電機端子電圧より与えられるので，サイリスタの頂上電圧（シーリング電圧）により応答速

2.4 励磁制御理論　　139

度が大きく左右される。

　自励複巻方式は発電機の出力電圧と電流をベクトル合成し，これを整流して発電機の界磁に供給する方式である。この方式の特徴は励磁装置出力が発電機の運転状態でほぼ決り，AVR は電圧要素を制御するが，他の励磁システムと異なり発電機が負荷運転中の AVR による発電機電圧の制御特性は電流要素の設定により大きく影響される。

2.4.1 励磁制御系ブロック図

　図 2.14 に励磁機方式とサイリスタ励磁方式のシミュレーション用ブロック図を示す。e_t が AVR の入力となる発電機電圧であり，次の伝達関数 G_F は AVR の入力回路（AC 入力を整流してフィルタ等）時間遅れを表している。ほとんどの場合，この回路の遅れは後続回路の遅れに比較して小さく無視してよいので，$T_{F1}=0$ としてよい。最初の加算点は入力電圧と基準値（e_{tref}）とを比較して次段の演算器への入力となる誤差信号を作成する。e_{taux} は PSS，

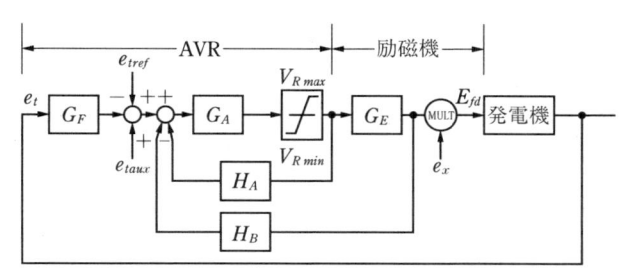

$$G_F = \frac{K_{F1}}{1 + T_{F1}s}$$

$$G_A = \frac{K_{A1}(1 + T_{A3}s)}{(1 + T_{A1}s)(K_{A2} + T_{A2}s)}$$

$$G_E = \frac{K_E(1 + T_{E3}s)}{(1 + T_{E1}s)(1 + T_{E2}s)}$$

$$発電機 = \frac{1}{1 + T_{d0}'s}$$

$$H_A = \frac{K_{H_A}s}{(1 + T_{H_{A1}}s)(1 + T_{H_{A2}}s)}$$

$$H_B = \frac{K_{H_B}s}{1 + T_{H_B}s}$$

e_t　：発電機端子電圧　　V_{Rmax}：AVR 出力上限
e_{tref}：発電機電圧基準値　V_{Rmin}：AVR 出力下限
e_{taux}：補助信号　　　　G_E　：励磁機伝達関数
e_x　：AVR 変動要因　　E_{fd}　：励磁機電圧（発電機界磁電圧）

図 2.14　AVR ブロック図

UEL等の信号がシミュレーションに必要な場合をまとめて示している。

次の加算点は乱調防止回路（並列補償回路）信号と誤差信号の合成を示すものであり，この乱調防止信号としては通常励磁機電圧を図中 H_B で示したような関数（不完全微分）を通して負帰還（負のフィードバック）している。しかしブラシレス方式のように励磁機電圧を検出できない励磁方式では，厳密には一致しないが，励磁機の出力電圧（発電機界磁電圧）に相当する信号として励磁機界磁電流を図中に H_A で示したような関数（一次遅れ＋不完全微分）を通してAVR出力を負帰還している。したがって通常 H_A，H_B の両方が存在することはなく，どちらか一方のみである。次の伝達関数 G_A は，AVRのゲイン，進み-遅れ補償の演算器を表現している。H_A，H_B が使用される場合は，この関数の設定が系全体の動特性を決める伝達関数を大きく支配するので，G_A は，ゲインと一次遅れで構成される。しかし，サイリスタ励磁方式では H_A，H_B を設けないで，G_A の部分に進み-遅れ回路を入れて（いわゆる直列補償）乱調防止を行っている。したがって，G_A は，励磁機方式とサイリスタ方式では関数が異なる。$V_{R\ max}$，$V_{R\ min}$ は，AVR出力の上限値および下限値を表す。次の掛算はAVR出力にAVR変動要因 e_x を掛けるもので，これは例えばサイリスタの電源に発電機電圧を使用していると，AVR出力は発電機電圧の変動に比例して変動する（ただし入力は一定として）ことになり，その場合 $e_x = e_t$ とする。ある電圧までは変動を全然受けず，ある電圧以下では界磁電圧が全然出ない機器を使用する場合は $e_t \geq a : e_x = 1$，$e_t < a : e_x = 0$ とすればよい。

特殊な例として自励複巻発電機の原理を応用し発電機出力電圧と電流を合成した結果を界磁電圧として使用している方式があるが，それらもこの乗算回路で表現することができる。

$$e_x = |K_p e_t + jk_i i_t| \tag{2.2}$$

ただし i_t は発電機電流，K_p および K_i は電圧電流を合成する割合を示す定数であり，次の G_E は励磁機の伝達関数を表す。

以上述べたように，図2.14は励磁システム構成が異なっても与える定数を

2.4 励磁制御理論   *141*

変更すれば使用可能である。図2.14で，発電機電圧 e_t，基準電圧 e_{tref} は発電機電圧を1p.u（100％）として表現している。また誤差（$e_{tref} - G_F e_t$）の単位も当然p.uである。AVRのゲイン K_{A1} は，誤差が入力されるとサイリスタ電圧を出力するとして，単位はV/p.uとなる。励磁機のゲインは，発電機が無負荷時定格時の界磁電圧を1p.uとすれば，発電機の界磁と発電機電圧の換算が容易であるので，サイリスタ電圧が印加されると励磁機電圧（励磁機でもサイリスタでの同様）K_E 〔p.u〕が発生するとして，単位はp.u/Vとなる。

2.4.2 励磁機方式の設計例

励磁機方式として交流励磁機を励磁機として使用し，その励磁機の界磁をサイリスタで制御するタイプの励磁系を設計例として説明する。交流励磁機方式のブロック図を**図 2.15** に示す。

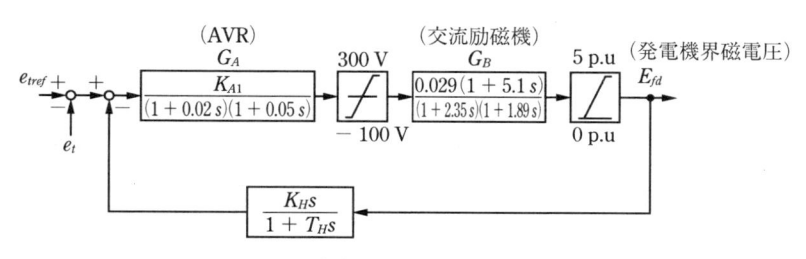

（AVR）　　　　　　　　　　　（交流励磁機）

G_A　　　300 V　　G_B　　5 p.u　（発電機界磁電圧）

e_{tref} ＋ ─→＋─→ $\dfrac{K_{A1}}{(1+0.02s)(1+0.05s)}$ ─→ ⎍ ─→ $\dfrac{0.029(1+5.1s)}{(1+2.35s)(1+1.89s)}$ ─→ ⎍ ─→ E_{fd}

e_t　　　　　　　　　　　　　　 −100 V　　　　　　　　　　0 p.u

帰還：$\dfrac{K_H s}{1 + T_H s}$

図 2.15　交流励磁機方式のブロック図

発電機は無負荷であるので，図2.14の発電機と同様に表現できる。同じく，交流励磁機 G_E も励磁機の設計で決まる定数である。設計の自由度としては，AVRゲインと乱調防止定数である。図2.14には，遅れ時定数があるが，入力信号を整形するためのフィルタ等の必要性で存在するので，制御定数設計の対象とならない。また，AVRのゲインも 90 R と発電機電圧の設定誤差の関係からほぼ決められるので，励磁システムの応答を決定するのは乱調防止定数である。以下に，図2.15のAVRゲインと乱調防止の設計手法を説明する。

〔1〕 **AVR内ゲイン K_{A1} の設定**

図2.14を用いて定常状態におけるゲイン K_{A1} を計算する。定常状態ではラ

2. 発電機の励磁制御

プラス演算子 s は 0 である。交流励磁機の関数 G_E は, ゲイン K_E となり, 乱調防止回路 H_A, H_B は微分回路であるので, 0 となる。発電機の電圧設定器である電圧基準（装置記号では 90 R と呼ぶ）から見た発電機の設定誤差 ($e_{tref} - e_t$) が定格電圧の 1 ％程度以下となるようにゲイン (G_A 内の K_{A1} を決定）する。

$$(e_{tref} - e_t) K_{A1} K_E = e_t$$

より

$$K_{A1} = \frac{e_t}{(e_{tref} - e_t) K_E} \tag{2.3}$$

となる。誤差（正確には, 制御偏差と呼ぶ）を 1 ％ (0.01) 以下とすれば

$$0.01 \geq e_{tref} - e_t$$

図 2.14 と図 2.15 を比較して, $K_E = 0.029$, $e_t = 1$ p.u（定格値）を式 (2.3) に代入すると

$$K_{A1} \geq 3\,228$$

となる。また, 発電機が負荷運転中は, 発電機のブロックは**図 2.16** のように表現される。

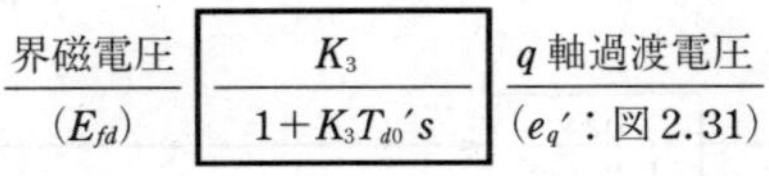

界磁電圧 (E_{fd}) → $\dfrac{K_3}{1 + K_3 T_{d0}' s}$ → q 軸過渡電圧 (e_q'：図 2.31)

図 2.16 負荷運転中の発電機のブロック図

なお, 発電機をモデルで表現する方法を 2.5.2 項に詳しく示す。その差異は系統インピーダンス K_3 が入り, 発電機のゲインが無負荷では 1 であるが, 負荷運転中は K_3 となる。K_3 は, 後述の 2.5.4 項の図 2.39（a），（b），（c）よりほぼ 0.4 程度である。したがって, 発電機が, 負荷運転中のゲイン低下（1 から 0.4）を考慮すると式 (2.3) は

$$K_{A1} = \frac{e_t}{(e_{tref} - e_t) K_E K_3} \tag{2.4}$$

のように分母の K_3 を乗じた式になる。したがって, 負荷時のゲイン低下を考慮すると

2.4 励磁制御理論　　143

$$K_{A1} = \frac{3\,228}{0.4} = 8\,070$$

となる。これを切り上げて，10 000 V/p.u とする。この AVR ゲイン（増幅率）は，非常に大きいように見えるが，1 p.u（100 %）の発電機電圧が変化した場合に，AVR 出力は 10 000 V になる。アーク炉や大型モータの起動停止が頻繁な特殊負荷のある場合や系統事故等の過渡状態を除く通常運転時に，発電機の電圧変動は，0.1〜0.2 %程度の微小な範囲であり，もし 0.1 %の変動とすれば AVR から制御されるサイリスタ出力電圧は

　　10 000 V/p.u×0.001 p.u=10 V になる。

〔2〕　乱 調 防 止 定 数

励磁機方式では，0 dB を切る点（ω_c）が，3 から 5 rad/s に選定することが多い。励磁システムのボード線図を描く前に，基本的な伝達関数をボード線図で描いた例を図 2.17 に示す。

（a）　AVR と励磁機のボード線図　　$s=0$ とおいて，開ループ系（主フィ

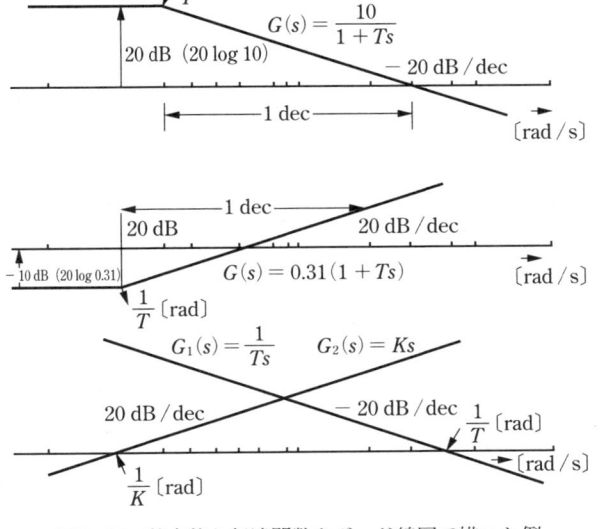

図 2.17　基本的な伝達関数をボード線図で描いた例

ードバックである発電機電圧をフィードバックしない）のゲインを計算する。この場合は図 2.14 の $G_F=0$ と置くことと同じである。

開ループゲイン＝$K_{A1} K_E=10\,000 \times 0.029 = 290$

これを dB（デシベル）で表現すると

$$dB = 20 \log(\text{開ループゲイン}) = 20 \log 290 = 49\,dB$$

となる。

図 2.18（a）が，AVR（乱調防止を除外）から励磁機のボード線図である。ボード線図では，遅れ時定数は$-20\,dB/dec$（dec，デカードであり 10 倍を示す。例えば 0.5 rad/s から 5 rad/s，10 rad/s から 100 rad/s）でゲインが低下し，同様に進み時定数では 20 dB/dec でゲインが増加する。

$\dfrac{1}{1+Ts}$ では，$1/T$〔rad/s〕より小さな周波数ではゲインが変化しないが，その周波数よりも大きくなると$-20\,dB/dec$でゲインが低下する。乱調防止のように微分 Ts であれば，$1/T$〔rad/s〕で 0 dB を通過し，20 dB/dec でゲインが増加することを示す。

図 2.15 において遅れ，進みに関係なく最大の時定数は，励磁機ブロック図の 5.1 秒（これは，発電機の T_{do}' と同じ）であるので，その逆数である周波数（1/5.1）よりも小さな周波数では，定常ゲイン 49 dB となる。

進み時定数が最大であるので，1/5.1 rad/s より，20 dB/dec でゲインが増加し，1/2.35 rad/s の点で遅れがあるので，進み時定数 5.1 秒による 20 dB/dec の増加と遅れ時定数 2.35 秒による$-20\,dB/dec$の減少が加算されて 0 となるため，ゲインが一定となる。次に 1/1.89 の点でさらに遅れが入るので，$-20\,dB/dec$でゲインが減少を始める。

次に，1/0.05 rad/s で$-20\,dB/dec$のゲインの減少が加算されるので（$-20+(-20)=-40$）より，$-40\,dB/dec$のゲインの減少となる。1/0.02 rad/s で$-20\,dB/dec$のゲインの減少が加算されるので$-60\,dB/dec$（$-20-40=-60$）の減少となる。

（b）**AVR，励磁機から乱調防止回路** 励磁機出力電圧（発電機界磁電圧）を入力信号とし，不完全微分で構成される乱調防止回路は，AVR へフィ

2.4 励磁制御理論

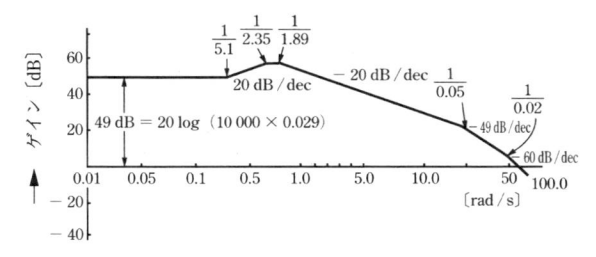

(a) AVR および励磁機のボード線図

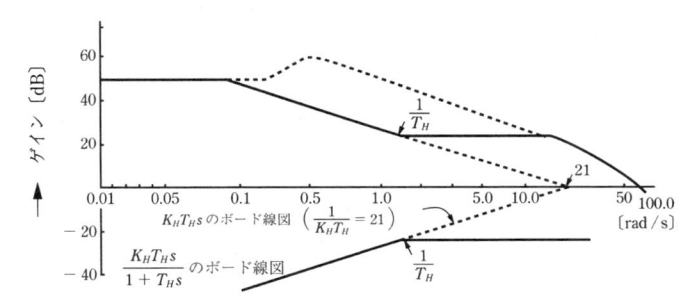

(b) AVR励磁機および乱調防止回路のボード線図

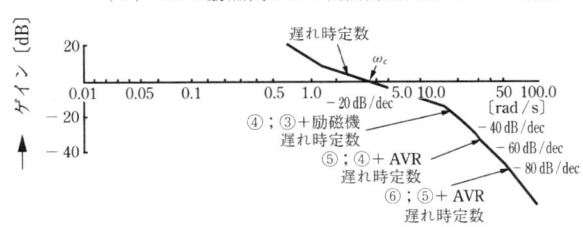

(c) 発電機電圧制御ループ総合ボード線図-ω_c付近拡大図

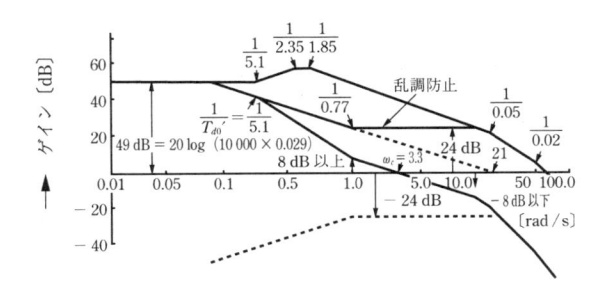

(d) 発電機電圧制御ループ総合ボード線図-全体図

図 2.18　交流励磁機システム制御定数の設計

ードバック信号を出力する。フィードバックに使用される乱調防止回路の場合は，図 2.15 を見ると負として加算されるので，これは加算を正で行えば乱調防止ゲインが負と同じである。したがって，図 2.18（b）に示すように乱調防止回路をボード線図で書き，ゲインが負であるので 0 dB を中心としてゲインの正側へ折り返したように描くことになる。AVR，励磁機と乱調防止回路までの周波数特性（横軸の周波数と縦軸のゲインの関係）を見ると，点線で示した範囲が乱調防止回路に置き代わっていることがわかる。ボード線図では，ゲインが低くなる特性が選択されている。

（c） **乱調防止定数の設計** 乱調防止定数は，図 2.18（b）に示したボード線図に発電機の $1/T_{do}'$ の角周波数から -20 dB/dec を加算して，ω_c が 3 から 5 rad/s となるように決める。まず，適当に乱調防止回路のボード線図を引く。AVR，励磁機および乱調防止のボード線図は，それに T_{do}' を加えて，-20 dB/dec の線が 0 dB を切る場合に ± 8 dB 以上のゲイン余裕があるように乱調防止定数を決める。何回か試行錯誤して決定される。この結果の例を図 2.18（c）に示す。

図より，乱調防止の遅れ時定数 $=1/1.3$ rad/s $=0.77$ 秒，ゲイン $=10^{-24.2/20}=0.0618$ p.u/p.u となる。以上をまとめて，図 2.18（d）に示す。図 2.18（d）は，発電機電圧のフィードバックループを考慮しないボード線図であり，開ループのボード線図となる。

図 2.18（d）の乱調防止回路を採用した場合に，発電機電圧基準 e_{tref} を 0.9 p.u から 1 p.u へ，ステップ状に変化させたときの発電機電圧と励磁機出力電圧（発電機界磁電圧）波形を**図 2.19（a）**に示す。また，乱調防止ゲイン K_H のみを 1/5 および 5 倍に変更した場合の応答波形を図 2.19（b），（c）に示す。

ボード線図を使用して設計した乱調防止ゲインは，設計値から 1/5〜5 変化しても応答速度や整定時間は当初の設計時に狙った数値からずれるが，不安定とはなっていない。したがって，発電機電圧制御ループとしての安定性に対して，設計値の乱調防止回路は十分なマージンをもっていることがわかる。

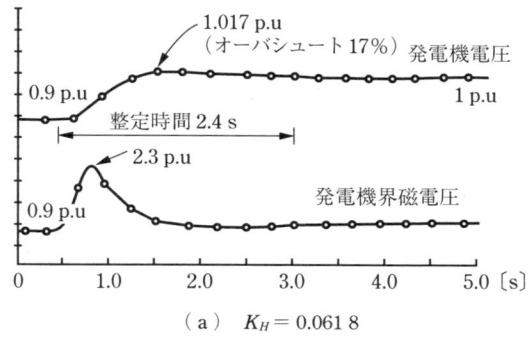

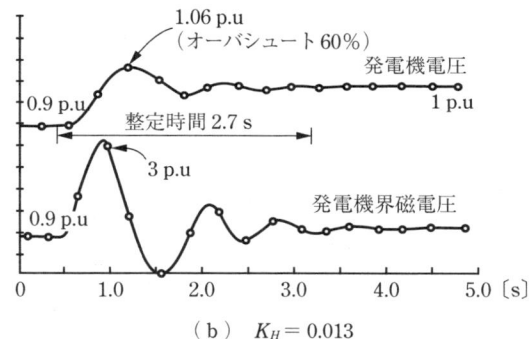

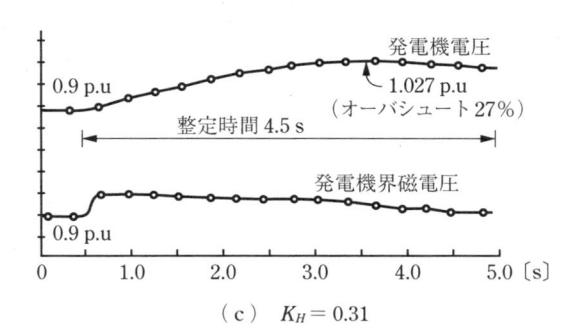

図 2.19　発電機電圧と励磁機出力電圧のステップ応答

(a)　$K_H = 0.0618$

(b)　$K_H = 0.013$

(c)　$K_H = 0.31$

2.4.3　サイリスタ方式の設計例

　サイリスタ励磁方式の AVR ブロック図を**図 2.20** に示す。励磁機と違いサイリスタの遅れは無視しても実用上問題はないので，図 2.20 の励磁系ブロッ

148　　2.　発電機の励磁制御

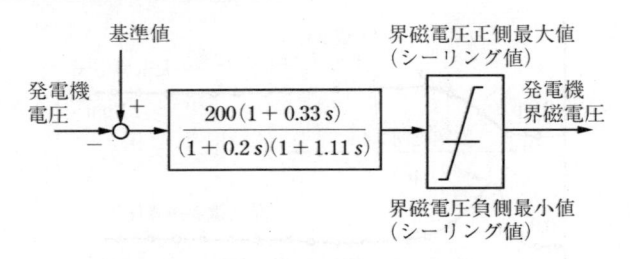

図2.20　サイリスタ励磁方式のAVRブロック図

ク図にはAVRのみ示される。

　励磁機方式と違い，乱調防止はフィードバック形式ではなく，ハード上の関係から直列補償が採用されることが多い。したがって，ボード線図を描く場合のブロック図は，**図2.21**である。

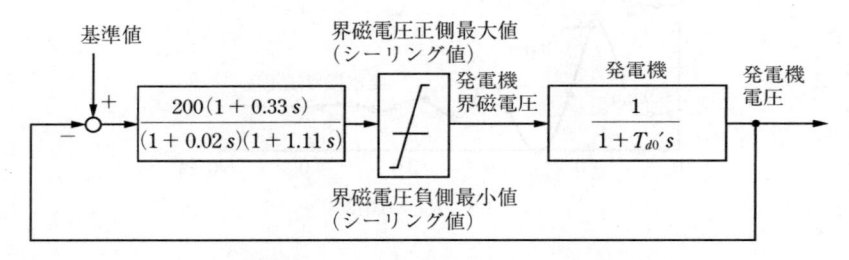

図2.21　サイリスタ励磁方式のブロック図

　開ループでボード線図を描くとAVRから発電機まですべて直列であるので，図2.18（a）と同様に**図2.22**となる。

　図2.22のボード線図特性時の発電機電圧ステップ応答を**図2.23（a）**に，進み補償を0.33秒から0.66秒に変更した場合のステップ応答を図2.23（b）に示す。

　励磁機方式の ω_c は，図2.18（d）から約3.3 rad/sであり，サイリスタ励磁方式の ω_c は図2.22より約10 rad/sであるので，その比は約3.3である。図2.19（a）と図2.23（a）のステップ応答波形を比較すると励磁機方式の整定時間は2.4秒であるが，サイリスタ励磁方式の場合は0.7秒であり，応答比は約3.4倍となり，ボード線図の ω_c と同じ傾向であることがわかる。

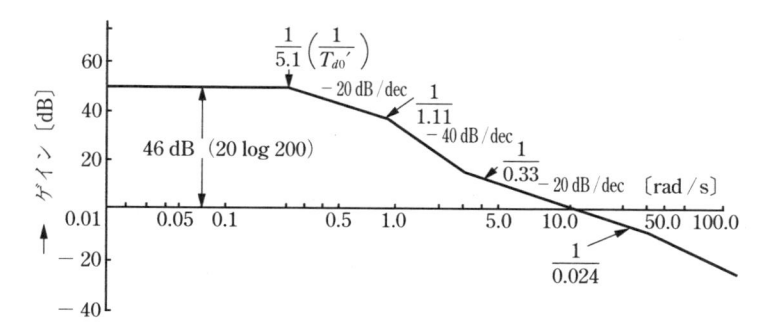

図 2.22 サイリスタ励磁方式のボード線図

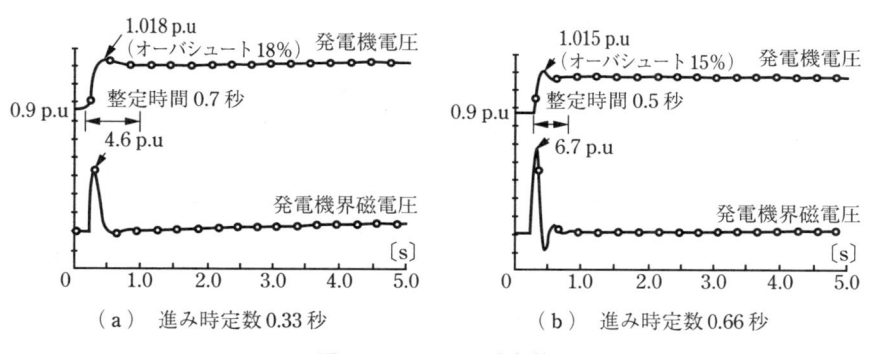

図 2.23 ステップ応答
（a）進み時定数 0.33 秒
（b）進み時定数 0.66 秒

2.5 電力系統の安定度と励磁制御

電力系統の安定度には種々の意味が含まれるが，ここでは特に発電所の制御に関係の深い発電機の安定度と励磁制御による安定度向上について述べる。

2.5.1 単　位　法

系統を構成する発電機や負荷，変圧器等はそれぞれ定格が異なり，それらを関連させて解析するためには，実際のオームインピーダンス法では電圧比の 2 乗を換算しなければならないので，ある基準となる定格値をベースとして単位法，すなわち p.u（per unit）法で表現する。

p.u インピーダンスを説明するために **図 2.24** を使用する。$Z〔Ω〕$ のインピーダンスがあり，定格電流 I を流したときの電圧降下を $IZ〔V〕$ とする。

$$Z〔\text{p.u}〕= R + jX = \frac{IZ}{E} \tag{2.5}$$

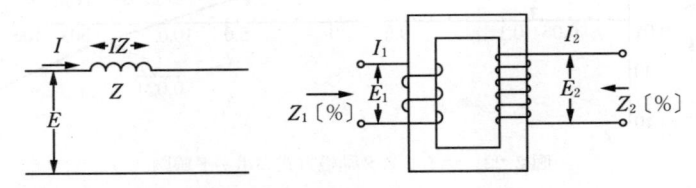

図 2.24 p.u インピーダンス　　**図 2.25** 変圧器の p.u インピーダンス

図 2.25 に示した変圧器の一次側インピーダンスを Z_1，二次側インピーダンスを Z_2 とする。

$$Z_2〔\text{p.u}〕= \frac{I_2〔\text{A}〕Z_2〔Ω〕}{E_2} = \frac{n_2 Z_1〔Ω〕\frac{I_1〔\text{A}〕}{n}}{nE_1} = \frac{I_1〔\text{A}〕Z_1〔Ω〕}{E_1} = Z_1〔\text{p.u}〕 \tag{2.6}$$

式 (2.6) に示したように，p.u に換算すると変圧器の一次側インピーダンスと二次側インピーダンスは一致する。〔kV〕がほとんどであるので，式 (2.6) で電圧 E の単位を〔kV〕で表す。

$$Z〔\text{p.u}〕= \frac{Z〔Ω〕I〔\text{A}〕}{1\,000 E} = \frac{Z〔Ω〕kVA_1}{1\,000 E^2} = \frac{Z〔Ω〕kVA_3}{1\,000 V^2} \tag{2.7}$$

ここで，$Z〔Ω〕$ は 1 相当りのインピーダンス，E は相電圧〔kV〕，kVA_1 は 1 相の容量〔kVA〕，$Z〔\text{p.u}〕$ は 1 相当りのインピーダンスの p.u 値，V は線間電圧〔kV〕，kVA_3 は 3 相の容量である。

$Z〔\text{p.u}〕$ から $Z〔Ω〕$ への変換，定格電流の計算は

$$Z〔Ω〕= \frac{Z〔\text{p.u}〕\times 1\,000 E^2}{kVA_1} = \frac{Z〔\text{p.u}〕\times 1\,000 V^2}{kVA_3} \tag{2.8}$$

$$I〔\text{A}〕= \frac{kVA_1}{E} = \frac{kVA_3}{\sqrt{3}\,V} \tag{2.9}$$

で行われる。

2.5 電力系統の安定度と励磁制御

系に接続されている機器は，定格の異なることが多く，系統に発生する種々の事象を解析するために，ある定格をベースとして各機器のp.u値を変換する必要が生じる。以下に，機器固有のp.u値をb（base），新たな基準値に変換した結果のp.u値をN（new）とする。通常の3相発電機の定格容量単位は〔MVA〕であり，定格線間電圧の単位は，〔kV〕，定格相電流Iの単位は，〔A〕であるので，以下にこれらの単位を使用する。通常の3相発電機の定格容量単位は〔MVA〕であり，定格線間電圧の単位は，〔kV〕，定格相電流Iの単位は，〔A〕であるので，以下にこれらの単位を使用する。単位法では，インピーダンスを単相回路で表現するのに便利な相電圧を使う。基準（ベース）となる3相容量をMVA_b，線間電圧をkV_b（このときの相電圧をE_b〔kV〕，線電流をI_bは，機器の定格を選ぶ。基準となるインピーダンスZ_b〔Ω〕は

$$\left. \begin{array}{l} MVA_b = 3E_b I_b \\ Z_b〔Ω〕= \dfrac{E_b}{I_b} = E_b \dfrac{3E_b}{MVA_b} = \dfrac{3E_b^2}{MVA_b} = \dfrac{kV_b^2}{MVA_b} \end{array} \right\} \quad (2.10)$$

となる。したがって，基準インピーダンスZ_b〔Ω〕値をベースとして，Z〔Ω〕をp.u値に変換したZ〔p.u〕は，式（2.7）を参考にして

$$\begin{aligned} Z〔p.u〕 &= \dfrac{Z〔Ω〕 \times 1\,000 \times MVA_b}{1\,000 \times kV_b^2} = \dfrac{Z_b〔Ω〕 \times MVA_b}{kV_b^2} \\ &= \dfrac{Z〔Ω〕}{Z_b〔Ω〕} \end{aligned} \quad (2.11)$$

となる。

電力系統では，定格の異なる機器が接続されている。これらの機器が接続された状態で，発電機や送電線，負荷の有効電力，無効電力，電圧等を計算する潮流計算や系統事故が発生したときの系統の安定度を計算するためには，p.u値を合わせる必要になる。基準値をMVA_b〔MVA〕，線間電圧KV_b〔kV〕，線電流I_b〔A〕およびインピーダンスZ_b〔Ω〕としたときに，ある3相機器のp.u値がMVA_a〔p.u〕，kV_a〔p.u〕，I_a〔p.u〕およびZ_a〔p.u〕とする。通常は，この基準値は，機器の定格が採用されることが多い。これらのp.u値を

別の基準値である MVA_N 〔MVA〕，線間電圧 kV_N 〔kV〕（このときの相電圧を E_N 〔kV〕），線電流 I_N 〔A〕およびインピーダンス Z_N 〔Ω〕に換算した結果が MVA_{aN} 〔p.u〕，V_{aN} 〔p.u〕，I_{aN} 〔p.u〕，インピーダンス Z_{aN} 〔p.u〕と表現する。

以下に，p.u の基準量を変えた場合の変換式を示す。

$$\left.\begin{array}{l} MVA_{aN}\text{〔p.u〕}=\dfrac{MVA_a\text{〔p.u〕}\times MVA_b}{MVA_N} \\[6pt] 慣性定数 \ \ M_{aN}\text{〔s〕}=\dfrac{M_a\text{〔s〕}\times MVA_b}{MVA_N} \end{array}\right\} \quad (2.12)$$

また，インピーダンス Z_{aN} 〔p.u〕は式 (2.11) を使用すると，基準の容量は，MVA_b，線間電圧 kV_b を基準値としたときに基準のインピーダンス Z_b 〔Ω〕は

$$Z_b\text{〔Ω〕}=\dfrac{kV_b{}^2}{MVA_b} \quad (2.13)$$

となる。新基準である容量 MVA_N，線間電圧 kV_N に対する Z_N 〔Ω〕は

$$Z_N\text{〔Ω〕}=\dfrac{kV_N{}^2}{MVA_{bN}} \quad (2.14)$$

となる。

式 (2.12) の第2式の Z_b，Z_N へ式 (2.13) と式 (2.14) を代入すると

$$Z_{aN}\text{〔p.u〕}=\dfrac{Z_a\text{〔p.u〕}\times Z_b}{Z_N}=\dfrac{Z_a\text{〔p.u〕}\times MVA_N}{MVA_b}\times\left(\dfrac{kV_b}{kV_N}\right)^2 \quad (2.15)$$

が得られる。

〔例題 2.1〕

A 発電機定格

600 MVA － 18 kV － 力率 0.9

$X_d=1.8$ p.u, $X_d'=0.3$ p.u, $X_d''=0.25$ p.u, $X_q=1.8$ p.u, $X_q''=0.3$ p.u, $T_{do}'=6$ 秒，慣性定数 $M=8$ 秒

A 発電機用変圧器

600 MVA － 18 kV/500 kV

$X_t = 0.15$ p.u

B 発電機定格

350 MVA－17 kV－力率 0.85

$X_d = 1.7$ p.u, $X_d' = 0.25$ p.u, $X_d'' = 0.2$ p.u,

$X_q = 1.7$ p.u, $X_q'' = 0.23$ p.u,

$T_{do}' = 5$ 秒，慣性定数 $M = 6$ 秒

B 発電機用変圧器

350 MVA－17 kV/500 kV

$X_t = 0.14$ p.u

系統インピーダンス

1 000 MVA－500 kV

$X_e = 0.6$ p.u

として，系統の 1 000 MVA－500 kV ベースに上記発電機および変圧器の諸定数を変換する。■

（1） A 発 電 機　電圧は，変圧器により系統と一致しているので，電圧の変換は不要である。

発電機定格出力　$MVA = \dfrac{600 \text{ MVA}}{1\,000 \text{ MVA}} = 0.6$ p.u

定格有効電力　$P = \dfrac{600 \text{ MVA} \times 0.9}{1\,000 \text{ MVA}} = 0.54$ p.u

定格無効電力　$Q = \dfrac{600 \text{ MVA} \sqrt{1-0.9^2}}{1\,000 \text{ MVA}} = 0.261$ p.u

リアクタンスの変換は，式 (2.11) を利用して

$X_d = \dfrac{1.8 \times 1\,000}{600} = 3$ p.u, $X_d' = \dfrac{0.3 \times 1\,000}{600} = 0.5$ p.u,

$X_d'' = \dfrac{0.25 \times 1\,000}{600} = 0.42$ p.u, $X_q = \dfrac{1.8 \times 1\,000}{600} = 3$ p.u,

$X_q'' = \dfrac{0.3 \times 1\,000}{600} = 0.5$ p.u, $T_{do}' = 6$ 秒, $M = \dfrac{8 \times 600}{1\,000} = 4.8$ 秒

（2） A発電機用変圧器

$$X_t = \frac{0.15 \times 1\,000}{600} = 0.25 \text{ p.u}$$

（3） B発電機

電圧は，変圧器により系統と一致しているので，電圧の変換は不要である。

発電機定格出力　$MVA = \dfrac{350\text{ MVA}}{1\,000\text{ MVA}} = 0.35 \text{ p.u}$

定格有効電力　$P = \dfrac{350\text{ MVA} \times 0.9}{1\,000\text{ MVA}} = 0.315 \text{ p.u}$

定格無効電力　$Q = \dfrac{350\text{ MVA}\sqrt{1-0.9^2}}{1\,000\text{ MVA}} = 0.153 \text{ p.u}$

リアクタンスの変換は，式（2.11）を利用して

$X_d = \dfrac{1.7 \times 1\,000}{350} = 4.86 \text{ p.u}, \quad X_d' = \dfrac{0.25 \times 1\,000}{350} = 0.71 \text{ p.u},$

$X_d'' = \dfrac{0.2 \times 1\,000}{350} = 0.57 \text{ p.u}, \quad X_q = \dfrac{1.7 \times 1\,000}{350} = 4.86 \text{ p.u},$

$X'' = \dfrac{0.23 \times 1\,000}{350} = 0.66 \text{ p.u}, \quad T_{d0}' = 5 \text{ 秒}, \quad M = \dfrac{6 \times 350}{1\,000} = 2.1 \text{ 秒}$

（4） B発電機用変圧器

$$X_t = \frac{0.14 \times 1\,000}{350} = 0.4 \text{ p.u}$$

（5） 系統インピーダンス

$X_e = 0.6 \text{ p.u}$

これらの結果を図 2.26 に示す。

以上述べたように，「リアクタンスは式（2.11）か式（2.15）を使用，定格 MVA，MW，Mvar，kV，慣性定数は式（2.12）を使用，時定数は変換不要」により新基準値へ変換できる。この変換で系統を構成する定格が異なる機器を同じ基準値で計算可能になる。式（2.6）に示した様に変圧器の一次側インピーダンスと二次側インピーダンスは，単位法（p.u 法）で表現すると一致するので，機器定格で表現された p.u 値を複数の機器の p.u 値に統一する場合

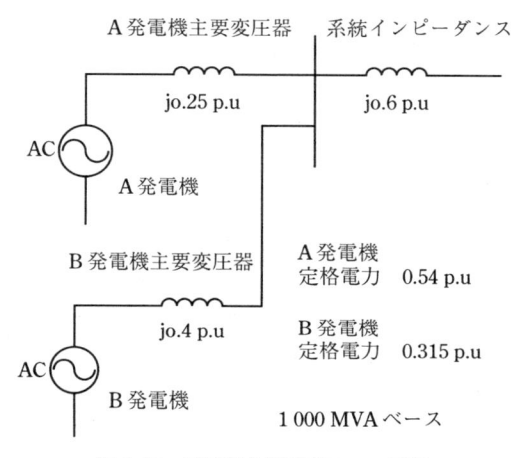

2.5 電力系統の安定度と励磁制御　　155

```
         A発電機主要変圧器    系統インピーダンス
         ┌───∿∿∿───┬───∿∿∿───
         │  jo.25 p.u │  jo.6 p.u
        (AC)          │
         │            │
        A発電機        │
                     │
        B発電機主要変圧器  A発電機
         ┌───∿∿∿───┤  定格電力  0.54 p.u
         │  jo.4 p.u │
        (AC)         │  B発電機
         │           │  定格電力  0.315 p.u
        B発電機
                    1 000 MVA ベース
```

図 2.26　発電機と送電線の p.u 変換

に，電圧の換算は不要である。

　式（2.6）に示したように変圧器の一次側インピーダンスと二次側インピーダンスは，単位法（p.u 法）で表現すると一致するので，機器定格で表現された p.u 値を複数の機器の p.u 値に統一する場合に，電圧の換算は不要である。

2.5.2 発電機モデル

　発電機は，電力系統を構成する最も重要な機器であり，発電機を実用上十分な精度をもつように数式化することは，電力系統に発生する諸事象の解析に必要である。また，発電機を安定に運転するための励磁制御等の仕様，将来予想される需要の増加に対する系統安定化対策を検討する上でも，数式化は必要不可欠である。

　発電機の数学モデルは，1929 年に IEEE（the Institute of Electrical and Electronics Engineers, INC. 米国電気電子学会）に，パーク氏により発表された同期機の 2 反作用理論，いわゆるパークの式（Park's equation）が使用されており，実用上の価値は非常に大きく，安定度解析に威力を発揮している。

〔1〕発電機の数式表現

発電機の物理的モデルを図 2.27 に示す。

2. 発電機の励磁制御

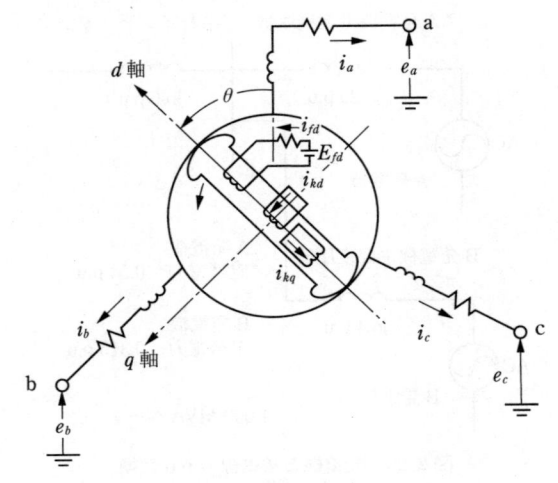

図2.27 発電機モデル

この章で扱う発電機は
① 磁気回路に飽和現象はない
② ロータの起磁力は正弦状に分布していて高調波を含まない
③ 磁気的構造は軸に対して対象である
④ 電機子のスロットによる空隙の変化を無視する

とする。

実際の発電機の磁気回路には飽和が存在しているが，系統条件が非常に厳しく，精度の高い解析が必要な場合や発電機が運転中に発電機遮断器を開放する負荷遮断時の発電機電圧の動作を解析する場合等を除いて実用的な範囲で，発電機の磁気回路が飽和時の定数を使用すれば，適用上の問題はない。

図2.27に示したように，発電機は，電機子である3個の固定子巻線と回転子の界磁巻線から構成されている。回転子の界磁巻線に直流電圧が印加されると直流電流が流れて，それに比例する磁束が，3個の電機子巻線と鎖交して，電機子巻線に交流電圧発生する。図2.27に示すように電流の方向を発電機方向とし，各軸に対して唯一のダンパ巻線回路のみを考慮した場合の電機子回路の電圧方程式を示す。

2.5 電力系統の安定度と励磁制御

$$\left.\begin{array}{l} e_a = \dfrac{d\psi a_a}{dt} - R_a i_a \\[6pt] e_b = \dfrac{d\psi a_b}{dt} - R_b i_b \\[6pt] e_c = \dfrac{d\psi a_c}{dt} - R_c i_c \end{array}\right\} \quad (2.16)$$

界磁回路について

$$e_{fd} = \frac{d\psi_{fd}}{dt} + R_{fd} i_{fd} \quad (2.17)$$

直軸制動巻線（ダンパ巻線）について

$$e_{kd} = \frac{d\psi_{kd}}{dt} + R_{kd} i_{kd} \quad (2.18)$$

横軸制動巻線（ダンパ巻線）回路について

$$e_{kq} = \frac{d\psi_{kq}}{dt} + R_{kq} i_{kq} \quad (2.19)$$

式 (2.16)〜(2.19) では，記号 e は電圧，i は電流，ψ は磁束を示し，また a, b, c は3相交流回路の各相，f は界磁巻線（field winding），k は制動巻線（damper winding），d は直軸（direct axis の d），q（quadrature axis の q）は横軸を示している。例えば，ψ_{fd} は d 軸の界磁磁束を表現している。通常 q 軸には界磁巻線がないので ψ_{fd}，ψ_{fq} と区別する必要はないが，特殊な解析をする場合（負荷遮断事象等）があるので，本書では ψ_{fd} と書くことにする。

式 (2.16)〜(2.19) の磁束には，回転子（ロータ）と電機子巻線の角度 θ および回転子が回転することにより回転子と電機子間のリアクタンスが時間により変化するため，複雑な回路方程式となっている。

パークの式は，回転子上に d，q 軸を設けて軸が回転子と共に回転することにより電機子電圧，電流を界磁電圧，電流と同様に直流として扱うことを可能にした。

発電機の直軸（d 軸）および横軸（q 軸）と励磁に関する各関係式は次のようになる。

$$\left.\begin{aligned}
e_d &= s\psi_d - ri_d - \psi_q s\theta \\
e_q &= s\psi_q - ri_q + \psi_d s\theta \\
e_{fd} &= s\psi_{fd} + r_{fd}i_{fd} \\
0 &= s\psi_{kd} + r_{kd}i_{kd} \\
0 &= s\psi_{kq} + r_{kq}i_{kq} \\
\text{ただし,}\ s &= \frac{d}{\omega_0 dt}
\end{aligned}\right\} \quad (2.20)$$

また直軸・横軸および励磁の各磁束鎖交に関しては

$$\left.\begin{aligned}
\psi_d &= -X_d i_d + X_{ad}i_{fd} + X_{ad}i_{kd} \\
\psi_q &= -X_q i_q + X_{aq}i_{kq} \\
\psi_{fd} &= -X_{ad}i_d + X_{ffd}i_{fd} + X_{ad}i_{kd} \\
\psi_{kd} &= -X_{ad}i_d + X_{ad}i_{fd} + X_{kkd}i_{kd} \\
\psi_{kq} &= -X_{aq}i_q + X_{kkq}i_{kq} \\
X_{ffd} &= X_{fd} + X_{ad} \\
X_{kkd} &= X_{kd} + X_{ad} \\
X_{kkq} &= X_{kq} + X_{ad}
\end{aligned}\right\} \quad (2.21)$$

となる。e_d, e_q は発電機電圧の d, q 軸成分, e_{fd} は界磁電圧, s はラプラス演算子 ($s=d/dt$), 時間 t はラジアン単位 ($2\pi ft = \omega t$), r は電機子抵抗, r_{fd} は界磁抵抗, r_{kd} は d 軸制動巻線抵抗, r_{kq} は q 軸制動巻線抵抗である。また ψ_d, ψ_q は電機子巻線鎖交磁束 d, q 軸成分, ψ_{fd} は界磁の磁束, ψ_{kd}, ψ_{kq} は制動巻線鎖交磁束の d, q 軸成分である。i_d, i_q は電機子電流の d, q 軸成分であり, i_{fd} は界磁電流である。これがパークの式である。

パークの式を等価回路で図 2.28 のように表現できる。

パークの式の物理的な意味を示す。

① 空間に正弦波状に分布している発電機電機子の 3 相固定子巻線の起磁力 (magnetic motive force, 略して mmf) ψ_a, ψ_b, ψ_c は, 方向が相軸と

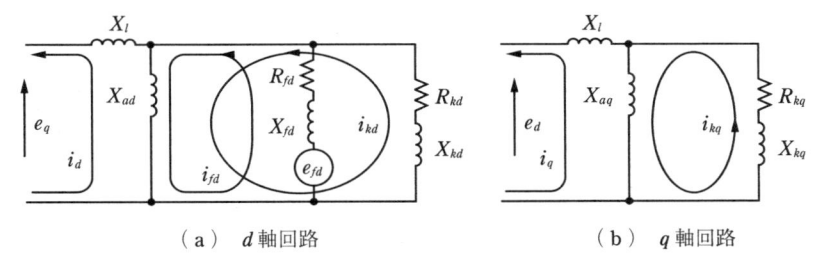

2.5 電力系統の安定度と励磁制御

(a) d 軸回路　　　(b) q 軸回路

図 2.28　パークの式の等価回路表現

同方向で，大きさが相電流の振幅に比例するベクトルで表現できる．3相を合計した起磁力は，各相の起磁力のベクトル和になる．3相合計の起磁力ベクトルの d，q 軸への各相起磁力ベクトルの投影の和に等しい

② d 軸電流 i_d は，界磁巻線と同じ速度で回転する仮想の電機子巻線に流れる瞬時値電流となる．その仮想電機子巻線軸は，界磁の d 軸と常に一致しているような位置関係を維持している．この巻線の電流値は，実際の電機子巻線に流れている3相瞬時電流が作るのと同じ起磁力を d 軸上に作る．

③ q 軸電流 i_q は，d 軸電流と同様であるが，d 軸ではなく q 軸への作用となる．

④ インダクタンスは，電機子の3相回路表現では自己インダクタンス，相互インダクタンス共に回転子と電機子の位置 θ（図 2.27 の θ）の関数となるが，②，③に示したように，式 (15.7) のインダクタンスには回転子の位置 θ に関係なく，一定値となっている．

〔2〕 **発電機無負荷時のブロック図**

発電機が無負荷であれば，電機子電流（i_d, i_q）は流れていないので，式 (2.20)，(2.21) 上で，$i_d = i_q = 0$ と置く．また，制動巻線は d，q 軸の鎖交磁束である ψ_d，ψ_q が変化するときに，その変化を妨げる方向へ磁束を発生させる．しかし，その効果は数十 ms 程度の時間であり，発電機が無負荷時の発電機電圧変化への影響を無視できる．したがって，制動巻線効果（次過渡現象）を無視するので，$i_{kd} = i_{kq} = 0$ と置き，発電機の回転速度を定格速度すな

2. 発電機の励磁制御

わち，$s\theta=1$ とし，磁束の時間的な変化により誘起される電機子電圧 $s\psi_d$，$s\psi_q=0$ と仮定して，上式を e_d，e_q について解く。

以上から

$$\left.\begin{aligned}
e_d &= s\psi_d - ri_d - \psi_q s\theta \quad \rightarrow \quad e_d = -\psi_q \\
e_q &= s\psi_q - ri_q + \psi_d s\theta \quad \rightarrow \quad e_q = \psi_d \\
e_{fd} &= s\psi_{fd} + r_{fd}i_{fd} \quad \rightarrow \quad e_{fd} = s\psi_{fd} + r_{fd}i_{fd} \\
0 &= s\psi_{kd} + r_{kd}i_{kd} \quad \rightarrow \quad d \text{軸制動効果を無視するため不要} \\
0 &= s\psi_{kq} + r_{kq}i_{kq} \quad \rightarrow \quad q \text{軸制動効果を無視するため不要}
\end{aligned}\right\} \quad (2.22)$$

また直軸，横軸および励磁の各磁束鎖交に関しては

$$\left.\begin{aligned}
\psi_d &= -X_d i_d + X_{ad} i_{fd} + X_{ad} i_{kd} \quad \rightarrow \quad \psi_d = X_{ad} i_{fd} \\
\psi_q &= -X_q i_q + X_{aq} i_{kq} \quad \rightarrow \quad \psi_q = 0 \\
\psi_{fd} &= -X_{ad} i_d + X_{ffd} i_{fd} + X_{ad} i_{kd} \quad \rightarrow \quad \psi_{fd} = X_{ffd} i_{fd} \\
\psi_{kd} &= -X_{ad} i_d + X_{ad} i_{fd} + X_{kkd} i_{kd} \quad \rightarrow \quad \psi_{kd} = 0 \\
\psi_{kq} &= -X_{aq} i_q + X_{kkq} i_{kq} \quad \rightarrow \quad \psi_{kq} = 0
\end{aligned}\right\} \quad (2.23)$$

となる。

式 (2.22)，(2.23) から d 軸分磁束による電圧を下記に示す。

$$\left.\begin{aligned}
\psi_d &= X_{ad} i_{fd} \\
\psi_{fd} &= X_{ffd} i_{fd}
\end{aligned}\right\} \quad (2.24)$$

より

$$e_q = \psi_d = X_{ad} i_{fd} = \frac{X_{ad} \psi_{fd}}{X_{ffd}} \quad (2.25)$$

が得られる。

$$e_{fd} = s\psi_{fd} + r_{fd} i_{fd} = s\psi_{fd} + \frac{r_{fd} \psi_{fd}}{X_{ffd}} \quad (2.26)$$

より

$$\psi_{fd} = \frac{X_{ffd} e_{fd}}{X_{ffd} s + r_{fd}} \quad (2.27)$$

が得られる。

式 (2.27) を式 (2.25) に代入する。

$$e_q = \frac{X_{ad}e_{fd}}{X_{ffd}s + r_{fd}} = \frac{\frac{X_{ad}}{r_{fd}} e_{fd}}{\frac{X_{ffd}}{r_{fd}} s + 1.0} \tag{2.28}$$

また

$$E_{fd} = \frac{X_{ad}}{r_{fd}} e_{fd}, \quad T_{d0}' = \frac{X_{ffd}}{r_{fd}}$$

である。

q 軸分磁束による電圧式を下記に示す。

$$e_d = -\psi_q$$

$$\psi_q = 0$$

であるので

$$e_d = \psi_q = 0 \tag{2.29}$$

を得る。よって，発電機が無負荷時は q 軸分磁束による電圧は発生しない。界磁電圧から発電機電圧までの伝達関数は，単位法を使って

$$\frac{e_t(s)}{E_{fd}(s)} = \frac{1.0}{1 + T_{d0}'s} \tag{2.30}$$

と表される。

〔3〕 **発電機単独負荷時のブロック図**

工場の発電設備や非常用電源設備のように，発電機が電力系統と接続せず，特定の負荷へ送電している系統を**図2.29**に示す。このような場合，発電機電圧が変化すれば，それに応じて負荷電流が変化するので，電機子反作用により磁束の変化は界磁電流の変化に比例しない。したがって，界磁電圧 E_{fd} から発電機電圧 e_t に至る等価的な伝達関数は，発電機が無負荷時の伝達関数と異

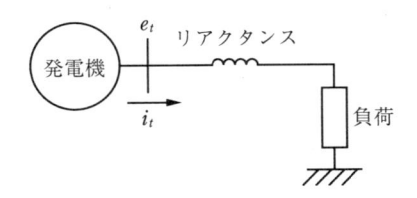

図2.29 発電機単独負荷

なる。

解析に便利で実用的な発電機モデルは，発電機が無負荷時と同様に制動巻線効果を無視し，発電機の伝達関数を求める。

発電機が無負荷時の伝達関数と同様に，電機子抵抗 $\gamma=0$（リアクタンスに比較して無視できる）とし，発電機回転速度は定格，すなわち $s\theta=1$ とし，変圧器作用による電機子誘起電圧 $s\psi_d$, $s\psi_q=0$ と仮定し上式を e_d, e_q について解くと次のようになる。

$$\left. \begin{array}{l} e_d = s\psi_d - ri_d - \psi_q s\theta = -\psi_q \\ e_q = s\psi_q - ri_q + \psi_d s\theta = \psi_d \\ e_{fd} = s\psi_{fd} + r_{fd} i_{fd} \end{array} \right\} \quad (2.31)$$

また直軸，横軸および励磁の各磁束鎖交に関しては

$$\left. \begin{array}{l} \psi_d = -X_d i_d + X_{ad} i_{fd} \\ \psi_q = -X_q i_q \\ \psi_{fd} = -X_{ad} i_d + X_{ffd} i_{fd} \end{array} \right\} \quad (2.32)$$

となる。

$$\left. \begin{array}{l} e_q = \psi_d = \dfrac{1}{1+T_{d0}'s} E_{fd} - \dfrac{X_d + X_d' T_{d0}'s}{1+T_{d0}'s} i_d \\ e_d = -\psi_q = -X_q i_q \end{array} \right\} \quad (2.33)$$

発電機の端子電圧を e_t，電機子電流を i_t，発電機より変圧器を含むリアクタンスと負荷を見たインピーダンスを Z とすれば

$$e_t = e_d + je_q$$
$$i_t = i_d + ji_q$$
$$Z = R + jX \text{ として}$$
$$e_t = Zi_t = e_d + je_q = (R+jX)(i_d + ji_q) \quad (2.34)$$
$$e_t = \sqrt{e_d^2 + e_q^2} \quad (2.35)$$

となる。式 (2.33), (2.34), (2.35) より

$$e_t = \frac{K_z}{1+T_{dz}'s}E_{fd}$$

$$K_z = \frac{\sqrt{R^2+X^2}\sqrt{R^2+(X+X_q)^2}}{R^2+(X+X_d)(X+X_q)}$$

$$T_{dz}' = \frac{R^2+(X+X_d')(X+X_q')}{R^2+(X+X_d)(X+X_q)}T_{d0}'$$

(2.36)

また，d，q 軸電圧，電流および発電機の出力電力，無効電力は

$$e_d = \frac{(R^2+X^2+XX_q)e_t}{\sqrt{R^2+X^2}\sqrt{R^2+(X+X_q)^2}}$$

$$e_q = \frac{RX_q e_t}{\sqrt{R^2+X^2}\sqrt{R^2+(X+X_q)^2}}$$

$$i_d = \frac{Re_d}{R^2+X^2} + \frac{Xe_q}{R^2+X^2}$$

$$i_q = \frac{Re_q}{R^2+X^2} + \frac{Xe_d}{R^2+X^2}$$

$$P = e_d i_d + e_q i_q$$

$$Q = e_q i_d - e_d i_q$$

(2.37)

として求められる。

〔4〕 **一機対無限大母線系統時のブロック図**

発電機の動態安定度解析は励磁システムを含む発電機が通常運転中の安定限界を求めるために行われ，主として励磁システムの性能を評価することが目的であるので最も簡単な系統構成として一機対無限大母線系統を使用することが多い。一機対無限大母線系統を図 2.30 に示す。

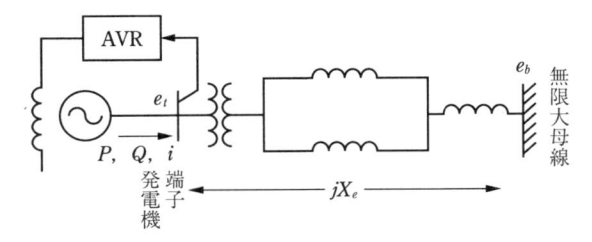

図 2.30 外部リアクタンスに接続された一機対無限大母線系統

2. 発電機の励磁制御

図2.30に示すような系統構成では**図2.31**のベクトル図により発電機の運転点 P, Q, e_t および発電機のインピーダンス（X_d, X_q）および系統インピーダンス X_e が与えられると下記の $K_1 \sim K_6$ までの係数が計算される。

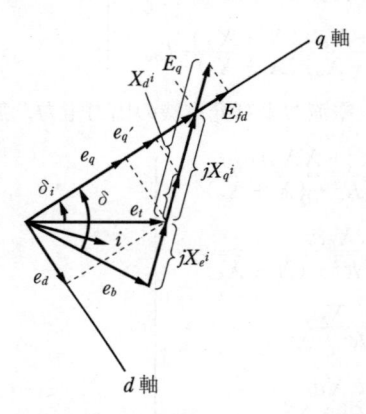

図2.31 発電機のベクトル図

$$\left. \begin{aligned} I_P &= \frac{P}{e_t} \\ I_Q &= \frac{Q}{e_t} \end{aligned} \right\} \tag{2.38}$$

$$\left. \begin{aligned} E_q &= \sqrt{(e_t + X_q I_Q)^2 + (X_q I_P)^2} \\ e_t &= e_d + j e_q \\ i_t &= i_d + j i_q \end{aligned} \right\} \tag{2.39}$$

$$\left. \begin{aligned} i_d &= \frac{e_t I_Q + X_q (I_P{}^2 + I_Q{}^2)}{E_q} \\ i_q &= \frac{e_t I_P}{E_q} \end{aligned} \right\} \tag{2.40}$$

$$\cos \delta_i = \frac{e_t + X_q I_Q}{E_q}$$

$$\sin \delta_i = \frac{X_q I_P}{E_q} \quad \text{より}$$

$$\delta_i = \tan^{-1} \frac{X_q I_P}{e_t + X_q I_Q} \tag{2.41}$$

2.5 電力系統の安定度と励磁制御

$$e_d = \frac{X_q I_P e_t}{E_q} \tag{2.42}$$

$$e_q = \frac{e_t(e_t + X_q I_Q)}{E_q} \tag{2.43}$$

$$e_b = \sqrt{(e_t - X_e I_Q)^2 + (X_e I_P)^2} \tag{2.44}$$

$$E_{fd} = E_q + (X_d - X_q) i_d \tag{2.45}$$

$$\delta = \tan^{-1} \frac{(X_e + X_q) i_q}{E_q - (X_e + X_q) i_d} \tag{2.46}$$

ここで，P は有効電力，Q は無効電力，e_t は端子電圧，I_P は有効電流，I_Q は無効電流，i_d は d 軸電流，i_q は q 軸電流，δ_t は内部相差角（d 軸と端子電圧の角度），e_d は d 軸電圧，e_q は q 軸電圧，e_b は無限大母線電圧，E_{fd} は界磁電圧，δ は相差角（d 軸と無限大母線電圧間の角度），E_q は X_q 背後電圧である。

これらの初期値を使って定数 $K_1 \sim K_6$ を計算することができる。なお，パークの式から定数 $K_1 \sim K_6$ を導出する詳細な式については，付録の付 1 に添付してあるので，参照願いたい。

$$\left. \begin{aligned}
K_1 &= \frac{X_q - X_d'}{X_e + X_d'} i_q e_b \sin\delta + \frac{E_q e_b}{X_e + X_q} \cos\delta \\
K_2 &= \frac{e_b}{X_e + X_d'} \sin\delta \\
K_3 &= \frac{X_e + X_d'}{X_e + X_d} \\
K_4 &= \frac{X_d - X_d'}{X_e + X_d'} e_b \sin\delta \\
K_5 &= \frac{X_q e_d e_b}{e_t(X_e + X_q)} \cos\delta - \frac{X_d' e_q e_b}{e_t(X_e + X_d')} \sin\delta \\
K_6 &= \frac{X_e e_q}{e_t(X_e + X_d')}
\end{aligned} \right\} \tag{2.47}$$

定数 $K_1 \sim K_6$ の意味を示す。

$K_1 = \dfrac{\Delta T_e}{\Delta \delta}$（$E_q'$ 一定）であり，d 軸鎖交磁束を一定に保ったときの回転子（回転子）角変化に対する電気トルクの変化の割合である。

$K_2 = \dfrac{\Delta T_e}{\Delta E_q'}$（$\delta$ 一定）であり，回転子角を一定に保ったときの d 軸鎖交磁束

に対する電気トルク変化の割合である。

$K_3 = \dfrac{X_d' + X_e}{X_d + X_e}$ であり，発電機内部電圧から無限大母線までの外部リアクタンスが純リアクタンスの場合の発電機界磁電圧と発電機 q 軸過渡電圧（e_q'）の関係を示す。発電機が系統に接続していない場合は，外部リアクタンス X_e は，無限大となるので $K_3 = 1$ となる。

$K_4 = \dfrac{1}{K_3} \dfrac{\Delta E_q'}{\Delta \delta}$ であり，回転子角変化による減磁効果（armature reaction, 電機子反作用）

$K_5 = \dfrac{\Delta e_t}{\Delta \delta}$ であり，E_q' を一定に保ったときの回転子角変化に対する発電機電圧の割合である。

$K_6 = \dfrac{\Delta e_t}{\Delta E_q'}$ であり，回転子角を一定に保ったときの E_q' 変化に対する発電機電圧の割合である。

回転子の運動方程式は，回転子の慣性定数を M，制動トルク係数を D とすれば，通常表現される回転体の2次式と同じである。発電機端子電圧の変化 Δe_t は，相差角と d 軸の鎖交磁束変化 $\Delta e_q'$ により決まり，d 軸の鎖交磁束変化 $\Delta e_q'$ は，界磁電圧 ΔE_{fd} と電機子反作用により決まる。

また，発電機の電気トルク（有効電力に相当）ΔT_e は，相差角変化 $\Delta \delta$ と d 軸の鎖交磁束変化 $\Delta e_q'$ により決まり，界磁電圧 ΔE_{fd} は，発電機電圧基準 Δe_{tref} と発電機電圧 Δe_t の偏差を AVR の伝達関数 $G(s)$ を掛けた結果で決まる。

$$\left. \begin{aligned}
&\dfrac{M}{\omega_0} s^2 \Delta \delta + \dfrac{D}{\omega_0} s \Delta \delta = \Delta T_m - \Delta T_0 \\
&\Delta e_t = K_5 \Delta \delta + K_6 \Delta e_q' \\
&\Delta e_q' = \dfrac{K_3}{1 + K_3 T_{d0}' s} \Delta E_{fd} - \dfrac{K_3 K_4}{1 + K_3 T_{d0}' s} \Delta \delta \\
&\Delta T_e = K_1 \Delta \delta + K_2 \Delta e_q' \\
&\Delta E_{fd} = (\Delta e_{tref} - \Delta e_t) G(s) \\
&\omega_0 = 2\pi f_0 \ (f_0 \text{ は } 50 \text{ Hz か } 60 \text{ Hz}) \\
&\text{蓄積エネルギー定数 } H = \dfrac{2.74 GD^2 [\text{ton} \cdot \text{m}^2] N^2 [\text{rpm}]}{MW} 10^{-6}
\end{aligned} \right\} \quad (2.48)$$

$M = 2H$ であり，M は水力機で 4〜8 秒，火力・原子力機で 5〜10 秒程度。

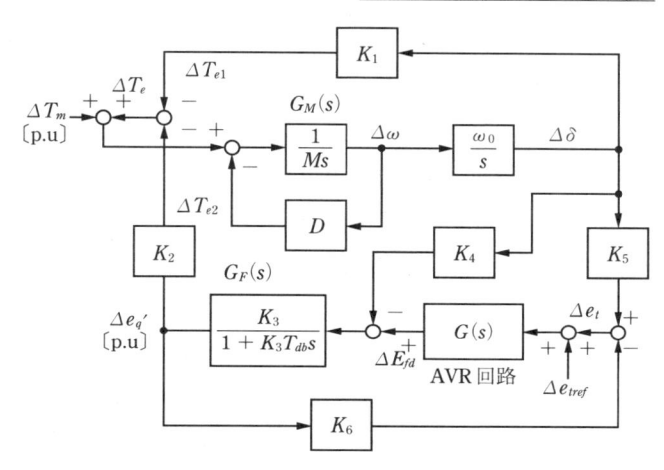

図2.32　一機対無限大母線系統ブロック図

上式をまとめたブロック図を図2.32に示す。水車やタービンから与えられる機械的なトルク T_m による回転エネルギーが，発電機により電気エネルギーに変換される。発電機が，系統と同期して運転していれば，回転速度は定格回転速度に維持される。発電機の有効電力を変化させるために，機械トルクが変化すると回転子は加速され，発電機が同期を維持する範囲で，回転速度が上昇する。その結果，相差角 $\Delta\delta$ が増加し，相差角の変化に対応してすぐに変化する ΔT_{e1} と相差角の増加が，電機子反作用効果 K_4 を通して減磁方向に影響する成分と端子電圧の変動を引き起こすこと（K_5 が正ならば，減少）によるAVR動作の和による d 軸の鎖交磁束変化 $\Delta e_q'$ の変化に比例する ΔP_{e2} により，電気トルク（$\Delta T_e = \Delta T_{e1} + \Delta T_{e2}$）が変化する。なお，機械トルク減少の場合は，上記の逆方向の事象となる。図2.32を使用して線形条件で発電機の運転状態を仮定した場合の安定度計算を行うことができる。

2.6　電力系統安定度

発電機が，系統に並列して電力を送電している場合に系統に発生する負荷変動，送電線開放，地絡等の事故や運転中の発電機の出力変動等により，有効電

力の動揺が発生する。この有効電力動揺が減衰すれば，安定度が維持できることになる。また，減衰する時間が早いほど，安定度が良いことを表す。この安定度は

① 定態安定度（steady state stability）
② 動態安定度（dynamic stability）
③ 過渡安定度（transient stability）

に分類される。

定態安定度は，ガバナ（調速機）や AVR が除外されて，タービンや水車がロードリミット（加減弁，ガイドベーンの一定開度）運転，発電機の界磁電圧一定運転中に，発電機が安定に運転できる限界を定態安定度という。

動態安定度は，ガバナや AVR を使用した運転状態で，発電機が安定に運転できる限界を動態安定度という。ガバナは，AVR に対して動態安定度への影響が小さいため，動態安定度の検討にはガバナ特性を無視することが多い。これらの安定度は，AVR が最大出力値であるリミッタに到達しない線形の範囲で動作するような小外乱が対象である。過渡安定度は，送電系統に発生する大きな擾乱に起因する電力動揺に対する安定である。代表的な過渡安定度として発電機出力近傍の至近端3相地絡事故やそれ以上の系統事故，大容量電源脱落，重潮流（大電力送電）連係線の3相地絡事故等の現象がある。

例えば，上記の過渡安定度が問題となる現象が発生した場合，定態安定度や動態安定度と過渡安定度を明確に区別する事は困難であるが，発電機の相差角動揺の第1波が安定となり，発電機の界磁電圧の最大値が出力の制限値以下となる数秒程度が過渡安定度，それ以後の安定度が定態安定度か動態安定度といえる。

2.6.1 定態安定度

定態安定度は，AVR や GOV 等の制御装置を使用せずに界磁電圧制御を行い，水車やタービンへの入力を手動操作して，発電機の有効電力 P，無効電力 Q，端子電圧 e_t が変化した場合に発電機が系統と安定に運転できる限界である。

$$P = 実部(e_t \times i_t^*) = e_d i_d + e_q i_q$$

$$= \frac{X_q \sin\delta}{X_q + X_e} \cdot \frac{E_{fd}e_b - e_b^2 \cos\delta}{X_d + X_e} + \frac{X_e E_{fd} + X_d e_b \cos\delta}{X_d + X_e} \cdot \frac{e_b \sin\delta}{X_q + X_e} \tag{2.49}$$

より

$$P = \frac{E_{fd}e_b}{X_d + X_e} \sin\delta + \frac{(X_d - X_q)e_b^2}{2(X_d + X_e)(X_q + X_e)} \sin 2\delta \tag{2.50}$$

同様に,無効電力 Q は

$$Q = 虚部(e_t \times i_t^*) = e_q i_d - e_d i_q$$

$$= \frac{X_e E_{fd}^2}{(X_d + X_e)^2} + \frac{X_d - X_e}{(X_d + X_e)^2} E_{fd} e_b \cos\delta$$

$$- \frac{X_d e_b^2 \cos^2\delta}{(X_d + X_e)^2} - \frac{X_q e_b^2}{(X_q + X_e)^2} \sin^2\delta \tag{2.51}$$

になる。界磁電圧 E_{fd} 一定時の発電機有効電力 P は,前記の式 (2.50) で与えられるので,まず,簡単な非突極機(火力,原子力発電機)について定態安定度の式を計算する。非突極機では,$X_d = X_q$ であるので,式 (2.50) の第2項は 0 になる。

$$P = \frac{E_{fd}e_b}{X_d + X_e} \sin\delta \tag{2.52}$$

になる。E_{fd},e_b,X_d,X_e を一定とすると相差角 δ の sin に比例した有効電力で運転されることがわかる。今,タービンの入力をゆっくりと増加させた場合を考える。発電機の軸(回転子)は加速されるので,相差角 δ が大きくなり(開き),それに従い式 (2.52) に示すように発電機出力 P が増加して,タービン入力と平衡した状態となり安定する。相差角 δ が 90°の時に,発電機出力 P の最大値である。相差角 δ が,90°を超えた場合には,タービンの出力がわずかに増加しても発電機が加速されるので,相差角 δ が増加するが,発電機出力 P は減少していくためますます発電機軸は加速されることになる。安定に同期速度に止まることができなくなる現象を脱調(step out)という。脱調を起こさない条件は,$dP/d\delta > 0$ である。よって,$dP/d\delta = 0$ の軌跡が定

態安定限界である。突極機も含めた定態安定限界は，式 (2.50) より

$$\frac{dP}{d\delta} = \frac{e_b}{X_d + X_e}\left(E_{fd}\cos\delta + \frac{X_d - X_q}{X_q + X_e}e_b\cos 2\delta\right) = 0 \tag{2.53}$$

となる。式 (2.50)，(2.51)，(2.53) から式 (2.54) が得られる。

$$\left(\frac{PX_q}{e_t^2}\right)^2 + \left(\frac{QX_q}{e_t^2} - \frac{1-(X_e/X_q)}{2(X_e/X_q)}\right)^2$$

$$+ \frac{\left(\frac{X_d}{X_q}-1\right)\left(1+\frac{X_e}{X_q}\right)^2\left(\frac{PX_q}{e_t^2}\right)^2}{\left\{\left(1+\frac{QX_q}{e_t^2}\right)^2+\left(\frac{PX_q}{e_t^2}\right)^2\right\}\left\{\frac{X_e}{X_q}\left(\frac{X_e}{X_q}+\frac{X_d}{X_q}\right)\right\}} = \left(\frac{1+(X_e/X_q)}{2(X_e/X_q)}\right)^2$$

(2.54)

この式が定態安定限界を与える一般式である。

非突極機の場合は，$X_d = X_q$ を代入して整理すると

$$\left(\frac{P}{e_t^2}\right)^2 + \left\{\frac{Q}{e_t^2} - \frac{1}{2}\left(\frac{1}{X_e} - \frac{1}{X_d}\right)\right\}^2 = \left\{\frac{1}{2}\left(\frac{1}{X_e} + \frac{1}{X_d}\right)\right\}^2 \tag{2.55}$$

この関係は，$P/e_t^2 - Q/e_t^2$ 平面上で，中心が $(0, (1/X_e - 1/X_d)/2)$ で，半径が $(1/X_e + 1/X_d)/2$ の円になる。

また，突極機の場合は，$P=0$ を代入して，Q/e_t^2 の値を調べると，点 $(0, -1/X_q)$ と点 $(0, 1/X_e)$ を通る。また，中心を $(0, (-1/X_q + 1/X_e))$ とし，点 $(0, 1/X_e)$ を通る円周に漸近する曲線となっている。**図 2.33** に定態

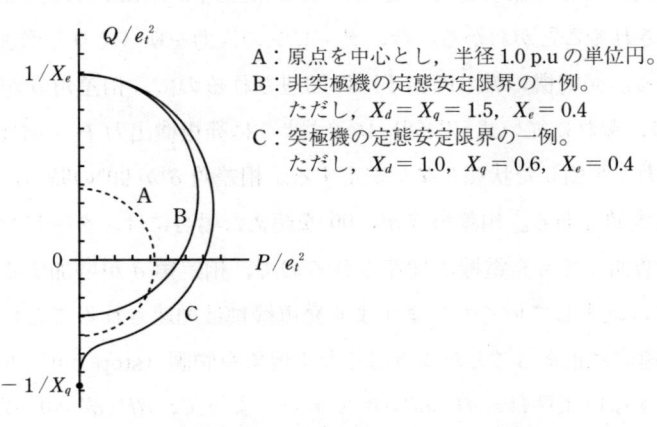

A：原点を中心とし，半径 1.0 p.u の単位円。
B：非突極機の定態安定限界の一例。
　　ただし，$X_d = X_q = 1.5$, $X_e = 0.4$
C：突極機の定態安定限界の一例。
　　ただし，$X_d = 1.0$, $X_q = 0.6$, $X_e = 0.4$

図 2.33　定態安定限界の計算例

2.6 電力系統安定度　　171

安定限界の計算例を示す。

定態安定度限界を超えた場合は，図2.34（a）に示したように同期化力が失われるために操作角は振動せずに発電機は脱調（同期運転をできずに，通常は保護リレーにより発電機は停止する）する。実際には，相差角を検出できないので，脱調が発生すると式（2.50）の相差角 δ を 0 から 2π まで変化させるとわかるように発電機の有効電力が振動する。

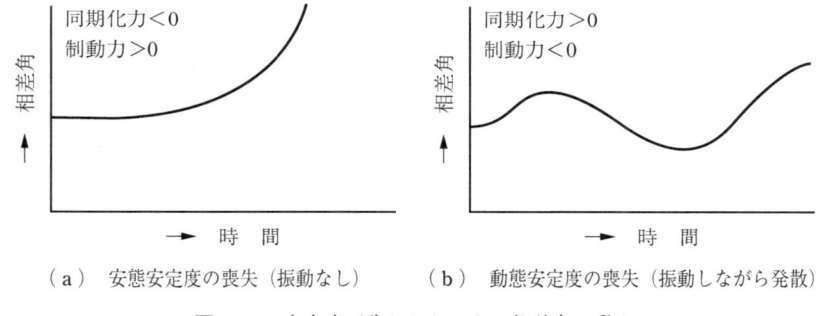

（a）　安態安定度の喪失（振動なし）　　（b）　動態安定度の喪失（振動しながら発散）

図 2.34　安定度が失われたときの相差角の動き

2.6.2　動態安定度

同期機が自動電圧調整器（AVR）を通して励磁制御されている時に，定常的に安定に送電しうる電力系統の能力のことで，その状態で送電可能な最大電力のことを動態安定限界という。簡単のために，原子力用発電機や火力用発電機に適用される非突極機（火力・原子力用タービン発電機）を例に取り説明する。

もし，理想的な AVR が存在したとした場合に（実際には発電機の界磁電圧と電流の制限により実現はできない），発電機の有効電力，無効電力がいくら変動しても，発電機の端子電圧は，常に一定に保持されることになる。そのため，発電機内部の同期リアクタンス X_d は 0 となるので，その安定限界は式（2.52）で $X_d=0$ と置き，界磁電圧の代わりに端子電圧 e_t とし，図 2.31 に示した発電機ベクトル図の端子電圧 e_t と無限大母線電圧 e_b 間の角度 δ_{tb}（$\delta_{tb}=\delta-\delta_t$）により

2. 発電機の励磁制御

$$P = \frac{e_t e_b}{X_e} \sin \delta_{tb} \tag{2.56}$$

$\delta_{tb} = 90$ 度のときに P が最大であるので

$$P = \frac{e_t e_b}{X_e} \tag{2.57}$$

となる。ここで，図 2.31 を参照して

① δ は，相差角 (angle) と呼び，発電機の d 軸と無限大母線電圧間の位相角
② δ_i は，内部相差角 (intenal angle) と呼び，発電機の d 軸と発電機端子電圧間の位相角
③ δ_{tb} は，発電機端子電圧と無限大母線電圧間の位相角

を示す。この場合に，$\delta_{tb} = 90°$ であるので，式 (2.45) に示した δ は 90°以上である。したがって，AVR が発電機電圧を制御しているので，$\delta_{tb} = 90°$ は励磁制御による安定度向上の限界を示している。

AVR を使用した動態安定度は，定態安定度よりは向上することが期待できる。しかし，AVR の応答速度を速くしていくと逆に定態安定度が悪くなる現象も起きる。これらの不安定現象は同期外れという形でまず現れるのではなく，いわゆる負制動という現象で，制動力（ダンピング）が失なわれ，図 2.34（b）に示すように励磁制御系と系統との全ループで決まるある振動周波数で振動しながら発散していく。

動態安定度限界を計算するときに使用されるブロック図が，図 2.32 である。電力動揺の振動周波数 ω_n は図 2.32 を等価的にある任意の周波数に対して**図 2.35** のように書くことにより次のように求まる。

上記の他に，図 2.32 では K_4 という電機子反作用があり，この電機子反作用効果によって失われる同期化力がある。同様に，電機子反作用効果によって失しなわれる制動力がある。しかし，この値は，小さいので無視することができる。

図 2.32 から発電機と AVR 効果を除外して，タービン（水車）と発電機の

2.6 電力系統安定度

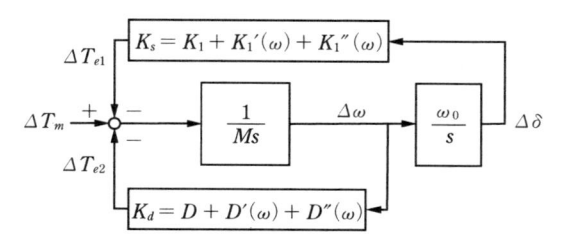

$K_s = K_1 + K_1'(\omega) + K_1''(\omega) = (\Delta T_{e1}/\Delta \delta)\ e_q = $ 一定
K_s：総合同期化係数
K_1：固有の同期化力係数
$K_1'(\omega)$：励磁制御効果によって付け加わる同期化力。
　　　　外部リアクタンス X_0 が大きく，電力が大きいときには正の値となる。
$K_1''(\omega)$：PSS により発生した同期化力，負にならないように PSS を設計する。
$K_d = D + D'(\omega) + D''(\omega) = (\Delta T_{e2}/\Delta \omega)e_q = $ 一定
D：固有の制動係数
$D'(\omega)$：励磁制御効果によって付け加わる制動トルク係数，図 2.29 の K_5 が負となれば，AVR によるこの制動トルク係数も負になるので，電力動揺の減衰を悪化させる。速応度が速いほど，この傾向がある。
$D''(\omega)$：PSS により発生する制動トルク係数，積極的に大きな正の値となるようにする。

図 2.35 振動周波数 ω をもつ場合の等価回路

軸系に関する式を導く。そのため，$\Delta e_q'=0$ としたとき，二次系の振動は，次の式の根となる。

$$\left.\begin{aligned}
K_1'(\omega) &= 0 \\
K_1''(\omega) &= 0 \\
K_s &= K_1 + K_1'(\omega) + K_1''(\omega) = K_1 \\
D'(\omega) &= 0 \\
D''(\omega) &= 0 \\
K_d &= D + D'(\omega) + D''(\omega) = D \\
s^2 &+ \frac{D}{M}s + \frac{\omega_0 K_1}{M} = 0
\end{aligned}\right\} \quad (2.58)$$

これを書き換えて

$$s^2 + 2\omega_n \zeta s + \omega_n^2 \tag{2.59}$$

とすると

$$\left.\begin{array}{l}\omega_n=\sqrt{\dfrac{\omega_0 K_1}{M}} \\ \zeta=\dfrac{D}{2\sqrt{\omega_0 K_1 M}}\end{array}\right\} \qquad (2.60)$$

ω_n は自然振動（動揺）角周波数（単位はラジアンであり，$1/2\pi$ で周波数）であり，ζ は減衰係数である。

発電機と AVR 効果を考慮したときは，K_1 の代わりに

$$K_s = K_1 + K_1'(\omega) + K_1''(\omega) \qquad (2.61)$$

D の代わりに

$$K_d = D + D'(\omega) + D''(\omega) \qquad (2.62)$$

となる。式 (2.60) から，制動トルク係数 D または総合の K_d が大きいほど，ζ が大となり動揺の減衰が早くなるので，安定度が良くなる。また，同期化トルク係数 K_1 または K_s が大きいほど電力動揺周波数 ω_n も大きくなるので，動揺周期が短く（動揺周波数が大）なる。すなわち，K_s が大きいと後述する過渡安定度が向上し，K_d が大きいと動態安定度が向上する。

図 2.36 を使用して動態安定度を計算した例を示す。ある運転点につき上記の $K_1 \sim K_6$ を求め，ブロック図に示された制御ループの安定性を調査することで，その運転点が安定であるか否かの判定ができる。$G_{AVR}(s)$ は AVR の伝達関数，$W_p(s)$ は ΔP 方式の PSS の伝達関数，$W_\omega(s)$ は後述する ΔP 方式

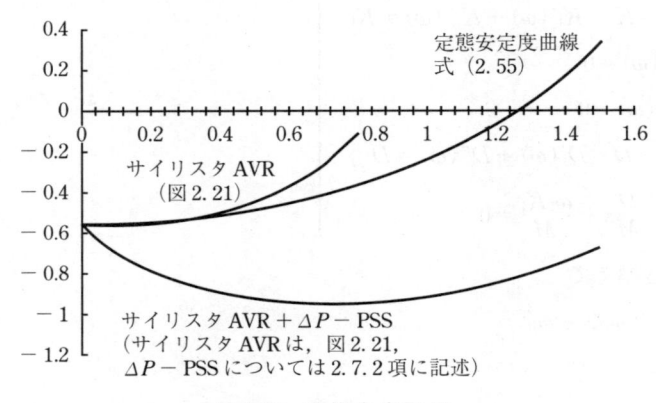

図 2.36 動態安定限界

の PSS の伝達関数である。発電機が，安定に運転できる範囲は，曲線の内側である。図 2.32 から，発電機が安定に運転できる安定度限界の広い順は

$$\text{サイリスタ AVR}+\mathit{\Delta}P\text{-PSS} > \text{定態安定度曲線} > \text{サイリスタ AVR}$$

であることがわかる。一般に AVR を使用すると界磁電圧を制御する手動運転である定態安定度よりも安定運転範囲が拡大されるといわれているが，安定度が厳しい条件では式 (2.47) に示した K_5 が負となる。そのためにサイリスタ AVR を使用すると負制動効果を助長することになり上記のようにサイリスタ AVR を使用すると安定度限界が狭くなる。

2.6.3 過渡安定度

同期機がある一定の電力を定常的に送電しているときに，外部からある大きさの電気的擾乱を受けて過渡的な動揺を受けた後も，新たに安定な定常状態に戻ることができる同期機の能力のことをいう。そのときの初期の最大送電可能な電力を過渡安定限界という。

代表的な過渡安定度問題として，**図 2.37** に示す 2 回線送電線の 1 回線に落雷等の事故が発生し，3 相回路が地絡後に遮断された例により，過渡安定度を説明する。

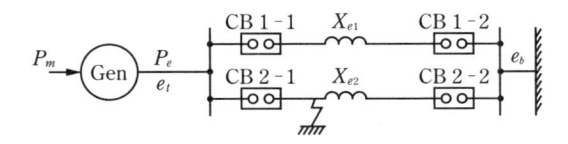

図 2.37 2 回線送電系統モデル

図 2.37 に示す 2 回線で送電中，A 点で 3 相地絡が発生した場合を考える。系統保護リレーにより極短時間（3 サイクルから 5 サイクルであり，50 Hz 系では，60 ms（0.06 秒）程度）で，遮断器 CB 2-1 および CB 2-2 が遮断する。遮断された遮断器は，時間をおいて再度投入される（これを再閉路という）。このような事故遮断，再閉路の時の発電機出力 P は，**図 2.38** に示すように変化する。同図において，イは 2 回線健全時の相差角 δ と発電機出力 P の関係

2. 発電機の励磁制御

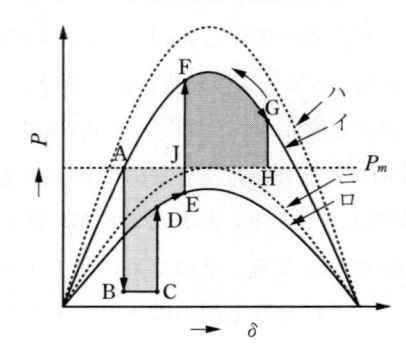

図2.38 $P-\delta$ 曲線（系統事故時の P（有効電力），δ（相差角）の軌跡）

を示す曲線（ただし，界磁磁束一定）で，ロは，1回線が遮断されたときの相差角 δ と発電機出力 P の関係を示す曲線（ただし，界磁磁束一定）である。

① 事故前には，原動機からの機械入力 P_m と発電機出力 P_e とが平衡する点 A にて運転されている。

② 短絡事故が発生すると発電機の出力 P_e は，短絡回路（発電機，変圧器および発電機から事故点までの送電線）の抵抗分で消費される電力のみとなり，P_e は大幅に低下して，運転点は瞬時に点 B に移る。原動機入力 P_m（特殊な制御を行ってない限り不変）＞発電機出力 P_e となり，発電機は加速する。

③ 時間と共に相差角 δ が開いて行き，運転点は点 B から点 C に移動する。

④ 事故が遮断されると1回線送電となるので，運転点は，曲線ロの上の点 D に移る。1回送電になってもまだ $P_m > P_e$ であり，発電機は加速を続け曲線ロの上を点 E に向かって移動する。

⑤ 再閉路が行われると2回線送電に戻った点を E とする。運転点は，曲線イの上の点 F に移る。

⑥ ここで，$P_m < P_e$ となり発電機は減速を始めるが，この時点までに発電機が加速されているので，δ は減少しない。加速に使用されたエネルギー（面積 ABCDEJ）と同じ減速エネルギー（面積 JFGH）が平衡した点 G で加速が止まる。点 G に達した後，δ の減少が始まる。

⑦ この様な点Gが存在しない場合には，加速した発電機を**減速**することができず加速した状態で脱調する。

　過渡安定度の向上は，「送電線のリアクタンスを小さくするために，送電線の回線数を増やすか中間開閉所を設け，遮断時の送電線インピーダンスの増加を少なくし，事故の検出と事故点遮断を高速化する等」の送電線側での対策の他に，発電所側でも種々の向上策が実施されている。図2.38では，界磁磁束一定として図示しているが，励磁を20％強めた場合の曲線イ，ロに相当するP-δ曲線は点線で示した曲線ハ，ニのようになる。高速応励磁装置により，事故後急速に励磁を強めることにより，曲線イ，ロを曲線ハ，ニのように変化できれば，減速力を増加でき，最大δを抑制でき過渡安定度の向上ができる。ただし，界磁回路には，大きな時定数が存在するので，界磁磁束を瞬時に増加することはできないが，サイリスタのシーリング電圧を増加させると励磁強め効果が大きくなるので過渡安定度が向上する。発電機に使用されるシーリング電圧は4〜5 p.uが通常の設計値であるが，超即応励磁といわれる7.5 p.uかそれ以上であればさらに過渡安定度向上効果が大きい。過渡安定度向上対策としては低コストで，効果を挙げることができる。

2.6.4　励磁制御による安定度向上

　AVRは，発電機電圧制御（系統並列中は主として無効電力制御）を行う目的で設置されるが，系統規模が拡大し，大容量発電機が負荷中心（電力消費地）より遠隔地に建設されると，送電線に発生する事故や負荷変動等に起因する電力動揺の減衰が悪くなる。そのために，経済性が高く，効果が大きな励磁制御による安定度向上が図られてきた。図2.32のK_1〜K_6は，発電機の運転状態（有効電力P，無効電力Q出力），発電機定数，系統インピーダンスや無限大母線電圧により変化する。どのように変化するかの例を**図2.39**（a），（b），（c）に示す。

　図2.32からAVRへ影響を与えるパラメータはK_5であり，系統インピーダンスが大きいほど，発電機の出力Pが大きいほど，力率が進む（弱め励磁）

178　　2. 発電機の励磁制御

(a) 系統インピーダンスパラメータ

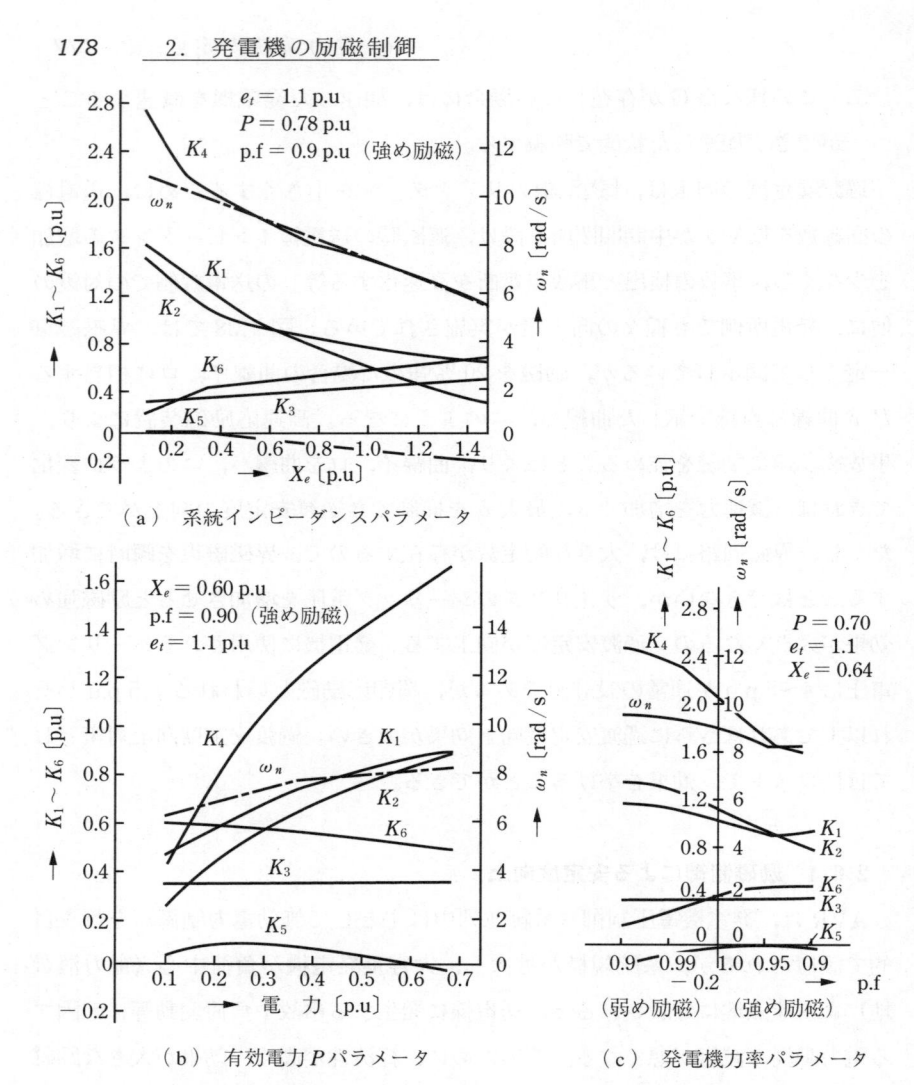

(b) 有効電力 P パラメータ

(c) 発電機力率パラメータ

図 2.39 発電機出力, 系統インピーダンスパラメータ時の $K_1 \sim K_6$ の変化

ほど負の値が大きくなる。

K_5 は, 図 2.32 より発電機電圧に対して

$$\Delta e_t = K_5 \Delta \delta + K_6 \Delta e_q' \tag{2.63}$$

である。この K_5 が負になると AVR により, AVR による制動トルクである

式 (2.62) の $D'(\omega)$ が負になるので,もし系統安定化装置による制動トルク $D''(\omega)$ がなければ式 (2.62) 左辺に示した総合の制動トルク K_d が負になる。そのために,電力動揺が拡大していき不安定となる。

図 2.35 より,同期化トルク係数 K_s,制動トルク係数 K_d は

$$
\left.\begin{array}{ll}
\text{同期化トルク係数} & K_s = \dfrac{\varDelta T}{\varDelta \delta} \\
\text{制動トルク係数} & K_d = \dfrac{\varDelta T}{\varDelta \omega}
\end{array}\right\} \quad (2.64)
$$

となる。K_5 が負となるために,AVR による制動トルク係数が負となることが安定度を悪化させているので,式 (2.64) より $\varDelta \omega$ 信号または,等価的に $\varDelta \omega$ 信号と同様な $\varDelta P$ 信号(後述)から AVR に制御信号を入力すれば制動トルクを増加させて安定度を向上させることができる。この装置が系統安定化装置 (PSS, power system stabilizer) と呼ばれる。

2.7 系統安定化装置

遠隔地に立地する発電所では,発電機から負荷までの系統インピーダンス X_e が大きくなり,図 2.39 に示したように K_5 が負になるので安定度が悪化する。式 (2.62) に示したように,動態安定度を向上するために,PSS を導入して制動トルクを大きくさせることが有効である。

PSS を設計する手法として
① ボード線図
② 最適制御理論の適用(リカッチ方程式)
③ H^∞ 理論
④ ファジィ理論の適用

が提案されており,①および②を適用した PSS がすでに適用されている。

前述したように,発電機の励磁システムには主として励磁機方式とサイリスタ励磁方式があり,最近ではほとんどがサイリスタ励磁方式となっているが,

2. 発電機の励磁制御

運転中の発電機の容量で見ると励磁機方式のほうが多い。ボード線図の特徴は，簡単な作図で所望のゲインとフィードバック制御系の安定を決める進み，遅れ，PID，フィードバックに用いられる不完全微分のゲインと時定数を制御系の応答速度，大体のオーバシュート等を勘案しながら設計できることである。また，最近は市売のソフトがあるが，片対数用紙と電卓および三角定規で制御系を設計できるので現場で使用するためには大変便利である。このボード線図は，励磁機方式のように大きな遅れ要素があっても適切な設計が可能である。

リカッチ方程式の場合は，評価関数の設定に個人差が生じ，励磁機方式のように大きな遅れ要素があるとそれを駆動するサイリスタ（図 2.8）は，励磁機の界磁電圧に対して定格が設定されているので，シーリングに達しないように評価関数を設定しながら必要な PSS を設計することは困難である。リカッチ方程式は，サイリスタ励磁方式の PSS 設計に適用している。

最近では，H^∞ 理論を使用して PSS を設計する手法やファジィ理論を PSS に適用する手法が提案されているが，まだ実用化されていないので実用化されたボード線図とリカッチ方程式を適用した PSS の設計手法を示す。

PSS は，発電機の動態安定度を向上するために使用される。現在実用化されている PSS は

① ΔP-PSS

② $\Delta \omega$-PSS

③ $(\Delta P + \Delta \omega)$-PSS

である。

ΔP-PSS は，発電機の有効電力信号の変化分 ΔP を入力信号とした PSS であり，$\Delta \omega$-PSS は，発電機の電圧周波数の変化分 $\Delta \omega$ を入力として使用し，$(\Delta P + \Delta \omega)$-PSS は，$\Delta P$ 信号と $\Delta \omega$ の両方の信号を使用する PSS である。ΔP-PSS は，同一系統の発電機間に発生する約 1 秒（0.8〜1.5 秒周期）程度の電力動揺（発電機モード）からクロスコンパウンド発電機や変圧器のない低圧同期の発電機に発生する 0.5 秒程度の電力動揺（クロス機モード）に効果が

大きい。$\Delta\omega$-PSS は，発電機回転子（ロータ）の回転速度信号を回転子に設置した歯車と非接触型の速度検出器を使用して検出する。$(\Delta P + \Delta\omega)$-PSS は，$\Delta\omega$-PSS が，低周波の電力動揺（長周期の電力動揺）に効果があるので，前述の ΔP-PSS と組み合わせて，長周期からクロス機モードまでの電力動揺を抑制することを狙った PSS である。

2.7.1　ボード線図による PSS 設計

PSS としては，ΔP-PSS が PSS を設置しているほとんどの発電機に適用されているが，長周期動揺が問題となってきた近年では，$(\Delta P + \Delta\omega)$-PSS の適用が拡大されてきている。

$\Delta\omega$-PSS と ΔP-PSS 設計に共通な手順　　PSS は，制動トルク係数を増加させることが目的である。制動トルク係数 K_d は

$$制動トルク係数\ K_d = \frac{\Delta P_e}{\Delta \omega}$$

であるので，発電機の回転速度に比例して発電機の有効電力を同相（位相遅れなしを意味し，発電機の回転速度と発電機の有効電力の位相差が 0 を意味する）に制御すればよい。したがって，PSS 関数 $W(s)$ の設計法は図 2.40 に示すように，$\Delta\omega$ 信号の関与する閉ループ系に着目して，AVR フィードバッ

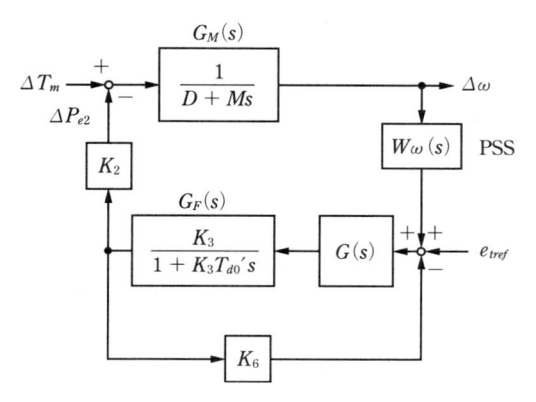

図 2.40　PSS 設計用閉ループ構成図

ク制御系で使用してきた折線近似によるゲインのボード線図から簡便に $W_\omega(s)$ のゲイン，進み-遅れ関数を決めることができる。なお，ΔP-PSS の設計については，p.190 に示すが，ΔP 信号を $\Delta\omega$ 信号へ変換することで $\Delta\omega$ を使用した PSS と同様に設計できる。

PSS の設計は，動態安定度ブロック図である図2.32 を使用して行う。この図中の定数である $K_1 \sim K_6$ を計算するための発電機の運転点や系統インピーダンスの設定は，下記の考えで行うとよい。

① 発電機の定格出力
② 強め励磁運転での極端な過補償を避けるために力率1（無効電力＝0）
③ 発電機が定常運転時の系統インピーダンス X_e（0.3〜0.5 p.u が多い）

その設計手順は次のようになる。

$$G_\omega(s) = G_{ref}(s)\, G_M(s)\, W_\omega(s) \tag{2.65}$$

ただし，$G_{ref}(s)$ は，AVR の電圧基準である e_{tref} から発電機の有効電力 ΔP_{e2} までの伝達関数を示しており，式 (2.66) のように表される。$G_M(s)$ は，発電機とタービン（火力や原子力発電所の場合は蒸気タービンであり，水力発電所では水車）の軸系を示し，$W_\omega(s)$ はこれから設計する PSS の関数である。

$$G_{ref}(s) = \frac{\Delta P_{e2}}{e_{tref}} = \frac{K_2 G_F(s)\, G(s)}{1 + K_6 G_F(s)\, G(s)} \tag{2.66}$$

$$G_M(s) = \frac{1}{D + Ms} \tag{2.67}$$

$\Delta\omega$ から ΔP_{e2} までの伝達関数が $G_{ref}(s)\, W_\omega(s)$ であることから，ω を電力動揺の任意の周波数と考えて，トルク ΔP_{e2} として次のように表される。

$$\Delta P_{e2} = G_{ref}(s)\, W_\omega(s)\, \Delta\omega$$

$s = j\omega$ であるので，上記の式は複素数で表現されるため，実部 Re と虚部 Im に分解できる。

$$\Delta P_{e2} = \mathrm{Re}[G_{ref}(j\omega)\, W_\omega(j\omega) + j\mathrm{Im}[G_{ref}(j\omega)\, W_\omega(j\omega)]]\Delta\omega$$

$$= \mathrm{Re}[G_{ref}(j\omega)\, W_\omega(j\omega)] - \frac{\omega}{\omega_0} \mathrm{Im}[G_{ref}(j\omega)\, W_\omega(j\omega)] \tag{2.68}$$

よって，PSSによる同期化トルク係数 $K_1''(\omega)$ および制動トルク係数 $D''(\omega)$ は，次のように表される。

$$K_1'' = \frac{\omega}{\omega_0} \mathrm{Im}[G_{ref}(j\omega) W_\omega(j\omega)]$$

$$= -\frac{\omega}{\omega_0} |G_{ref}(j\omega) W_\omega(j\omega) \sin\angle(G_{ref}(j\omega) W_\omega(j\omega))| \quad (2.69)$$

$$D'' = \mathrm{Re}[G_{ref}(j\omega) W_\omega(j\omega)]$$

$$= |G_{ref}(j\omega) W_\omega(j\omega)| \cos\angle(G_{ref}(j\omega) W_\omega(j\omega)) \quad (2.70)$$

〔1〕 **励磁機方式の PSS 設計**

PSS の関数を設計するために，$\varDelta\omega$-PSS と $\varDelta P$-PSS に共通な AVR から発電機系までのボード線図について説明する。図 2.32 に示した $K_1 \sim K_6$ の定数を計算するために，対象とする発電機と系統条件を設定する。例として，発電機から仮想的な無限大母線までの主変圧器インピーダンスを含む系統インピーダンス X_e を 0.33 p.u とし，定格電圧，定格出力で力率 1 のときを代表的な運転点とする。

発電機定数

　$X_d = 1.52$ p.u, $X_q = 1.52$ p.u, $X_d' = 0.105$, $T_{d0}' = 5.1$ 秒,

　$M = 7.0$ 秒, $D = 2$ p.u

系統インピーダンス

　$X_e = 0.33$ p.u

発電機出力

　$P = 0.9$ p.u, 無効電力 $Q = 0.0$ p.u

とすれば，$K_1 \sim K_6$ は，式 (2.38)～(2.46) から下記のように計算される。

　$K_1 = 1.60$ p.u, $K_2 = 1.84$ p.u, $K_3 = 0.289$ p.u, $K_4 = 2.42$ p.u,

　$K_5 = 0.0102$ p.u, $K_6 = 0.364$ p.u, $\omega_n = 8.5$ rad/s

ω_n は電力動揺の固有振動周波数を表し，式 (2.60) と同様に次の式から求まるものである。

$$\omega_n = \sqrt{\frac{\omega_0 K_1}{M}} \quad [\mathrm{rad/s}] \quad (2.71)$$

ω_0 は定格角周波数($\omega_0 = 2\pi f_0$ で,$f_0 = 50\,\mathrm{Hz}$ であれば,$\omega_0 = 314$)を表す。

PSS のゲインは,近似的に安定化信号によりすべての制動力が供給されると考えたとき,式(2.60)で $D = K_d$ と置き,ω_n と M で表現した回転体二次振動の減衰係数 $\zeta = K_d/(2M\omega_n)$ が約 0.25 となるような K_d の値に選ぶ。この値は発電機が外乱を受けたとき 4〜5 回の動揺で定常状態,すなわち動揺がほぼ収束する。そのため,$\omega = \omega_n$ で $W_\omega(s)$ が $G_{ref}(s)$ を補償した結果,次の関係を満たすようにする。

$$|G_{ref}(j\omega)\,W_\omega(j\omega)|(\omega=\omega_n) \geq \frac{M\omega_n}{2} \tag{2.72}$$

を満足するように決める。

設計の手順を示す。

(a) AVR 回路 $G(s)$ のボード線図 AVR 回路の伝達関数 $G(s)$ のボード線図を折線近似にて描く。

$G(s)$ は励磁系のブロック図である。

(b) AVR と発電機のボード線図 $G(s)$ に発電機の伝達関数 $G_F(s) = \dfrac{K_3}{1+K_3 T_{d0}'s}$ を掛けた関数 $G(s)$,$G_F(s)$ のボード線図を描く。

関数 $G(s)$,$G_F(s)$ のボード線図を図 2.41 に示す。

(c) AVR 基準 e_{tref} から ΔP_{e2} までのボード線図 この $G_F(s)G(s)$ に K_6 のフィードバックによる閉ループ関数を作り,これに K_2 を掛けて e_{tref} から ΔP_{e2} までの伝達関数 $G_{ref}(s)$ のボード線図を描く。ΔP_{e2} までの伝達関数 $G_{ref}(s)$ のボード線図を図 2.42 に示す。

$\Delta\omega$-PSS の設計 PSS が有効に働くために,その関数 $W_\omega(s)$ は,電力動揺の固有振動周波数 ω_n の近傍で $\Delta\omega$ 信号と ΔP_{e2} が同相になるような設定にすればよいが,発電機の運転状態や系統構成変更による等価的な系統インピーダンスが変化すると ω_n も変化する。したがって,$\Delta\omega$ 信号と ΔP_{e2} と同相な周波数帯域が広いほど,安定度がよくなる。これは,同期化トルク係数 K_d が式(2.72)を満足する周波数帯域が広い方が安定度がよいことに相当する。

$\Delta\omega$-PSS の設計例を以下に示す。ω_n は概算によって $8.5\,\mathrm{rad/s}$ となってお

2.7 系統安定化装置

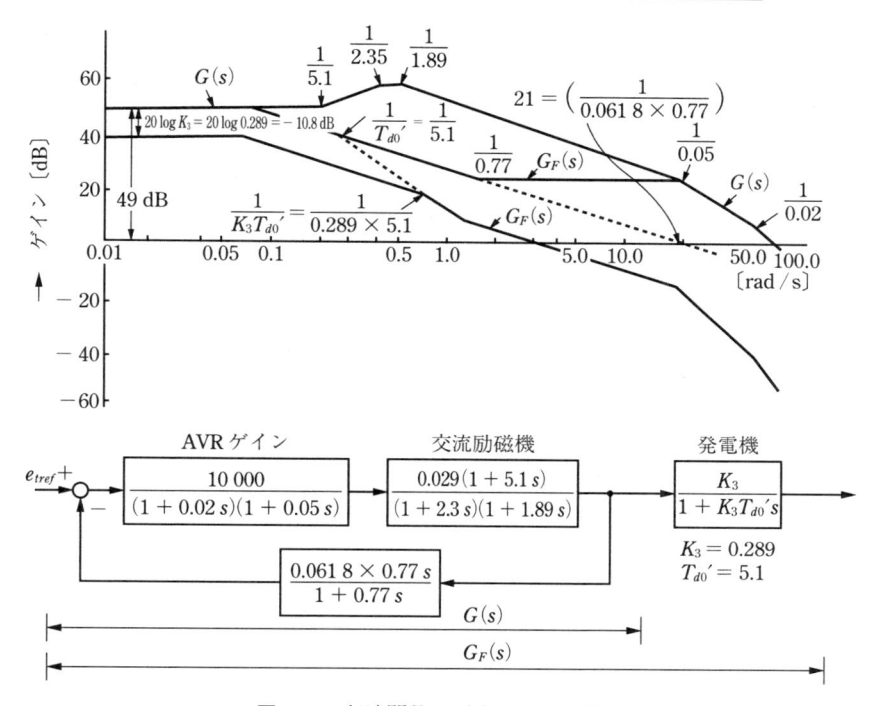

図 2.41 伝達関数 $G_F(s)$ のボード線図

り，ここでは関数 $G_{ref}(s)$ は 1 より小さいゲインしかもたずまた位相も遅れているので，$W_\omega(s)$ によりゲイン補償と位相補償の両方を必要とする。

（a） AVR 基準 e_{tref} から回転体までのボード線図　$G_{ref}(s)$ に回転体の伝達関数 $G_M(s) = \dfrac{1}{D+Ms}$ を掛けた関数 $G_{ref}(s)G_M(s)$ のボード線図を描く。すなわち，図 2.42 の伝達関数 $G_{ref}(s)$ のボード線図に回転体の伝達関数 $G_M(s) = \dfrac{1}{D+Ms}$ を加算すると**図 2.43** になる。

（b） $W_\omega(s)$ の設計　図 2.43 に示したボード線図の関数 $G_{ref}(s)G_M(s)$ に，PSS の $W_\omega(s)$ を掛けた関数が，$\varDelta\omega$ から $\varDelta P_{e2}$ までの伝達関数となり，ゲインカーブが，制動トルク K_d を表している。したがって，制動トルク係数 K_d が，振動周波数 ω_n 付近の周波数で 30 p.u 以上となるように，ゲインと進み，遅れ時定数を設計する。しかし，図 2.43 の $G_{ref}(s)G_M(s)$ に $W_\omega(s)$ を

2. 発電機の励磁制御

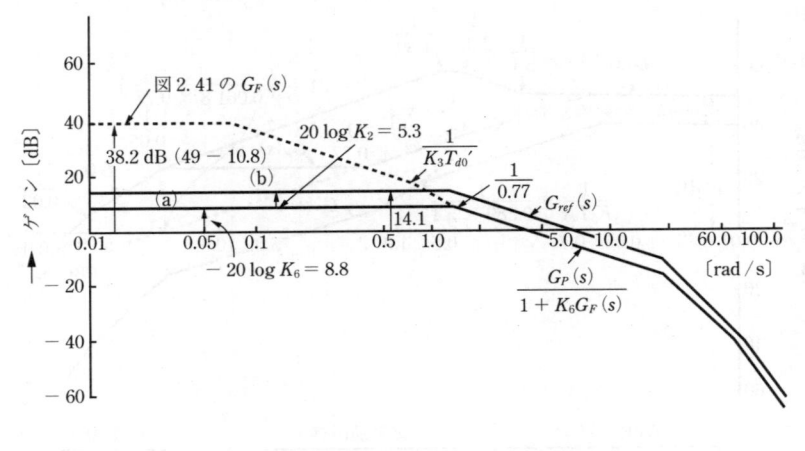

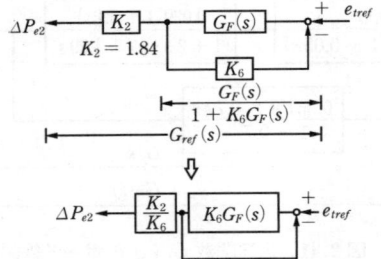

図 2.42 伝達関数 $G_{ref}(s)$ のボード線図

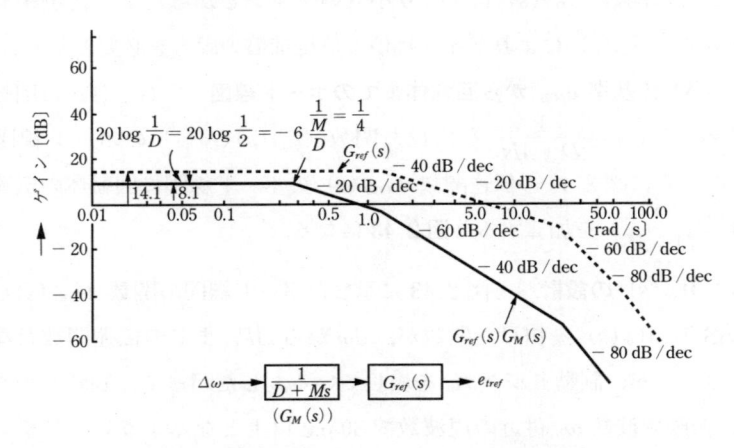

図 2.43 伝達関数 $G_{ref}(s) G_M(s)$ のボード線図

掛けた関数が，PSS 制御ループ系の開ループ伝達関数となるので，これが十分安定となるように設計しなければならない。

図 2.43 の $G_{ref}(s)G_M(s)$ の ω_n が 8 rad/s の点を見ると約 -3 dB である。よって，その周波数で 30 dB 以上とするためには，単純にゲインを $(30-(-3))=33$ dB にすればよい。しかし，$G_{ref}(s)G_M(s)$ は，-40 dB/dec で 0 dB を切ることになり，PSS ループが不安定となる事が予想される。したがって，何らかの位相補償とゲインを組み合わせなければ，所望の制動効果をもつ PSS の設計ができない。位相補償をもつ $W_\omega(s)$ の設計例を図 2.44 に示す。

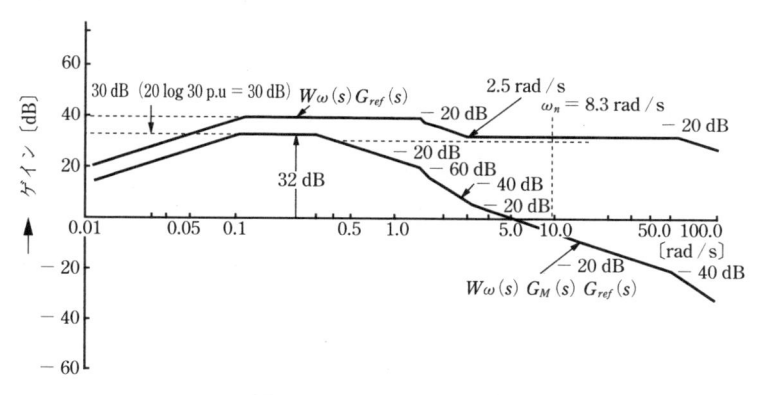

図 2.44 $\Delta\omega$-PSS の設計例

図 2.43 の $G_{ref}(s)$ が，ω_n 付近で 30 以上となるようにゲインを決めるが，同時に $G_{ref}(s)G_M(s)$ が 0 dB を切る傾きが -20 dB/dec となるように，2.5 rad/s の点で進み補償を加える。そうして，ゲインを図 2.44 に示すように，ω_n 付近で 30 以上となるように

$$32 \text{ dB} - 8.1 \text{ dB} = 23.9 \text{ dB} \tag{2.73}$$

から

$$\text{ゲイン} = 10^{23.9/20} = 16$$

となる。

図 2.43 を見ると $G_{ref}(s)G_M(s)$ は，20 rad/s から -80 dB/dec の傾斜であ

るので，位相遅れが大きく（20 rad/sで，$-90°$の遅れが加わる）なり，安定性が悪いと予想される。そのため，2.5 rad/sで1次の進み補償をしたので，$G_{ref}(s) G_M(s)$ のゲイン傾斜は，-80 dB/decでなく，-60 dB/decとなっている。したがって，20 rad/sで2次の進み補償を加える。ノイズや回転体の軸捻れ振動による $\Delta\omega$ 信号への影響を軽減するために，50 rad/sからゲインを落とした方がよい。したがって，進み補償を 2.5 rad/s, 20 rad/sに入れたので，50 rad/sで3次の遅れを入れる。

不完全微分（シグナルリセットとも呼ぶ）は，$\Delta\omega$ 信号が電力動揺周波数のみ通過させるような高域通過フィルタを回転速度検出系のドリフトのような直流成分，ガバナ動作，プラントの負荷変更等の電力変化信号を遮断する目的として使用している。長周期電力動揺は，数秒程度の周期であり，それは数rad/s（3秒周期であれば，1.9 rad/s）を通過させるために，通過させたい周波数より1 dec（1デカード）離して，3～10秒程度の時定数に設定される。

$$W_\omega(s)' = 16 \frac{10s}{1+10s} \cdot \frac{(1+0.4s)(1+0.05s)^2}{(1+0.02s)^3} \tag{2.74}$$

式 (2.74) に示した $\Delta\omega$-PSS を使用した場合および 20 rad/s $\left(\dfrac{1}{20 \text{ rad/s}}=0.05\text{ 秒}\right)$ の進み補償をしない場合は，式 (2.75) の $\Delta\omega$-PSS となる。

$$W_\omega(s)' = 16 \frac{10s}{1+10s} \cdot \frac{1+0.4s}{1+0.02s} \tag{2.75}$$

AVR のみで $\Delta\omega$-PSS 不使用，式 (2.74) の $\Delta\omega$-PSS 使用および式 (2.75) の $\Delta\omega$-PSS 使用時に，発電機電圧基準値 e_{tref} をステップ上に2%下げて，発電機出力である有効電力の動揺を発生させてその減衰を比較した。発電機の外部リアクタンスとして，設計値の $X_e=0.33$ p.u とその2倍の $X_e=0.66$ p.u の計算結果を図 2.45, 図 2.46 に示す。

設計条件である図 2.45 (b) のシミュレーション結果を見ると，PSS は設計通りに電力動揺を抑制していることがわかる。また，発電機が接続されている系統が変更された場合の運転マージンを見るために，系統インピーダンスを設計条件の2倍にしたシミュレーション結果である図 2.47 (b) でも，十分に安定な運転を継続できることがわかる。

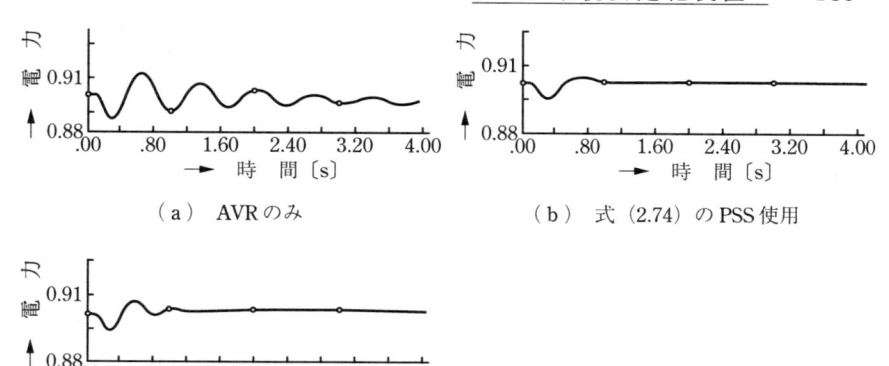

2.7 系統安定化装置

（a） AVR のみ

（b） 式 (2.74) の PSS 使用

（c） 式 (2.75) の PSS 使用

図 2.45 $X_e=0.33$ p.u 時の $e_{tref}=-2$％低下 シミュレーション

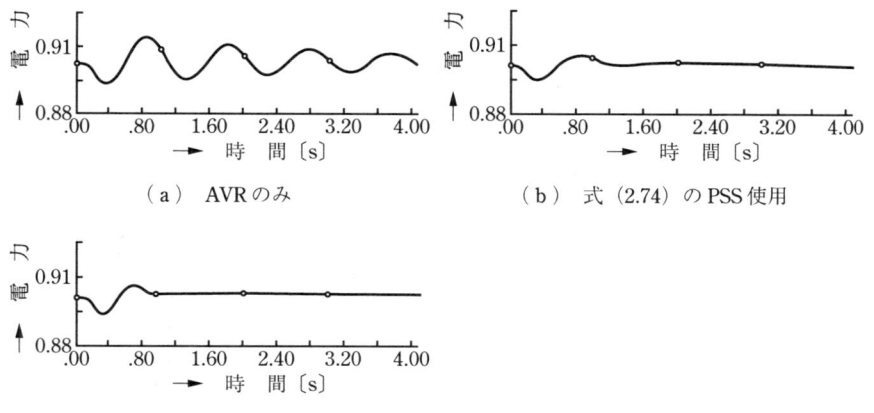

（a） AVR のみ

（b） 式 (2.74) の PSS 使用

（c） 式 (2.75) の PSS 使用

図 2.46 $X_e=0.66$ p.u 時の $e_{tref}=-2$％低下 シミュレーション

ここで，シグナルリセットの定数の考え方について説明する。シグナルリセット $H_\omega(s)$ は，式 (2.75) で $H_\omega(s)=\dfrac{10s}{1+10s}=1-\dfrac{1}{1+10s}$ である。

ラプラス定数 s は，時間 t に対して $t=0$ 時は，$s=\infty$ であり，$t=\infty$ になれば $s=0$ である。したがって，時定数 (10秒) よりも早い周波数 $\left(\text{周波数}=\dfrac{1}{\text{周期}}=\dfrac{1}{10}\right)$ の信号である 0.1 Hz を通過させ，それ以下の信号は通過させないハイパスフィルタ（高周波を通過させるフィルタ）として動作する。すな

わち，近似的に周期が10秒以下の信号に対しては $s=0$ となるので，$H_\omega(s)$ の $\dfrac{1}{1+10s}$ 項は1となる。このように，時定数よりも長い周期の信号はシグナルリセットを通過できない。これは，発電機が通常運転している時の電力変化や負荷変化に対してPSSは，動作しないようにするためである。

電力系統に発生する電力動揺の周期は，1秒程度（1 Hz程度）が多く，特別な場合はさらに大きな周期（3〜5秒程度）になることがある。通常の発電機に適用されるPSSは，この1秒前後の周期をもつ電力動揺を抑制するように設定する。式（2.75）のシグナルリセットの10秒は，制御対象である1秒の信号を減衰させることなくPSSへ入力するために決めている。しかし，プラントの出力変化が早く，10秒のシグナルリセットではPSSが応動する場合であれば，例えば3秒程度までの設定でも問題はない。10秒にした理由は，発電機が運転している系統条件がPSSの設計条件と違い，1秒よりも大きな周期の電力動揺が発生したことも考慮している。

設計値である式（2.74）を使用した $\Delta\omega$-PSSは，電力動揺を速やかに抑制しているが，式（2.75）の $\Delta\omega$-PSSを使用した場合の電力動揺は，設計値よりも減衰が悪いことがわかる。

ΔP-PSSの設計　　P-PSSは，PSSの制御信号として，発電機有効電力信号の変化分である ΔP 信号を使用する。ΔP は，発電機の電気信号として検出できるので，ハードが簡単であり，既設発電機にも容易にPSSを追加できる。また，$\Delta\omega$ 信号と ΔP_{e2} の同相成分が制動トルク係数となったが，もし水車やタービンへの機械的な入力である水量や蒸気量が変化しなければ，図2.40から発電機有効電力 ΔP_e（$=\Delta P_{e1}+\Delta P_{e2}$）から $\Delta\omega$ の関係は

$$-\Delta P_e = \frac{1}{D+Ms}\Delta\omega \tag{2.76}$$

より，$\Delta\omega$ を入力して $-\Delta P_e$ を出力するように変換すると**図 2.47** となる。

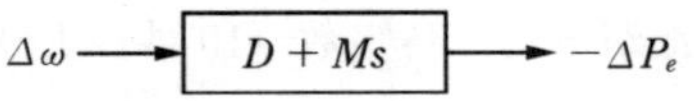

$$\Delta\omega \longrightarrow \boxed{D+Ms} \longrightarrow -\Delta P_e$$

図 2.47　$\Delta\omega$ 信号と $-\Delta P_e$ 信号の関係

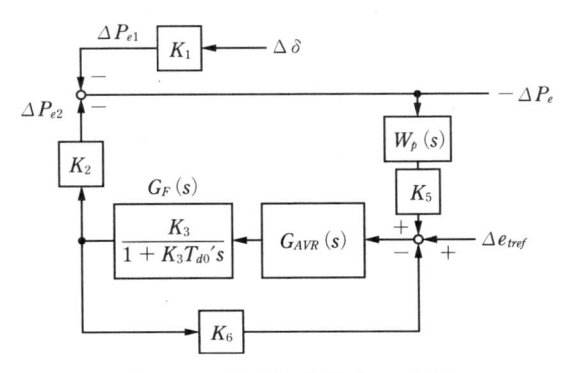

図 2.48 ΔP-PSS 設計ブロック図

図 2.32 から，ΔP-PSS に関するフィードバックループ系を抽出すると**図 2.48** になる。

励磁制御による制動トルク制御ループである $-\Delta P_e$ から $-\Delta P_{e2}$ に，図 2.47 の関係を適用すると，図 2.48 は**図 2.49** のように書くことができる。

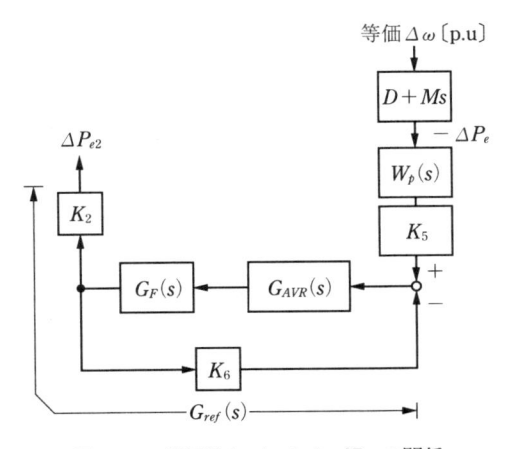

図 2.49 等価的な $\Delta \omega$ から ΔP_{e2} の関係

ここで ΔP 信号としては，機械トルクの変化 ΔP_m がないとして電気トルク ΔP_e のみを使用する。

このブロック図より制御系の安定性を満たすように，図 2.48 に示した $W_p(s)$ を決めなければならない。このループの開ループ伝達関数を求めると，

式 (2.77) となる。この $G_{ref}(s)$ は，AVR の基準電圧 Δe_{tref} から電気トルク ΔP_{e2} までの伝達関数であり，$\Delta\omega$ 信号設計の場合と共通のものである。

$$\frac{\Delta P_{e2}}{-\Delta P_e} = G_{ref}(s)\, W_p(s) \tag{2.77}$$

等価的な $\Delta\omega$ 信号から電気トルク ΔP_{e2} までを示したブロック図が図 2.49 であるので，ω を任意の電力動揺周波数として，その効果をトルクで表現すると

$$\Delta P_{e2} = \{\mathrm{Re}[G_p(j\omega)] + j\,\mathrm{Im}[G_p(j\omega)]\}\Delta\omega$$

$$= \mathrm{Re}[G_p(j\omega)]\Delta\omega - \frac{\omega}{\omega_0}\mathrm{Im}[G_p(j\omega)]\Delta\delta \tag{2.78}$$

となる。したがって

$$K_1''(\omega) = \frac{\omega}{\omega_0}\mathrm{Im}[G_p(j\omega)]$$

$$= \frac{\omega}{\omega_0}|G_p(j\omega)|\sin\angle G_p(j\omega) \tag{2.79}$$

$$D''(\omega) = \mathrm{Re}[G_p(j\omega)]$$

$$= |G_p(j\omega)|\cos\angle G_p(j\omega) \tag{2.80}$$

ただし

$$G_p(s) = \frac{\Delta P_{e2}}{\Delta\omega} = \frac{\Delta P_{e2}}{-\Delta P_e G_M(s)}$$

$$= G_{ref}(s)\, W_p(s)\, G_M(s) \tag{2.81}$$

$$G_M(s) = \frac{1}{D+Ms}$$

ΔP-PSS 安定性　図 2.49 より，$-\Delta P_e$ から ΔP_{e2} が閉ループを構成する。$\Delta\omega$-PSS の場合には回転体の遅れがループ内にあったこと（図 2.40）と比較すると，回転体によるゲインと位相遅れの補償が不要になるので，関数が簡単となることが予想される。ΔP-PSS 関数 $W_p(s)$ のゲインは，$\Delta\omega$ 信号の場合と同様に，近似的にすべての制御力が安定化信号により供給されると考えて，減衰係数 ζ が系統との動揺周波数 ω_n（8.5 rad/s）の近辺で約 0.25 となるように選ぶ。すなわち $\omega = \omega_n$ で $W_p(j\omega)$ が $G_{ref}(s)/G_M(s)$ を補償した結果，次の関係を満たすようにする。

2.7 系統安定化装置

$$|G_{ref}(j\omega)\,W_p(j\omega)|\,(\omega=\omega_n) \geq \frac{M\omega_n}{2} \qquad (2.82)$$

ΔP-PSS の設計例を図 **2.50** に示す。

図 2.50 ΔP-PSS 設計例

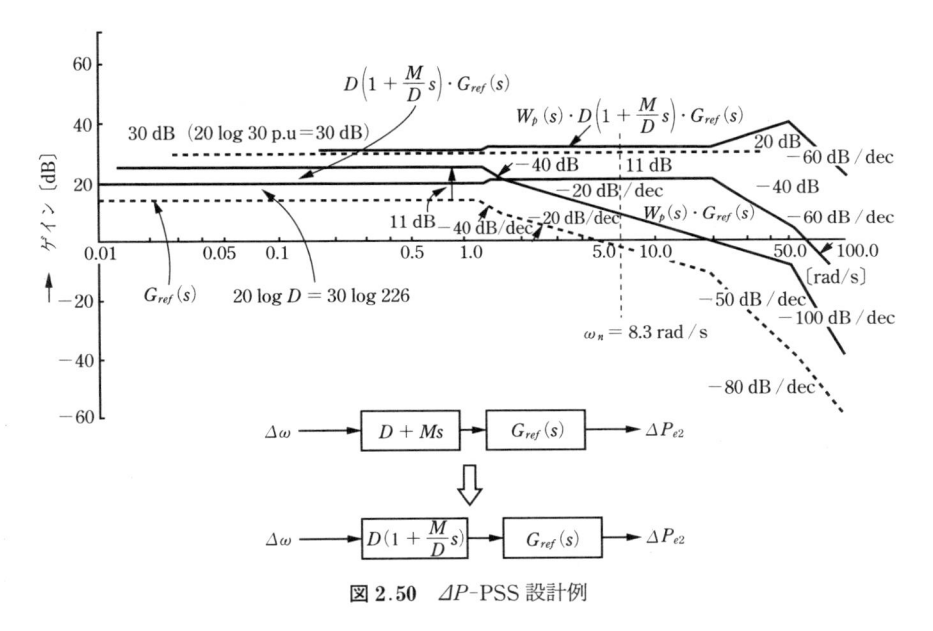

図 2.50 は，複雑に見えるが，e_{tref} から ΔP_{e2} までの電圧関数 $G_{ref}(s)$ を描く（図 2.50 の点線）。次に $G_{ref}(s)$ に回転体の電圧関数 $G_M(s) = D + Ms = D\left(1 + \frac{Ms}{D}\right)$ を加えると $D\left(1 + \frac{Ms}{D}\right)G_{ref}(s)$ になり，PSS がないときの制動トルク係数を示している。$\omega_n = 8.3\,\text{rad}$ の周波数で，この値が，図 2.50 上に点線で示した 30 dB の線上かそれ以上になるように $D\left(1 + \frac{Ms}{D}\right)G_{ref}(s)$ を移動させる。当初の $D\left(1 + \frac{Ms}{D}\right)G_{ref}(s)$ から 11 dB 上げるとこの条件を満足する。これで，PSS は，所望の制動効果をもつ。

次に，PSS を適用した場合に，安定となるように位相補償を設計する。図 2.48 から $-\Delta P_e$ から $-\Delta P_{e2}$ までが閉ループを構成している。したがって，$G_{ref}(s)\,W_p(s)$ のループを安定にすることが必要である。まず，図 2.50 の点線で示した $G_{ref}(s)$ をゲインの設計値である 11 dB だけ上に上げる。図示し

ていないが，ω が 20 rad で 0 dB を横切るが，ちょうど 0 dB を横切るときに -60 dB/dec の傾斜をもっている．安定させるために，-20 dB/dec できるように補償する．この補償は，40 dB（$=-60$ dB$+40$ dB$=-20$ dB）であるので，二次の位相進み補償になる．その時定数は，20 rad で補償すればよいので，時定数 $T=\dfrac{1}{\omega}=\dfrac{1}{20}=0.05$ である．過渡ゲインとは時間 $t=0$ のときに $s=\infty$ としたときのゲインである．したがって，進み-遅れ補償が同じ次数（分子と分母の s の次数が同じ）の場合に，分子の最高次数の係数/分母の最高次数の係数が過渡ゲインである．これが大きいほど，入力信号の変化に対して大きな出力を出すために不安定になりやすいので，過渡ゲインの大きさには限界がある．また，遅れ時定数は，ディジタル AVR の場合に制御周期よりも大きくしなければならない．よって，遅れを 20 ms（0.02 秒）に選ぶと過渡ゲインは，$s=\infty$ と置いて $\left(\dfrac{0.05}{0.02}\right)^2=6.25$ になる（過渡ゲインの目安は，20 以下）．

以上から

$$\left.\begin{array}{l} 11\ \text{dB}=20\log_{10}(K_p)\ \text{より，}\ K_p=10^{\frac{11}{20}}=3.5 \\ T=0.05\ \text{が二次であるので，位相進みは}\ (1+0.05)^2 \\ W_p(s)=3.5\dfrac{10s}{1+10s}\dfrac{(1+0.05s)^2}{(1+0.02s)^2} \end{array}\right\} \quad (2.83)$$

式 (2.83) の $\varDelta P$-PSS を使用した場合に，図 2.45 および図 2.46 と同じ条件でシミュレーションした結果を**図 2.51** に示した．$\varDelta P$-PSS が，所望の特性をもっていることがわかる．

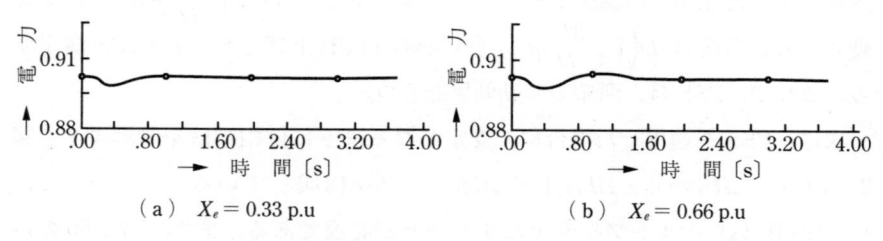

（a） $X_e=0.33$ p.u （b） $X_e=0.66$ p.u

図 2.51 $\varDelta P$-PSS 使用時の $e_{tref}=-2\%$ 低下 シミュレーション

〔2〕 サイリスタ励磁方式の PSS 設計

現在使用されている PSS は，2.7.2 項に述べる最適制御を適用した PSS を除くと電気信号を安定化信号（PSS の入力信号）として使用する ΔP-PSS が大部分を占めている。発電機の設置場所が，p.182〔1〕に示した励磁機方式の PSS と異なっているので，発電機から見た等価的な系統インピーダンス（リアクタンス X_e）も違ってくる。発電機定数と X_e が異なると $K_1 \sim K_6$ の値も違う。しかし，PSS の設計手法は，まったく同じに適用できることがわかる。図 2.30 に示した一機対無限大母線系統を使用し，図 2.20 に示したサイリスタ励磁方式の AVR を適用した場合の ΔP-PSS 設計例を示す。

設計条件

系統インピーダンスおよび発電機の定数

$P=0.9$ p.u, $Q=0.1$ p.u, $e_t=1.0$ p.u, $X_e=0.4$ p.u, $X_d=1.7$ p.u,
$X_d'=0.28$ p.u, $X_q=1.66$ p.u, $T_{d0}'=5.55$ 秒, $M=7$ 秒, $D=3$ p.u,
$f_0=60$ Hz, $K_a=200$ p.u, $T_1=0.02$ 秒, $T_2=1.11$ 秒, $T_3=0.33$ 秒

上記の条件から式 (2.47) の $K_1 \sim K_6$ の係数を計算すると下記のようになる。

$K_1=1.23$, $K_2=1.44$, $K_3=0.32$, $K_4=2.0$, $K_5=-0.05$,
$K_6=0.36$, $\delta_0=77.15°$, $\omega_n=8.14$

式 (2.82) を満足し，ΔP_e から ΔP_{e2} までの閉ループが安定となるように ΔP-PSS のゲインを遅れ-進み定数を設計する。設計の手順を示す。

① 発電機が無負荷時の AVR（図 2.20）と発電機 $T_{d0}'=5.55$ 秒のボード線図

② 図 2.48 の $G_F(s)$, $G_{AVR}(s)$, K_6 と同様なボード線図

③ 図 2.49 図で $W_p(s)$ を除いたボード線図

①〜③までの手順により作成したボード線図を**図 2.52** に示す。

図 2.52 から式 (2.82) を満足し，ΔP_e から ΔP_{e2} までの閉ループが安定となるように $W_p(s)$ を構成するゲイン K_p と位相進み-遅れ定数の設計する。

図 2.52 を見ると③に示した等価的な $\Delta \omega$ から ΔT_e までのトルク係数 K_d は，設計目標値を 12 dB 程度超えているので，ΔP-PSS のゲインは -12 dB

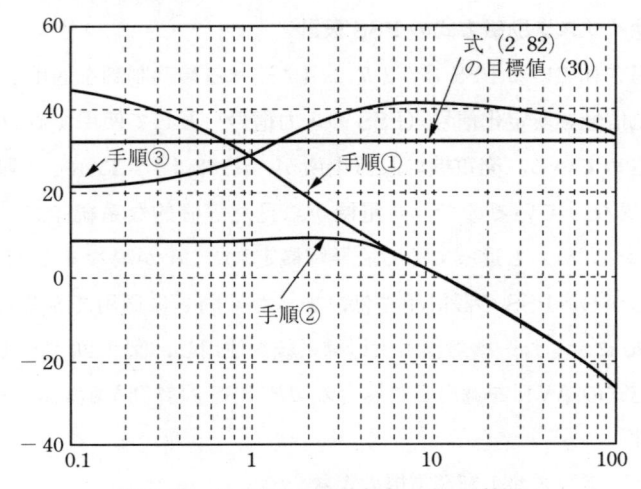

図 2.52 サイリスタ励磁方式のボード線図

となる。

$$K_p = 10^{\frac{-12}{20}} = 0.25$$

すなわち，K_p を ③ に乗じる。(ボード線図上では -12 を加えることになる)
この ③ に K_p を乗じた図を図 2.53 の ④ として示す。

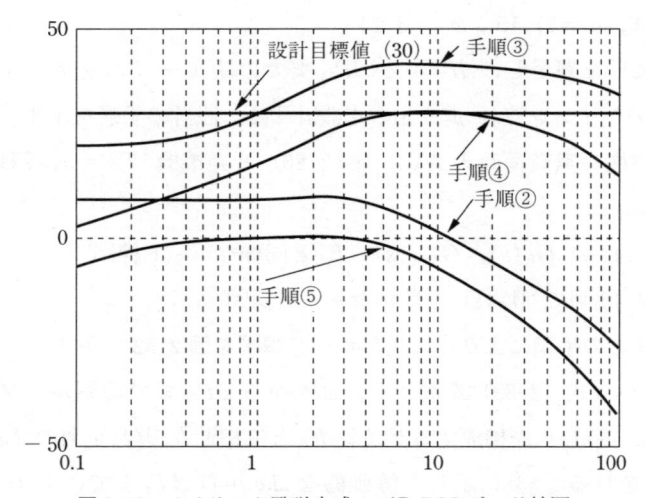

図 2.53 サイリスタ励磁方式の $\varDelta P$-PSS ボード線図

2.7 系統安定化装置

手順④により，制動トルク係数 K_p の設計目標を満足できたので，$\varDelta P$ 信号から $\varDelta T_e$ までの安定性を調べるために，$G_{ref}(s)W_p(s)$ のボード線図を書く。図 2.53 の⑤に $\varDelta P$-PSS としてゲイン $K_p=0.25$ として進み-遅れ補償を 0 としたボード線図を示す。もし，⑤が 0 dB を切る直線の傾きが -40 dB を 0.5 デカード程度以上継続すると不安定になりやすいので，位相進み保証が必要となる。⑤ではゲインが 0 dB であり，0 dB 付近の傾きも -20 dB のため位相補償は不要である。

ここで，1 デカードは，0.1 rad/s から 1 rad/s，1 rad/s から 10 rad/s のように 10 倍の角周波数の範囲をいう。したがって，0.5 デカードは 5 倍の角周波数の範囲を示す。

設計した結果の $\varDelta P$-PSS を式（2.84）に示す。

$$W(s)=\frac{0.25\times 5s}{1+5s} \tag{2.84}$$

$\varDelta P$-PSS を適用したシミュレーション結果を**図 2.54** に示す。

設計条件である図 2.54 では，設計どおりの制動トルクをもち電力動揺の減衰がよいことがわかる。外部リアクタンスが増加した条件の**図 2.55** シミュレ

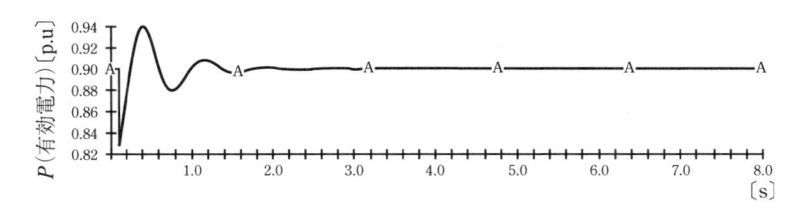

図 2.54 一機対無限大母線系統（$X_e=0.35$ p.u から 0.4 p.u）$\varDelta P$-PSS を適用

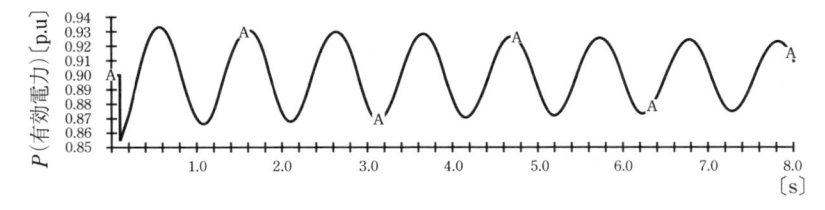

図 2.55 一機対無限大母線系統（$X_e=0.7$ p.u から 0.75 p.u）$\varDelta P$-PSS を適用

ーションでは，電力動揺の減衰が悪い。したがって，ΔP-PSS の定数を決定するためには，現在の系統条件と共に将来予想される系統インピーダンスを考慮した設計が必要である。

2.7.2 最適制御による PSS 設計

最適制御理論には，フィードフォワード制御とフィードバック制御の方式があり，フィードフォワード制御ではポントリアギンの最大原理等があり，フィードバック制御としてリカッチ方程式（Riccati equation）等がある。発電機は，有効電力，無効電力や隣接発電機の運転状態等により，前出の $K_1 \sim K_6$ が変化するため安定度が大きく影響される。したがって，フィードフォワードは，制御対象が明確に把握できている場合に良好な制御特性をもたせることができるが，系統と並列して運転中の発電機の $K_1 \sim K_6$ は，図 2.39 に示したように変化するので，励磁制御系には制御対象の変化に追従するフィードバック制御が適している。

この章で紹介する PSS の設計に適用される最適制御理論は，実際に運転中の発電機用 PSS として採用され，設計手法が確立されているリカッチ方程式を適用する。リカッチ方程式の解は，フィードバックゲイン（フィードバック係数）として与えられるので，前章までに説明した AVR や PSS の設計と同様なフィードバック系を構成できる。このリカッチ方程式を使用した PSS 設計は，回転励磁機方式では励磁機の大きな時定数のために，良好な制御特性の設計が困難であるので，サイリスタ励磁方式に適用することで所望の制動効果をもたせることができる。2.7.1 項で示したボード線図による PSS では，PSS の入力信号が 1 信号（有効電力の変化信号 ΔP か回転速度変化信号 $\Delta \omega$ のいずれかを使用する）であるが，本章の PSS は，入力信号が複数であることから多変数制御 PSS と呼ぶ。

〔1〕 数 式 表 現

図 2.32 を数式で表現すると式（2.85）が得られる。

$$\left.\begin{aligned}
&\frac{M}{\omega_0}s^2\varDelta\delta + \frac{D}{\omega_0}s\varDelta\delta = \varDelta T_m - \varDelta T_e \\
&\varDelta e_q' = \frac{K_3}{1+K_3 T_{d0}' s}\varDelta E_{fd} - \frac{K_3 K_4}{1+K_3 T_{d0}' s}\varDelta\delta \\
&\varDelta T_e = K_1 \varDelta\delta + K_2 e_q' \\
&\varDelta e_t = K_5 \varDelta\delta + K_6 e_q' \\
&\varDelta E_{fd} = (\varDelta e_{tref} - \varDelta e_t) G(s)
\end{aligned}\right\} \quad (2.85)$$

サイリスタ励磁の AVR は，図 2.20 に示したものと同様に 1 次進み，2 次遅れの伝達関数で表す．

$$G(s) = \frac{K_a(1+T_3 s)}{(1+T_1 s)(1+T_2 s)} \tag{2.86}$$

式 (2.85)，(2.86) を $\varDelta\omega$，$\varDelta\delta$，$\varDelta E_c$，$\varDelta E_{fd}$，$\varDelta T_e$ を変数として行列形式で表す．

$$s\begin{bmatrix}\varDelta\omega\\ \varDelta\delta\\ \varDelta E_c\\ \varDelta E_{fd}\\ \varDelta T_e\end{bmatrix} = \begin{bmatrix} -\dfrac{D}{M} & 0 & 0 & 0 & -\dfrac{1}{M} \\ \omega_0 & 0 & 0 & 0 & 0 \\ 0 & \dfrac{K_a}{T_2}\left(\dfrac{K_1 K_6}{K_2}-K_5\right) & -\dfrac{1}{T_2} & 0 & -\dfrac{K_a K_6}{T_2 K_2} \\ 0 & \dfrac{K_a T_3}{T_1 T_2}\left(\dfrac{K_1 K_6}{K_2}-K_5\right) & \dfrac{1}{T_1}\left(1-\dfrac{T_3}{T_2}\right) & -\dfrac{1}{T_1} & -\dfrac{K_a T_3 K_6}{T_1 T_2 K_2} \\ K_1\omega_0 & \dfrac{1}{T_{d0}'}\left(\dfrac{K_1}{K_3}-K_2 K_4\right) & 0 & \dfrac{K_2}{T_{d0}'} & -\dfrac{1}{T_{d0}' K_3} \end{bmatrix}\begin{bmatrix}\varDelta\omega\\ \varDelta\delta\\ \varDelta E_c\\ \varDelta E_{fd}\\ \varDelta T_e\end{bmatrix}$$

$$+ \begin{bmatrix} 0 & \dfrac{1}{M} \\ 0 & 0 \\ \dfrac{K_a}{T_3} & 0 \\ \dfrac{K_a T_3}{T_1 T_2} & 0 \\ 0 & 0 \end{bmatrix}\begin{bmatrix}\varDelta e_{tref}\\ \varDelta T_m\end{bmatrix} \tag{2.87}$$

〔2〕 最適制御理論の適用

励磁制御を目的としているので入力 u は $\varDelta e_{tref}$ に加えられるので，状態方程式は

2. 発電機の励磁制御

$$\dot{x} = Ax + bu$$

ここで, $x^T = [\Delta\omega \quad \Delta\delta \quad \Delta E_c \quad \Delta E_{fd} \quad \Delta T_e]$

$$u = \Delta e_{tref}$$

(2.88)

$$A = \begin{bmatrix} -\dfrac{D}{M} & 0 & 0 & 0 & -\dfrac{1}{M} \\ \omega_0 & 0 & 0 & 0 & 0 \\ 0 & \dfrac{K_a}{T_2}\left(\dfrac{K_1 K_6}{K_2} - K_5\right) & -\dfrac{1}{T_2} & 0 & -\dfrac{K_a K_6}{T_2 K_2} \\ 0 & \dfrac{K_a T_3}{T_1 T_2}\left(\dfrac{K_1 K_6}{K_2} - K_5\right) & \dfrac{1}{T_1}\left(1 - \dfrac{T_3}{T_2}\right) & \dfrac{1}{T_1} & -\dfrac{K_a T_3 K_6}{T_1 T_2 K_2} \\ K_1\omega_0 & \dfrac{1}{T_{d0}'}\left(\dfrac{K_1}{K_3} - K_2 K_4\right) & 0 & \dfrac{K_2}{T_{d0}'} & -\dfrac{1}{T_{d0}' K_3} \end{bmatrix}$$

$$b^T = \begin{bmatrix} 0 & 0 & \dfrac{K_a}{T_2} & \dfrac{K_a T_3}{T_1 T_2} & 0 \end{bmatrix}$$

(2.89)

なお, 式 (2.85)〜(2.89) への変換の詳細は, 付録2に示す.

$$A^t P + PA - PbR^{-1}b^t P + Q = 0 \tag{2.90}$$

評価関数 J は式 (2.91) で与えられる.

$$J = 0.5 \int_0^\infty (x^t Q x + u^t R u)\, dt \tag{2.91}$$

ここで, 式 (2.91) で構成される評価関数 J の x に対する重み関数 Q とし

$$Q = \begin{bmatrix} q_\omega & 0 & 0 & 0 & 0 \\ 0 & q_\delta & 0 & 0 & 0 \\ 0 & 0 & q_c & 0 & 0 \\ 0 & 0 & 0 & q_f & 0 \\ 0 & 0 & 0 & 0 & q_p \end{bmatrix}$$

を式 (2.92) のように表現する.

$$Q = \text{diag}(q_\omega, \quad q_\delta, \quad q_c, \quad q_f, \quad q_p) \tag{2.92}$$

の対角行列とする.

状態フィードバック信号の式は式 (2.93) になる。

$$u = -R^{-1}b^t Px \tag{2.93}$$

以上で状態方程式と評価関数が定まったので，リカッチ方程式を解いてフィードバックゲインを決定すれば，入力 u を状態変数の線形結合で実現できる。リカッチ方程式を解くプログラムは，数値計算プログラムとして有償，無償で流通しており，また制御関連の本にプログラムが記載されているので，それらを利用してパソコンで容易に計算できる。

〔3〕 多変数制御 PSS の構成

ボード線図を使用した設計では，フィードバックする信号を設計者が予め選定したが，リカッチ方程式を解いた結果得られるフィードバックゲインは，すべての状態点（ラプラス演算子 s の出力側）が自動的に選定される。すなわち，現代制御理論であるリカッチ方程式の解は，すべての状態信号をフィードバックすることにより，評価関数式 (2.91) を満足することができる。定常状態においては，オフセット（AVR 運転に影響を与えないように通常の出力を 0）を出さないよう定常ゲインを零とするために前記の $\varDelta P$-PSS や $\varDelta \omega$-PSS と同様に $\dfrac{T_{sR}s}{1+T_{sR}s}$ という不完全微分形の関数を入れて，低い周波数ではフィードバック信号の出力を零とする方式を採用する。この場合過渡ゲインがリカッチ方程式のフィードバックゲインに等しくなるようにフィードバックゲインを定める。多変数制御 PSS の構成図を**図 2.56** に示す。

リカッチ方程式を実際に制御システムに適用する際に問題となるのは，評価関数の選び方である。つまり式 (2.91) の評価関数 J において，重み Q と R をどのように選べば目的とする制御システムが得られるかが明確でない。つまり Q と R と，最適入力 u を加えたシステムの固有値との関係が明確でない。そのため，ある選ばれた重みに対する問題の最適解が，目的としている制御システムにおいて真に最適となっているかどうか，PSS の場合は制動トルクを目標値以上に増加させることを確かめる必要がある。

また，実際に使用される励磁システムには，リカッチ方程式で得られるすべての信号を検出できない。したがって，どのような評価関数を選べば，安定度

202   2. 発電機の励磁制御

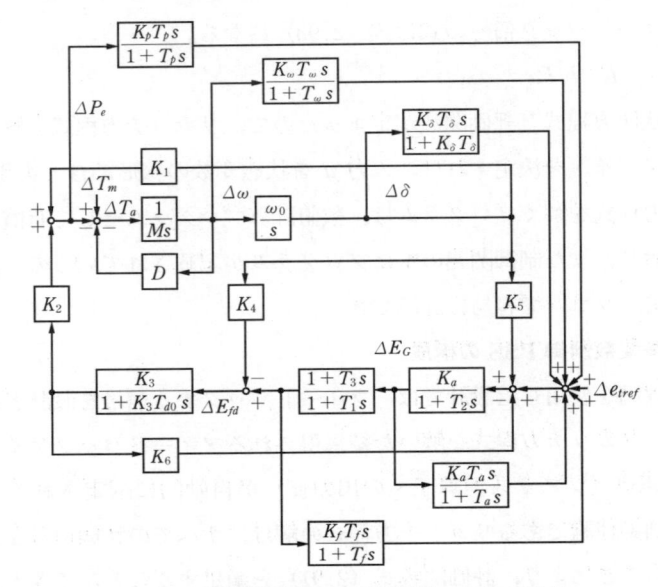

図 2.56 多変数制御 PSS 適用制御システム構成

向上という目的に一致して,実際の励磁システムへ適用できるような信号を使用した多変数制御 PSS の構成が可能になるかについても考慮した評価関数の選定をしなければならない。

従来型の ΔP-PSS と同等以上の制動効果を得るように多変数制御 PSS を設計するために,式 (2.73) と同様に,制動トルク係数 K_d を設定する。K_d を $K_d \geqq 30$ とする。

機械系の 2 次振動方程式は式 (2.59) で示したように

$$s^2 + 2\zeta\omega_n s + \omega_n^2 = 0 \tag{2.94}$$

である。

原動機(タービンや水車)と発電機の軸系の方程式は,AVR と PSS 効果を含めるために,式 (2.58) で D の代わりに K_d,K_1 の代わりに K_s とすれば,式 (2.94) が得られる。また,ζ の式は,式 (2.94) と式 (2.95) の第 1 式の係数を比較して得ることができる。

2.7 系統安定化装置

$$\left.\begin{array}{l} s^2 + \dfrac{K_d}{M}s + \dfrac{\omega_0 K_s}{M} = 0 \\[6pt] \zeta = \dfrac{K_d}{2M\omega_n} \\[6pt] \omega_n = \sqrt{\dfrac{\omega_0 K_1}{M}} \end{array}\right\} \quad (2.95)$$

K_d を制動トルク係数，K_s を同期化トルク係数である。この K_d，K_s は PSS を含む AVR による制動トルク係数，同期化トルク係数の影響が考慮されている。

〔4〕 多変数制御 PSS 設計

多変数制御 PSS の設計は，2.7.1 項の〔2〕の $\varDelta P$-PSS と同様に 800 MVA 発電機-サイリスタ励磁システムを対象とした。

設計対象とした系統および発電機，励磁システムを図 2.57 に，その定数を下記に示す。(2.7.1 項の〔2〕と同様)

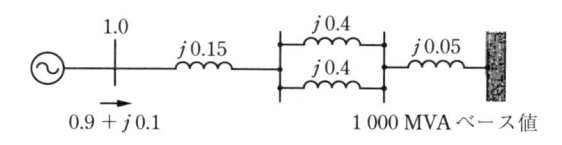

図 2.57 多変数制御 PSS 設計対象系統構成 ($X_e = 0.4\,\text{p.u}$)

$P = 0.9\,\text{p.u}$, $Q = 0.1\,\text{p.u}$, $e_t = 1.0\,\text{p.u}$, $X_e = 0.4\,\text{p.u}$, $X_d = 1.7\,\text{p.u}$, $X_d' = 0.28\,\text{p.u}$, $X_q = 1.66\,\text{p.u}$, $T_{d0}' = 5.55$ 秒, $M = 7$ 秒, $D = 3\,\text{p.u}$, $f_0 = 60\,\text{Hz}$, $K_a = 200\,\text{p.u}$, $T_1 = 0.02$ 秒, $T_2 = 1.11$ 秒, $T_3 = 0.33$ 秒

上記の条件から式 (2.46) の $K_1 \sim K_6$ の係数を計算すると下記のようになる。

$K_1 = 1.23$, $K_2 = 1.44$, $K_3 = 0.32$, $K_4 = 2.0$, $K_5 = -0.05$, $K_6 = 0.36$, $\delta_0 = 77.15°$,

式 (2.95) の第 2 式の M，ω_n に上記に示した数値と $K_d = 30$ を代入して ζ を計算すると次のようになる。

$$\omega_n = \sqrt{\dfrac{2 \times 3.14 \times 60 \times 1.23}{7}} = 8.14, \quad \zeta = \dfrac{30}{2 \times 8.14 \times 7} = 0.26$$

したがって，$K_d \geq 30$ より，$\zeta \geq 0.26$ となる．

上記を計算した設計目標値である $K_d \geq 30$ を満足する PSS を適用した場合の K_s は不明であるので，同期化係数 $K_s = K_1$ と扱った．PSS の設計は，制動トルク係数 K_d を増加させ，同期化トルク係数 K_s は，K_1 と同じになればよいと考えるが，PSS を適用した場合に $K_s \leq K_1$ となることが多い．そのため，PSS が適用された後に起こる可能性がある系統条件（主として，系統インピーダンス X_e の増加，発電機の増設等）が厳しくなることと同期化トルク係数 K_s が設計で使用した K_1 より小さくなることを考慮して，式 (2.96) に示すように大きくする．

$$\zeta \geq 0.3 \tag{2.96}$$

〔5〕 評価関数の選定

式 (2.96) に対応する評価関数を設定するために，下記の検討を行う．

① AVR 入力は，適切に設計されているので，その重みを $R = 1$ に固定する．

② 状態変数の重み Q は，電力動揺の減衰に直接関係する $\Delta\omega$, $\Delta\delta$, ΔT_e のどれか一つ状態変数に重みを加える

③ ΔE_c, ΔE_{fd} は制御量ではなく操作量であるとの考えから，これらには重みを加えない

表 2.3 に $\Delta\omega$, $\Delta\delta$, ΔT_e のそれぞれに重みを加えたものを評価関数とした時の最適フィードバックゲインと，その際の系の固有値，さらにこれらの制御効果をみるために同期化トルク係数 K_s，制動トルク係数 K_d を示している．表 2.3 の最適フィードバックゲインは，図 2.56 の記号に対応している．ただし，K_s，K_d はシグナルセットを付けない定数フィードバックによるもので固有の自然角周波数 ω_n における値である．

また，$\Delta\omega$, $\Delta\delta$, ΔT_e のそれぞれに重みを加えたときの根軌跡を図 2.58〜図 2.60 に示した．

図 2.58〜図 2.60 上の×印で示した A〜E は制御なしのときの固有値を示す．安定度向上の観点からみると，$\Delta\delta$ または $\Delta\omega$ を評価関数として，その動揺

2.7 系統安定化装置

表 2.3 最適フィードバックゲイン

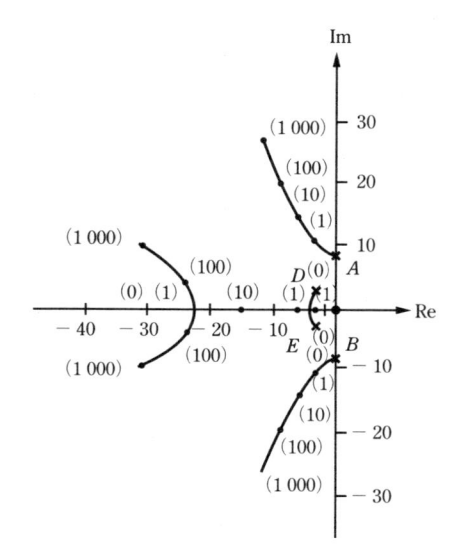

評価関数	最適フィードバックゲイン					最適フィードバック系の固有値				K_s	K_d
	K_ω	K_δ	K_c	K_f	K_p	A B	C	D	E		
u^2	0	0	0	0	0	$-0.034 \pm j8.02$,	-26.98,	$-3.04 \pm j2.69$		1.19	0.57
$1\Delta\delta^2 + u^2$	41.7980	0.6921	-0.0081	-0.0057	-0.7981	$-3.66 \pm j10.44$,	-26.95,	-7.53,	-3.57	1.50	38.2
$1.5\Delta\delta^2 + u^2$	52.8096	0.9048	-0.0087	-0.0065	-0.9338	$-4.03 \pm j10.9$,	-26.94,	-8.5,	-3.24	1.57	41.2
$10\Delta\delta^2 + u^2$	138.7098	2.8066	-0.0104	-0.0109	-1.7389	$-5.90 \pm j13.7$,	-26.7,	-13.7,	-3.06	2.11	56.9
$100\Delta\omega^2 + u^2$	2.3913	-0.0016	-0.0014	-0.0013	-0.1592	$-1.51 \pm j8.17$,	-27.0,	$-2.98 \pm j3.59$		1.16	17.7
$500\Delta\omega^2 + u^2$	8.3262	-0.0033	-0.0030	-0.0027	-0.3416	$-3.17 \pm j8.7$,	-27.0,	$-8.52 \pm j2.25$		1.07	31.0
$1\,000\Delta\omega^2 + u^2$	13.9280	-0.0043	-0.0038	-0.0035	-0.4668	$-4.20 \pm j9.28$,	-27.1,	$-2.62 \pm j1.94$		1.02	37.6
$0.2\Delta T_e^2 + u^2$	2.0517	-0.0035	-0.0026	-0.0034	-0.4238	$-4.13 \pm j7.11$,	-25.9,	$-2.84 \pm j2.88$		0.83	27.7
$1\Delta T_e^2 + u^2$	4.2680	-0.0068	-0.0045	-0.0068	-0.9576	-6.86,	$-17.7 \pm j5.84$,	$-2.12 \pm j2.72$		0.49	39.3
$10\Delta T_e^2 + u^2$	9.2738	-0.0143	-0.0074	-0.0171	-3.0709	-3.65,	$-29.9 \pm j24.4$,	$-1.42 \pm f1.79$		0.18	21.6
$100\Delta T_e^2 + u^2$	12.2608	-0.0281	-0.0096	-0.0383	-9.8243	-3.13,	$-50.5 \pm j47.5$,	$-0.9 \pm f1.019$		0.056	13.5

$$J = \frac{1}{2}\int_0^\infty (q_\delta \Delta\delta^2 + u^2)\,dt$$

( ) 内の数字は q_δ の値

図 2.58 δ パラメータの根軌跡

$$J = \frac{1}{2}\int_0^\infty (q_\omega \Delta\omega^2 + u^2)\,dt$$

( ) 内の数字は q_ω の値（回転角速度）

図 2.59 $\Delta\omega$ パラメータの根軌跡

2. 発電機の励磁制御

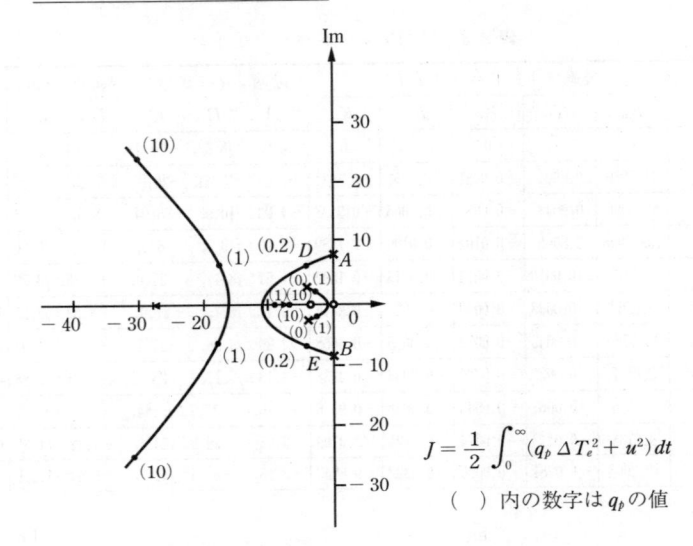

図2.60 ΔT_e パラメータの根軌跡

$$J = \frac{1}{2}\int_0^\infty (q_p \Delta T_e^2 + u^2)\,dt$$

（　）内の数字は q_p の値

を抑えるのがよい。しかし，使用する信号の中に直流の高耐圧が必要となるために，ハード上信頼度から使用しないほうがよい信号や検出が困難な信号として，ΔE_{fd} があり，実系統では位相基準となる無限大母線の設定が困難であり，信頼度の高い検出が困難な $\Delta \delta$ 信号がある。したがって，これらの信号を無視しても，所望の制動トルク係数を得ることのできる評価関数として，$\Delta \omega$ にのみ重みを加えるのが適当であるので

$$J = \frac{1}{2}\int_0^\infty (q_\omega \Delta \omega^2 + u^2)\,dt \tag{2.97}$$

を採用する。

表2.3より，実績のある ΔP 信号に対するゲイン K_p と $\Delta \omega$ 信号に対するゲイン K_ω の値が大きく，他の信号に対するゲイン K_δ, K_c, K_f が小さいことがわかる。

式 (2.97) から $K_d \geq 30$ を与える $q\omega$ は表2.3より 500 である。

これより，評価関数を

$$J = \frac{1}{2}\int_0^\infty (500\Delta\omega^2 + u^2)\,dt \tag{2.98}$$

と設定する。

次に，この評価関数を系統条件にかかわらず固定しても，系統条件や発電機の運転点が変化しても問題を生じないかどうかを検討する。

運転点として

$P=0.9$ p.u, $Q=0.5$ p.u, 0.1 p.u, -0.4 p.u, $X_e=0.15$ p.u, 0.4 p.u, 0.75 p.u

を選び，Q と X_e をパラメータとして変化させた。上記の運転点における最適フィードバックゲインを算出した結果を表 2.4 に示す。

表 2.4 評価関数の検討 $\left(J=\frac{1}{2}\int_0^\infty (500\Delta\omega^2-u^2)\,dt, \ P=0.9\right)$

Q	X_e	K_ω	K_δ	K_c	K_f	K_p	最速フィードバック系の固有値			ω_n	K_s	K_d	AVRのみの	
													K_s	K_d
-0.4		1.0166	-0.0009	-0.0038	-0.0037	-0.2793	$-30.47,$	$-3.76\pm j11.33,$	$-1.49\pm j1.32$	10.81	1.71	42.89	2.01	3.23
0.1	0.15	2.5363	-0.0006	-0.0031	-0.0029	-0.2607	$-29.01,$	$-3.44\pm j10.69,$	$-1.70\pm j1.63$	9.94	1.55	39.41	1.82	8.47
0.5		3.2154	-0.0109	-0.0026	-0.0024	-0.2696	$-28.30,$	$-3.02\pm j10.05,$	$-2.00\pm j1.92$	9.47	1.45	34.39	1.04	7.22
-0.4		6.7248	0.0012	-0.0039	-0.0042	-0.4376	$-29.74,$	$-3.54\pm j9.20,$	$-2.37\pm j1.96$	8.50	1.14	34.39	1.23	-11.36
0.1	0.4	8.3262	-0.0033	-0.0030	-0.0027	-0.3416	$-27.0,$	$-3.17\pm j8.7,$	$-3.57\pm j2.26$	8.12	1.07	31.0	1.19	0.57
0.5		10.4278	-0.0057	-0.0026	-0.0022	-0.3435	$-25.70,$	$-2.79\pm j7.96,$	$-3.25\pm j2.41$	7.54	0.97	26.64	1.05	0.34
-0.4		18.47	-0.0042	-0.0046	-0.0050	-0.6060	$-29.28,$	$-3.51\pm j7.78,$	$-3.40\pm j1.95$	6.88	0.84	30.88	0.71	-37.53
0.1	0.75	17.1647	-0.0002	-0.0034	-0.0029	-0.4720	$-25.59,$	$-2.83\pm j7.06,$	$-3.83\pm j2.18$	6.39	0.77	25.85	0.86	-14.09
0.6		20.66	-0.0007	-0.0033	-0.0023	-0.4519	$-23.78,$	$-2.34\pm j5.92,$	$-1.68\pm j1.85$	5.32	0.59	21.99	0.68	-10.49

表 2.4 より以下のことがいえる。

① X_e が増加すると K_d は減少するが，どの運転点でも 20 以上はあり，制動効果が極端に落ちることはない。安定度が厳しく，より制動効果を大きくしたい場合は，表 2.3 に示したように $q_\omega=1\,000$ とすればよい。しかし，有効電力等が変化した場合に，$q_\omega=500$ 次の設定に比較して励磁電圧の変動が大きくなる。

② K_s は運転点より 0.59〜1.71 の範囲で変化するが，AVR のみのときに比べてもあまり変化しないので特に問題はない。

③ AVR のみのときに K_d が負となって不安定であった場合にも，最適制

御によって K_d は 20 以上に改善されており，動態安定度領域が広がることがわかる。

以上のことにより，運転点が変化しても式（2.98）の評価関数は使用可能である。

〔6〕 **多変数制御 PSS の実機への適用**

多変数制御 PSS を適用する発電機の系統のインピーダンスを 0.4 p.u，通常の無効電力 Q を 0.1 p.u とする。すなわち，表 2.4 の評価関数 $500\varDelta\omega+U^2$ 時のフィードバックゲインを採用する。

$$u=8.3\varDelta\omega-0.003\,3\varDelta\delta-0.003\varDelta E_c-0.002\,7\varDelta E_{fd}-0.34\varDelta T_e \quad (2.99)$$

式（2.99）のゲインが小さい $\varDelta\delta$，$\varDelta E_c$，$\varDelta E_{fd}$ 信号を無視し，$\varDelta T_e=\varDelta P_e$ から式（2.99）の多変数制御 PSS は

$$u=8.3\varDelta\omega-0.34\varDelta P_e \quad (2.100)$$

となる。

もし系統インピーダンスや発電機，AVR により q_ω が 500 としたときに ζ が 0.3 よりも小さくなる場合は，同様な手法により重み係数 q_ω を調整すればよい。多変数制御 PSS のブロック図を図 2.65 に示す。

式（2.100）から**図 2.61** の K_p は 0.34 であり，K_ω は 8.3 である。

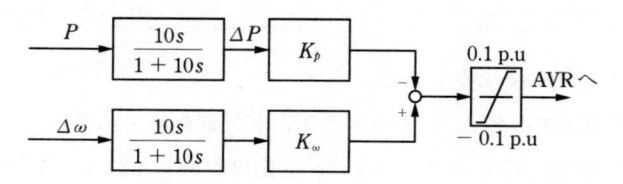

図 2.61 多変数制御 PSS ブロック図

ゲインの大きな $\varDelta\omega$，$\varDelta P$ のみを使用した式（2.100）の多変数制御 PSS が，どの程度制動トルク改善に効果があるかの確認を行うために，周波数領域における制動トルク係数の計算を行った。多変数フィードバック信号として式（2.99）と式（2.100）を適用したときの制動トルク係数を**図 2.62** に示す。この縮約した多変数制御 PSS（式（2.100））の制動トルク特性と比較するため

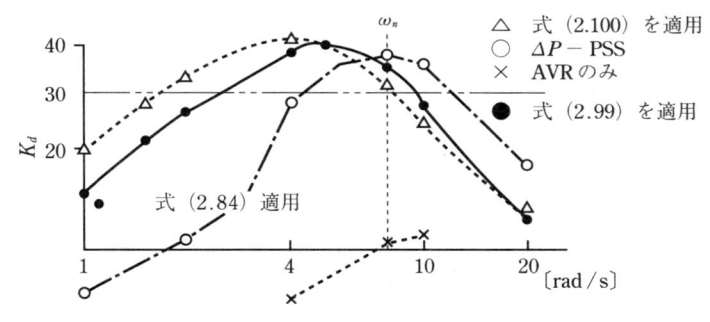

図 2.62 制御トルク係数 K_d の周波数特性

に，PSS 不使用（AVR のみ）と従来型 PSS として下記に示す。$\mathit{\Delta}P$-PSS の制動トルク特性も示している。

図 2.62 の結果から固有振動周波数 ω_n における制動トルク係数は式 (2.99)，(2.100) を適用した多変数制御 PSS と $\mathit{\Delta}P$-PSS は 30 以上であるので，式 (2.100) の評価関数は $K_d \geqq 30$ の設計条件を満足していることが確認された。なお AVR のみでは正の制動トルク係数がわずかしかないので，非常に安定度が悪く PSS が必要であることがわかる。

式 (2.100) の縮約した多変数制御 PSS が，動態安定度においても安定運転範囲の拡大に効果をもつことの確認を行う。式 (2.100) に示した多変数制御 PSS と式 (2.84) に示した $\mathit{\Delta}P$-PSS を使用した場合の動態安定度計算結果を示す。

図 2.63 は外部インピーダンス X_e が 0.4 p.u であり，図 2.64 は外部インピーダンスが 0.75 p.u の動態安定度である。通常の系統は，外部インピーダンスが 0.75 p.u 以下である。外部インピーダンスが 0.4 p.u および 0.75 p.u の場合においても多変数制御 PSS は $\mathit{\Delta}P$-PSS より動態安定度領域が拡大しているので，通常の発電機運転における安定度は確保されている。

リカッチ方程式のフィードバック解からゲインの小さな信号を無視した式 (2.100) の構成である多変数制御 PSS は，動態安定度領域が発電機の必要な運転範囲以上まで拡大しているので，式 (2.99) から式 (2.100) へ変更した事による安定性の悪化問題はないと評価できる。

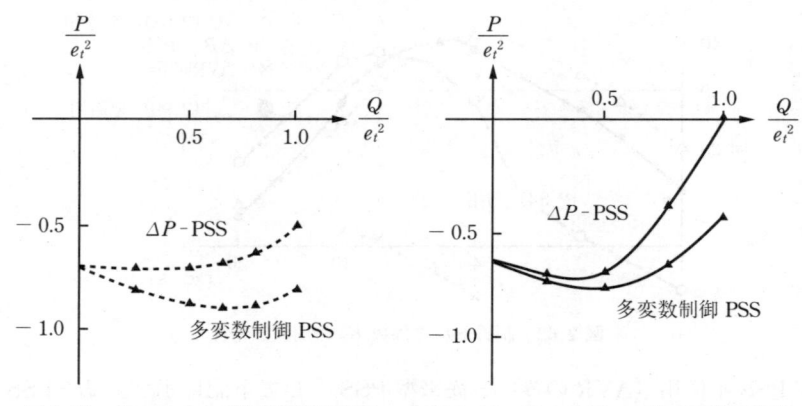

図 2.63 $X_e = 0.4$ p.u 時の動態安定度計算結果

図 2.64 $X_e = 0.75$ p.u 時の動態安定度計算結果

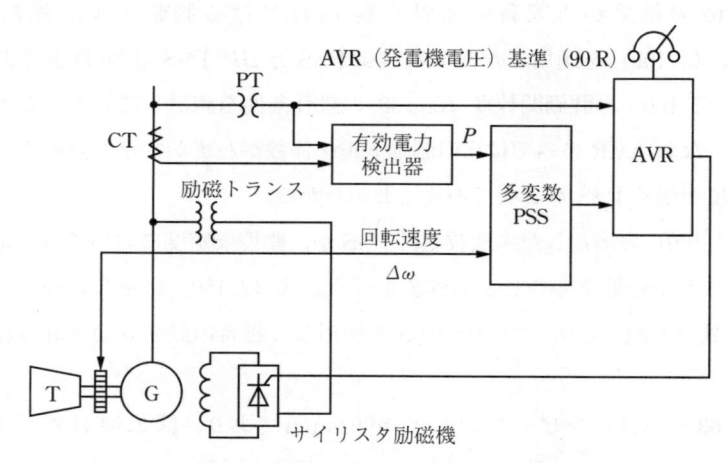

図 2.65 多変数制御 PSS を適用した励磁制御系構成図

サイリスタ励磁方式の発電機へ多変数制御 PSS を適用した励磁制御系構成図を**図 2.65** に示す。

図 2.65 に示した発電機電圧設定器 90 R に電圧を低下させるような信号をステップ上に印加したときの試験結果を**図 2.66**, **図 2.67** に示す。

PSS を使用しない場合は発電機有効電力の動揺は，8 波以上見られるが多変数制御 PSS を使用した場合に有効電力は，ほとんど動揺なしに収束している。

2.7 系統安定化装置　211

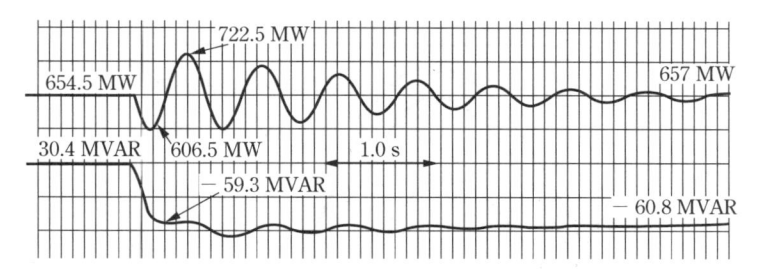

図 2.66 サイリスタ励磁方式（AVR 運転，PSS 除外）

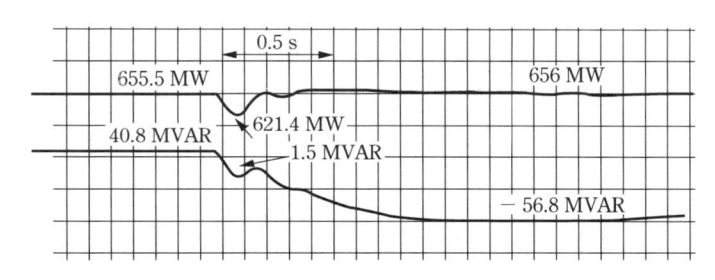

図 2.67 サイリスタ励磁方式-AVR 運転，多変数 PSS 使用
（式 (2.100)）

次に，式 (2.98) に示した評価関数が表 2.3 に示したように $\Delta\omega$ の係数が100，1000になった場合の制動トルク係数 K_d を比較する．

図 2.61 に示した多変数制御 PSS の K_p，K_ω を下記に示す．

$\Delta\omega$ 係数が 100 のとき，$K_p=0.16$，$K_\omega=2.4$

$\Delta\omega$ 係数が 500 のとき，$K_p=0.34$，$K_\omega=8.3$

$\Delta\omega$ 係数が 1000 のとき，$K_p=0.37$，$K_\omega=13.9$

設計条件である外部リアクタンス $X_e=0.4$ p.u 時の制動トルク係数を**図 2.68** に示す．

動態安定度シミュレーションは，**図 2.69** の X 点で一回線を遮断（無事故一回線開放）して系統擾乱が発生した場合について評価関数をパラメータにした計算結果を**図 2.70**〜**図 2.73** に示す．

PSS を使用しない図 2.70 では有効電力の動揺が拡大しているため，発電機は不安定である．図 2.68 からわかるように，いずれの PSS を使用しても制動

2. 発電機の励磁制御

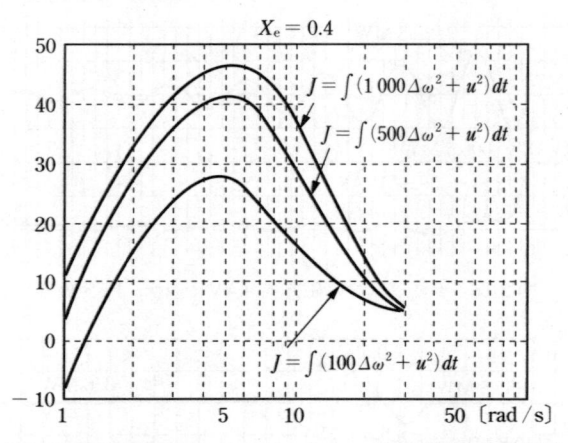

図 2.68 外部リアクタンス $X_e=0.4$ p.u 時の制動トルク係数

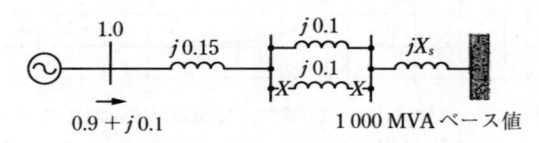

図 2.69 評価関数パラメータ時の動態安定度計算系統（$X_e=0.4$ p.u 時の $X_s=0.15$ p.u, $X_e=0.75$ p.u 時の $X_s=0.5$ p.u）

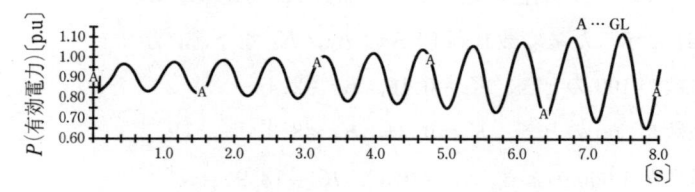

図 2.70 一機対無限大母線系統（$X_e=0.35$ p.u から 0.4 p.u）（AVR 運転, PSS 除外）

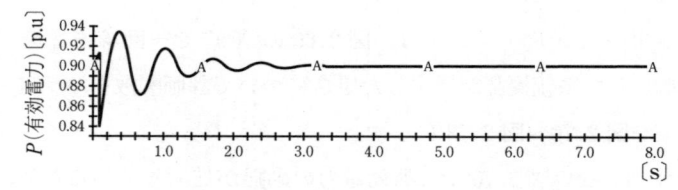

図 2.71 一機対無限大母線系統（$X_e=0.35$ p.u から 0.4 p.u）（AVR 運転, $\Delta\omega=100$ の PSS 使用）

2.7 系統安定化装置

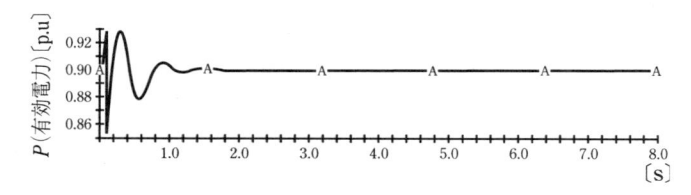

図 2.72 一機対無限大母線系統（$X_e=0.35$ p.u から 0.4 p.u）
（AVR 運転，$\Delta\omega=500$ の PSS 使用）

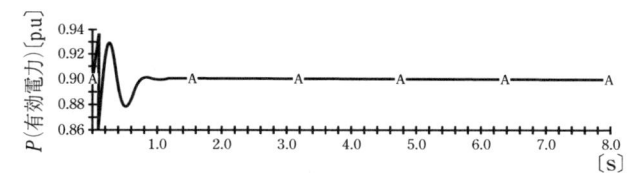

図 2.73 一機対無限大母線系統（$X_e=0.35$ p.u から 0.4 p.u）
（AVR 運転，$\Delta\omega=1\,000$ の PSS 使用）

トルク係数が正であるので，安定であることがわかる。制動トルクが大きいほど，発生した電力動揺の減衰が早いことが図 2.71〜図 2.73 を比較するとわかる。

設計した PSS が，どの程度の運転マージンをもっているかを把握するために，系統インピーダンス X_e を設計した値から増加させた検討を行う。通常の PSS は，発電機が試運転時に一度設定するとその設定で継続的に使用されることが多い。そのため，系統の状態が設計条件から送電線の潮流が増加する等により厳しくなることも考えられる。どの程度，設計条件から X_e が増加することを考えればよいかは，発電機の増設計画や系統構成の変化を考慮しなければならないが，例として設計条件の 1.5〜2 倍程度の増加を考えておくと不安定が生じる可能性は小さいと思われる。

設計条件である外部リアクタンス $X_e=0.4$ p.u から系統条件が厳しくなり，外部リアクタンスが 0.75 p.u に増加したと仮定した場合の制動トルク係数を図 2.74 に示す。

外部リアクタンスが微小変化した場合のシミュレーション結果を図 2.75〜図 2.78 に示す。

214   2. 発電機の励磁制御

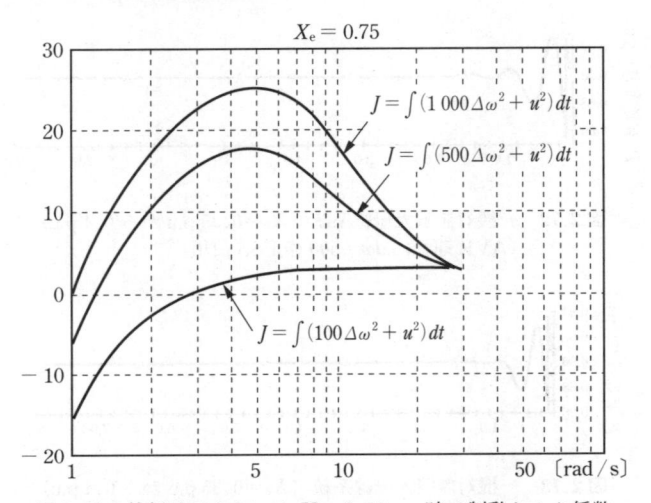

図 2.74 外部リアクタンス $X_e=0.75$ p.u 時の制動トルク係数

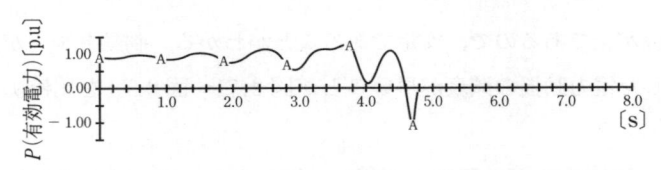

図 2.75 一機対無限大母線系統（$X_e=0.7$ p.u から 0.75 p.u）
（AVR 運転，PSS 除外）

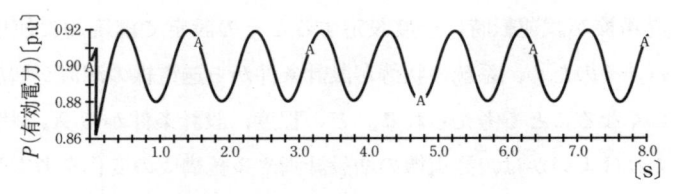

図 2.76 一機対無限大母線系統（$X_e=0.7$ p.u から 0.75 p.u）
（AVR 運転，$\Delta\omega=100$ の PSS 使用）

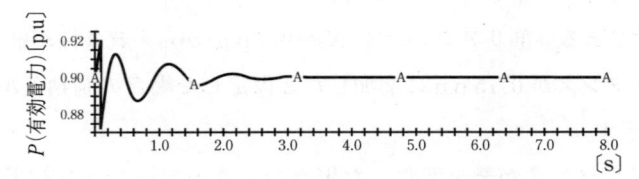

図 2.77 一機対無限大母線系統（$X_e=0.7$ p.u から 0.75 p.u）
（AVR 運転，$\Delta\omega=500$ の PSS 使用）

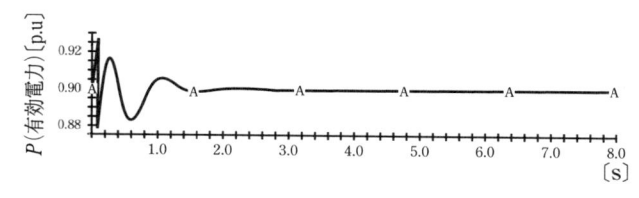

図 2.78 一機対無限大母線系統（$X_e=0.7$ p.u から 0.75 p.u）
（AVR 運転，$\Delta\omega=1\,000$ の PSS 使用）

以上見てきたように，リカッチ方程式を利用した設計では，系統条件が厳しくなると評価関数の係数を増加させればよい。

2.7.3 PSS 出力リミッタ

PSS は，AVR へ送る信号の最大と最小を決めるリミッタ（出力信号制限）をもたせている。発電機の電圧は，電気学会　電気規格調査会標準規格の同期機（JEC-114-1979）の p.27 に記載された値である「発電機電圧変化　100 % ±5 %」の範囲で使用しても実用上支障があってはならない（安定な運転を維持し，同期機の寿命を著しく短縮しない）と規定されている。発電機メーカは，この規格に基づいて発電機を製作している。

図 2.23 や図 2.65 に示した発電機電圧設定器 90 R（AVR の電圧基準）は

発電機電圧を 90 % から 110 % の範囲で調整（火力や原子力発電機に多い）

発電機電圧を 80 % 110 % の範囲で調整（水力発電機に多い）

である。PSS の出力信号（出力リミッタの信号）は，90 R に重畳されるので，発電機電圧は 90 R の設定値と PSS 出力信号の和になるように調整される。PSS の適用目的は，制動トルク係数の増加であるので，動態安定度の向上である。発電機が，通常運転をしているときに受ける負荷変動を受けて，PSS が制御信号を出力する値はほとんど無視できる程度であるので，発電機の電圧は PSS 制御による変動は無視できる程度である。

以上から，PSS 出力が，リミッタの最大，最小まで動くことは，大きな系統擾乱（系統の地絡事故等）が発生した場合であり，この動揺の抑制は数秒である。また，PSS の出力制限幅を必要以上に大きくしても，制動効果は制限

2. 発電機の励磁制御

の拡大に比例して大きくなることはない。

　以上から，PSS の出力制限は，±3％から±10％の間に設定される。PSS が，出力を継続的に出したり，また系統電圧が低下して AVR が発電機の電圧を 90R の設定値に維持するように動作した結果，発電機の界磁電流が増加して過励磁状態になることが考えられる。励磁システムには，この発電機過励磁を防止する目的で，表 2.2 に示した過励磁制限装置（OEL）が適用されている。したがって，PSS の出力制限を大きくして，発電機が過励磁状態になったとしても，この OEL により過励磁が制限されて，発電機は運転を継続することができる。このために，PSS の出力制限は，JEC 114 の規定幅である発電機電圧変動±5％に相当する±5％か 90R の調整幅である±10％（発電機電圧の 90％から 110％であるので，±10％）のどちらかに設定される場合が多い。

2.8　ま　と　め

　発電機の制御として，最も重要で基本である励磁制御と励磁制御による安定度向上について説明した。励磁制御は，発電機端子電圧を運転員の指示値（電圧設定器 90R で設定する）になるように発電機の界磁電流を調整することが基本の機能である。発電機を構成する回転子（界磁巻線）や 3 相交流を発生する電機子巻線には，絶縁や温度から決まる，電圧や電流の制限があるために，これらの制限を逸脱しないように発電機に対する運転制限を設けている。励磁システムは，サイリスタ励磁システムが主流であり，発電機の容量に関係なく適用が可能である。他の励磁システムとしては，交流励磁機の回転子にダイオード整流器を設けて，回転子に外部から界磁を印加する時に必要なブラシを無くした，ブラシレス励磁方式がある。どちらの励磁システムを採用するかは，導入時や保守の経済性等を考慮してユーザーが決定する。発電機から送電する対象の負荷までの距離が遠い場合は，発電機から負荷までの線路インピーダンスが大きくなるために，相差角が大きくなる。相差角が大きくなると，例えば負荷の変動が発生した場合に，発電機から送電される有効電力に動揺が発生

2.8 まとめ

し，その減衰時間が遅くなる。さらに相差角が開くような条件（進み力率の運転）で運転されると，有効電力の動揺が拡大し，発電機が系統に送電を継続できない（脱調）現象が発生する。このように，発電機の運転を安定にする（動態安定度）ために，系統安定化装置（PSS）が導入されている。このPSSは，一般的に，交流励磁機方式に適用する場合に比較して，サイリスタ励磁システムに適用する方が有効電力の動揺の減衰効果を高く設定することができる。

発電機の電圧を設定値90Rに維持する自動電圧調整器（AVR）は，発電機が定格回転速度に到達したときに，発電機の電圧を発生させるために使用される。その後，90Rを調整して，発電機電圧を系統電圧に合わせて，発電機遮断器を閉じて発電機と系統を並列する。AVR，PSSや各種の制限装置が，動作する場合の応答性，安定性を設計時点で検討しなければならない。また，発電機が，系統と並列運転中に発生する系統事故に対して，系統全体の安定度，発電機の電力動揺抑制効果の検討も必要になる場合がある。発電機のモデルは，パークの式で表現されており，この式を適用して発電機の動特性を検討することが多い。パークの式は，電機子回路，界磁回路，制動回路から構成されている。発電機が，系統と並列する前の無負荷時におけるAVRの応答や安定（オーバシュート，整定時間）仕様を満足するような制御定数を設計する場合には，発電機モデルは一次遅れの簡便なモデルで十分な精度になる。発電機が，並列運転中の安定度を拡大するときのモデルや過渡安定度の発電機モデルは，モデルの複雑さが異なる。発電機モデルは，対象とする現象により，異なることが一般的である。どの程度のモデルを適用するかは，対象とする現象の検討精度を満足し，制御定数を設計する場合の扱い易さで決めることが多い。今回は，発電機モデルとして説明していないが，発電機が系統と並列運転している状態（負荷運転）から，何らかの原因で発電機用の遮断器を開放して発電機を無負荷にしなければならないことがある。これを発電機負荷遮断と呼ぶ。この場合，発電機の電機子に電流が流れている状態から，突然電流が切られるために発電機の内部の磁束が大きく変化する。これを模擬する場合の発電機モデルは，パークの式で表現されているモデルではなく，発電機の界磁と電機子

間の相互リアクタンスの飽和，q軸回路への巻線の追加等が必要となる。このように，対象とする現象により，発電機モデルの構成が変わってくる。

　すでに実用化されている安定度を向上するシステムとしては，電圧安定度と動態安定度向上を図ることができる静止型無効電力補償装置 SVC（static var compensator），送電線のリアクタンスを補償して発電機の相差角を小さくする直列コンデンサ SC（series capacitor）や発電機の至近端で接地事故が発生したような過渡的に最も厳しい過渡安定度の向上を図る制動抵抗 SDR（system damping resister）等のシステムがあり，また運用面では再閉路運用等があるが，詳細については他書を参照いただきたい。

引用・参考文献

1) E. W. Kimbark : Power System Stability-Vol.**3**, John Wiley and Sons, pp. 52〜69（1957）
2) F. S. Rothe : An Introduction to Power System Analysis, John Wiley and Sons. Inc., pp.67〜87（1953）
3) F. S. Rothe : An Introduction to Power System Analysis, John Wiley and Sons, Inc, pp.76〜82
4) 小池東一郎：送配電工学，pp.76〜80，pp.255〜264，養賢堂
5) 関根泰次：電力系統解析理論，pp.25〜131，電気書院
6) 木村久男 他：電子演算手法，pp.253〜269，コロナ社（1970）
7) R. H. Park : Two-Reaction Theory of Synchronous Machine Part 1, AIEE Trans. No.48, p.716（1929）
8) K. Hirayama : Practical Detailed Model for Generators, IEEE Trans. EC Vol.**10**, No.1 Mar. pp.105〜110（1995）
9) F. P. Demello and C. Concordia : Concepts of Synchronous Machine Stability as affected by Exciter Control, IEEE Trans. PAS-88, pp.316〜325（1969.4）
10) Y. Yu. et. al. : Experimental Determination of Exact Eqivalent Circuit Parameters of Synchronous Machines, IEEE Trans. PAS-90
11) I. Nagy : Block Diagrams and Torque-Angle Loop Analysis of Synchro-

nous Machines, IEEE Trans. PAS-90, No.4, p.1528 (1971)
12) G. Manchur et al.：Generator Models Established by Frequency Response Tests, IEEE Trans. PAS-91, No.5, p.2077 (1972)
13) G. Xie et al.：Nonlinear Model of Synchronous Machines with Saliency, IEEE Trans. EC-1, No.3, p.198 (1986)
14) S. H. Minnich et al.：Saturation Functions for Synchronous Generators from Finite Elements, IEEE Trans. EC-2, No.4, p.103 (1987)
15) A. M. Ei-Serafi et al.：Saturated Synchronous Reactance of Synchronous Machines, IEEE Trans. EC-7, No.3, p.570 (1992)
16) M. Namba et al.：Development for Measurement of Operating Parameters of Synchronous Generators and Control Systems, IEEE Trans. PAS-100, No.2, p.618 (1981)
17) Van-QueDo：A Real‐Time Model of the Synchronous Machine based on Digital Signal Processors, IEEE Trans. PAS-Vol.8, No.2, p.60 (1993)
18) 市川邦彦：自動制御の理論と実際，p.82，産業図書
19) 高橋安人：システムと制御，p.210，岩波図書
20) J. J. D'Azzo and C. H. Houpis：Feedback Control Systems Analysis and Synthesis, pp.81～83, McGRAW HILL
21) 中山健一 他：配電盤・制御機器，pp.322～335，東京電機大学
22) ポントリアギン：最適過程の数学的理論，pp.9～66，pp.127～152，総合図書
23) ボルチャンスキー：最適制御の数学的方法，pp.1～45，pp.175～208
24) シュルツ，メルサ：状態関数と線形制御系，pp.256～263，学献社
25) K. Hirayama et al.：Digital AVR Application to Power Plants, IEEE Trans. Vol.8, No.4, Dec. p.602 (1993)
26) 平山，片瓜：火力発電所の電力制御装置高度化の動向，火力原子力発電，Vol.**43**, No.429, p.670 (1992.6)
27) 小林，舟山，平山 他：簡単な系統安定化装置の設計手法と実機試験結果，電気学会論文誌 B，Vol.**115**-B, No.11 (1995)
28) F. P. Demello and C. Concordia：Concepts of Synchronous Machine Stability as affected by Excitation Control, IEEE Trans. PAS-88, No.4, pp.316～329 (1969-4)
29) W. Watson and M. E. Coultes：Static Exciter Stablizing Signals on Large Generators‐Mechanical Problems, IEEE Winter Meeting, PES, pp.72～228 (1972)

30) Easton, Fitzpatrick and Parton : The Performance of Continously Acting Voltage Regulators with Additional Rotor Angle Control, CIGRE, Paper 325 (1960)
31) M. L. Crenshaw, R. P. Schuly and W. M. Jemoshok : Althyrex Excitation System with Power Systems Stabilizer, IEEE Summer Power Meeting, 70 CP 563-PWR (1970)
32) R. M. Shier and A. L. Blythe : Field Test of Dynamic Stability using a Stabiiizing Signal and Computer Program Verfication, IEEE Trans. PAS-87, No.2, Feburary, pp.315〜322 (1968)
33) W. Watson and G. Manchur : Experience with Supplementary Damping Signals For Generator Static Excitation Systems, IEEE Winter Power Meeting.T 72 227-2 (1972)
34) Y. Yu : Application of an Optimal Control Theory to a Power Systems, IEEE Trans. PAS-89, p.55 (1970-1)
35) Y. Yu and C. Sigger : Stabilization and Optimal Control Signals for a Power Systems, IEEE Trans. p.1469 (1970-7)
36) J. Bartlett : Performance of a 5kVA Synchonous Generator with an Optimal Excitation Regulator, PROC, IEEE, Vol.**120**, No.10, p.1250 (1973-10)
37) A. Felichi, X. Zhang and C. Sims : Power Systems Stablizers Design using Optimal Reduced Order Models, Part 1, IEEE, Trans. Vol.**4**, p.1670 (1988-11)

付　　録

付1　動態安定度ブロック図（$K_1 \sim K_6$）

付図1に動態安定度を解析する一機対無限大母線系統図を示す。

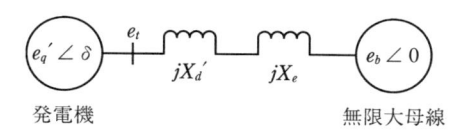

付図1　一機対無限大母線系統図

パークの電圧式を下記に示す。

$e_d = s\varphi_d - \varphi_q s\theta - Ri_d$

$e_q = s\varphi_q + \varphi_d s\theta - Ri_q$

$e_{fd} = s\varphi_{fd} + R_{fd}i_{fd}$

$0 = s\varphi_{kd} + R_{kd}i_{kd}$

$0 = s\varphi_{kq} + R_{kq}i_{kq}$

s は，ラプラス演算子であり，$s = \dfrac{d}{dt}$ である。

パークの磁束の式を下記に示す。

$\varphi_d = X_{ad}i_{fd} + X_{ad}i_{kd} - X_d i_d$

$\varphi_q = X_{aq}i_{kq} - X_q i_q$

$\varphi_{fd} = X_{ff}i_{fd} + X_{ad}i_{kd} - X_{ad}i_d$

$\varphi_{kd} = X_{kk}i_{kd} + X_{ad}i_{fd} - X_{ad}i_d$

$\varphi_{kq} = X_{kk}i_{kq} - X_{aq}i_q$

電機子変圧器効果（$s\varphi_d = 0$, $s\varphi_q = 0$），電機子抵抗 R（$R = 0$），ダンパ回路を無視し，回転速度 $s\theta$ を 1（回転子の回転速度が，定格回転を意味する）とする。

$$\left.\begin{aligned}
e_d &= -\varphi_q \\
e_q &= \varphi_d \\
\varphi_d &= X_{ad}i_{fd} - X_d i_d \\
\varphi_{fd} &= X_{ffd}i_{fd} - X_{ad}i_d \\
\varphi_q &= -X_q i_q \\
e_{fd} &= \frac{1}{\omega_0}s\varphi_{fd} + R_{fd}i_{fd}
\end{aligned}\right\} \quad (付1.1)$$

回転子の運動方程式を下記に示す。

$$\left.\begin{aligned}
\frac{M}{\omega_0}s^2\theta + \frac{D}{\omega_0}s\theta &= T_m - T_e \\
T_e &= \varphi_d i_q - \varphi_q i_d \\
&= (X_{ad}i_{fd} - X_d i_d)i_q - (-X_q i_q)i_d \\
&= (X_{ad}i_{fd} - (X_d - X_q)i_d)i_q \\
&= E_q i_q
\end{aligned}\right\} \quad (付1.2)$$

系統との接続条件式を示す。

$$\begin{aligned}
e_t &= e_b + (r_e + jX_e)i_t \\
&= e_b + jX_e i_t \quad (r_e = 0) \\
e_d + je_q &= e_{bd} + je_{bq} + jX_e(i_d + ji_q) \\
&= e_{bd} - X_e i_q + j(e_{bq} + X_e i_d)
\end{aligned}$$

ただし，e_t は発電機端子電圧，e_b は無限大母線電圧，e_{bd} は無限大母線電圧の d 軸投影分，e_{bq} は q 軸投影分，r_e，X_e は発電機端子から無限大母線までの線路インピーダンスである。

上式から

$$\left.\begin{aligned}
e_d &= e_{bd} - X_e i_q \\
e_q &= e_{bq} + X_e i_d
\end{aligned}\right\} \quad (付1.3)$$

また

$$e_t{}^2 = e_d{}^2 + e_q{}^2 \quad (付1.4)$$

以上から，微少変動の式を求める。

式（付1.1）から

$$\begin{aligned}
e_d &= -\varphi_q = -(-X_q i_q) = X_q i_q \\
e_q &= \varphi_d = X_{ad}i_{fd} - X_d i_d \\
e_{fd} &= \frac{1}{\omega_0}s\varphi_{fd} + R_{fd}i_{fd} \\
\varphi_{fd} &= \frac{X_{ffd}}{X_{ad}}e_q{}'
\end{aligned}$$

付1 動態安定度ブロック図 ($K_1 \sim K_6$)

$$T_{d0}' = \frac{X_{ffd}}{\omega_0 R_{fd}}$$

$$E_{fd} = \frac{X_{ffd}}{X_{ad}} e_{fd}$$

これを微少変動させる。

$$\Delta e_d = X_q \Delta i_q \tag{付1.5}$$

$$\Delta e_q = X_{ad} \Delta i_{fd} - X_d \Delta i_d \tag{付1.6}$$

$$\left.\begin{aligned} e_{fd} &= \frac{R_{fd}}{X_{ad}} E_{fd} \\ &= \frac{X_{ffd}}{\omega_0 X_{ad}} s e_q' + R_{fd} i_{fd} \\ \Delta E_{fd} &= T_{d0}' s \Delta e_q' + X_{ad} \Delta i_{fd} \\ s \Delta e_q' &= \frac{\Delta E_{fd} - X_{ad} \Delta i_{fd}}{T_{d0}'} \end{aligned}\right\} \tag{付1.7}$$

$$e_q' = e_q + X_d' i_d$$

$$\Delta e_q' = \Delta e_q + X_d' \Delta i_d \tag{付1.8}$$

式（付1.2）から

$$\frac{M}{\omega_0} s^2 \Delta \delta + \frac{D}{\omega_0} s \Delta \delta = \Delta T_m - \Delta T_e \tag{付1.9}$$

$$T_e = E_q i_q$$

$$\Delta T_e = i_q \Delta E_q + E_q \Delta i_q \tag{付1.10}$$

式（付1.3）から

$$e_d = e_{bd} - X_e i_q$$
$$= e_b \sin \delta - X_e i_q$$
$$e_q = e_{bq} + X_e i_d$$
$$= e_b \cos \delta + X_e i_d$$

より

$$\Delta e_d = e_b \cos \delta \; X_e \Delta i_q \tag{付1.11}$$

$$\Delta e_q = -e_b \sin \delta \Delta \delta + X_e \Delta i_d \tag{付1.12}$$

式（付1.4）から

$$\Delta e_t = \frac{e_d}{e_t} \Delta e_d + \frac{e_q}{e_t} \Delta e_q \tag{付1.13}$$

これらの式から，Δe_t，$\Delta e_q'$，$\Delta \delta$ および ΔE_{fd} を残して整理する。

式（付1.5）と式（付1.11）から

$$\left.\begin{aligned}\Delta e_d &= X_q \Delta i_q \\ \Delta e_d &= e_b \cos \delta - X_e \Delta i_q \\ \Delta e_d &= \frac{X_q e_b \cos \delta}{X_e + X_q} \Delta \delta \\ \Delta i_q &= \frac{e_b \cos \delta}{X_e + X_q} \Delta \delta\end{aligned}\right\} \quad (付1.14)$$

式 (付 1.8) と式 (付 1.12) から

$$\left.\begin{aligned}\Delta e_q' &= \Delta e_q + X_d' \Delta i_d \\ \Delta e_q &= -e_b \sin \delta \Delta \delta + X_e \Delta i_d \\ \Delta e_q &= \frac{X_e}{X_e + X_d'} \Delta e_q' - \frac{X_d' e_b \sin \delta}{X_e + X_d'} \Delta \delta \\ \Delta i_d &= \frac{1}{X_e + X_d'} \Delta e_q' + \frac{e_b \sin \delta}{X_e + X_d'} \Delta \delta\end{aligned}\right\} \quad (付1.15)$$

また

$$E_q = e_q' + (X_q - X_d') i_d$$

から

$$\Delta E_q = \Delta e_q' + (X_q - X_d') \Delta i_d \quad (付1.16)$$

式 (付 1.15), (付 1.16) から

$$\Delta E_q = \frac{X_e + X_q}{X_e + X_d'} \Delta e_q' \frac{X_q - X_d'}{X_e + X_d'} e_b \sin \delta \Delta \delta \quad (付1.17)$$

$$e_q = \varphi_d = X_{ad} i_{fd} - X_d i_d$$

$$\Delta i_{fd} = \frac{\Delta e_q + X_d \Delta i_d}{X_{ad}}$$

から

$$\Delta i_{fd} = \frac{X_e + X_d}{X_{ad}(X_e + X_d')} \Delta e_q'$$
$$+ \frac{X_d - X_d'}{X_{ad}(X_e + X_d')} e_b \sin \delta \Delta \delta \quad (付1.18)$$

式 (付 1.13), (付 1.14), (付 1.15) から

$$\begin{aligned}\Delta e_t &= \frac{e_d}{e_t} \Delta e_d + \frac{e_q}{e_t} \Delta e_q \\ &= \left(\frac{e_d}{e_t} \cdot \frac{X_q}{X_e + X_q} e_b \cos \delta - \frac{e_q}{e_t} \cdot \frac{X_d'}{X_e + X_d'} e_b \sin \delta\right) \Delta \delta \\ &\quad + \frac{e_q}{e_t} \cdot \frac{X_e}{X_e + X_d'} \Delta e_q'\end{aligned} \quad (付1.19)$$

式 (付1.10), (付1.14), (付1.17) から

$$\begin{aligned}
\varDelta T_e &= i_q \varDelta E_q + E_q \varDelta i_q \\
&= \frac{X_e + X_q}{X_e + X_d{}'} i_q \varDelta e_q{}' \\
&\quad + \left(\frac{X_q - X_d{}'}{X_e + X_d{}'} i_q e_b \sin \delta + \frac{1}{X_e + X_q} E_q e_b \cos \delta \right) \varDelta \delta \\
&= \frac{1}{X_e + X_d{}'} e_b \sin \delta \varDelta e_q{}' \\
&\quad + \left(\frac{X_q - X_d{}'}{X_e + X_d{}'} i_q e_b \sin \delta + \frac{1}{X_e + X_q} E_q e_b \cos \delta \right) \varDelta \delta
\end{aligned} \quad \text{(付 1.20)}$$

式 (付1.7), (付1.18) から

$$\begin{aligned}
s\varDelta e_q{}' &= \frac{\varDelta E_{fd} - X_{ad} \varDelta i_{fd}}{T_{d0}{}'} \\
X_{ad} \varDelta i_{fd} &= \frac{X_e + X_d}{X_e + X_d{}'} \varDelta e_q{}' + \frac{X_d - X_d{}'}{X_e + X_d{}'} e_b \sin \delta \varDelta \delta \\
\left(T_{d0}{}' s + \frac{X_e + X_d}{X_e + X_d{}'} \right) \varDelta e_q{}' &= \varDelta E_{fd} - \frac{X_e - X_d{}'}{X_e + X_d{}'} e_b \sin \delta \varDelta \delta \\
\varDelta e_q{}' &= \frac{\dfrac{X_e + X_d}{X_e + X_d{}'}}{1 + \dfrac{X_e + X_d{}'}{X_e + X_d} T_{d0}{}' s} - \frac{\dfrac{X_e + X_d{}'}{X_e + X_d} \cdot \dfrac{X_e - X_d{}'}{X_e + X_d{}'} e_b \sin \delta}{1 + \dfrac{X_e + X_d{}'}{X_e + X_d} T_{d0}{}' s} \varDelta \delta
\end{aligned} \quad \text{(付 1.21)}$$

K_1 から K_6 までの式を示す。

$$\begin{aligned}
\varDelta T_e &= K_1 \varDelta \delta + K_2 \varDelta e_q{}' \\
\varDelta e_q{}' &= \frac{K_3}{1 + K_3 T_{d0}{}' s} \varDelta E_{fd} - \frac{K_3 K_4}{1 + K_3 T_{d0}{}' s} \varDelta \delta \\
\varDelta e_t &= K_5 \varDelta \delta + K_6 \varDelta e_q{}'
\end{aligned} \quad \text{(付 1.22)}$$

K_1, K_2 は, 式 (付1.20) と式 (付1.22) の第1式を比較して得ることができる。

$$\begin{aligned}
\varDelta T_e &= i_q \varDelta E_q + E_q \varDelta i_q \\
&= \frac{X_e + X_q}{X_e + X_d{}'} i_q \varDelta e_q{}' \\
&\quad + \left(\frac{X_q - X_d{}'}{X_e + X_d{}'} i_q e_b \sin \delta + \frac{1}{X_e + X_q} E_q e_b \cos \delta \right) \varDelta \delta \\
&= \frac{1}{X_e + X_d{}'} e_b \sin \delta \varDelta e_q{}' \\
&\quad + \left(\frac{X_q - X_d{}'}{X_e + X_d{}'} i_q e_b \sin \delta + \frac{1}{X_e + X_q} E_q e_b \cos \delta \right) \varDelta \delta
\end{aligned}$$

$$K_1 = \frac{X_q - X_d'}{X_e + X_d'} i_q e_b \sin\delta + \frac{1}{X_e + X_q} E_q e_b \cos\delta$$

$$K_2 = \frac{1}{X_e + X_d'} e_b \sin\delta$$

(付1.23)

K_3, K_4 は，式（付1.21）と式（付1.22）の第2式を比較して得ることができる．

$$\Delta e_q' = \frac{\dfrac{X_e + X_d'}{X_e + X_d}}{1 + \dfrac{X_e + X_d'}{X_e + X_d} T_{d0}' s} - \frac{\dfrac{X_e + X_d'}{X_e + X_d} \cdot \dfrac{X_e - X_d'}{X_e + X_d'} e_b \sin\delta}{1 + \dfrac{X_e + X_d'}{X_e + X_d} T_{d0}' s} \Delta\delta$$

$$K_3 = \frac{X_e + X_d'}{X_e + X_d}$$

$$K_4 = \frac{X_e - X_d'}{X_e + X_d'} e_b \sin\delta$$

(付1.24)

K_5, K_6 は，式（付1.22）の第1式と式（付1.19）である下式と比較して得られる．

$$\Delta e_t = \frac{e_d}{e_t} \Delta e_d + \frac{e_q}{e_t} \Delta e_q$$

$$= \left(\frac{e_d}{e_t} \cdot \frac{X_q}{X_e + X_q} e_b \cos\delta - \frac{e_q}{e_t} \cdot \frac{X_d'}{X_e + X_d'} e_b \sin\delta \right) \Delta\delta$$

$$+ \frac{e_q}{e_t} \cdot \frac{X_e}{X_e + X_d'} \Delta e_q'$$

$$K_5 = \frac{e_d}{e_t} \cdot \frac{X_q}{X_e + X_q} e_b \cos\delta - \frac{e_q}{e_t} \cdot \frac{X_d'}{X_e + X_d'} e_b \sin\delta$$

$$K_6 = \frac{e_q}{e_t} \cdot \frac{X_e}{X_e + X_d'}$$

(付1.25)

付2　一機対無限大母線系統ブロック図から状態方程式

図2.32を使用してリカッチ方程式を解くための状態方程式，式（2.87）に変換する式を以下に示す．ただし，図2.32のAVR回路 $G(s)$ の詳細は図2.56の変数制御PSS適用制御システム構成に示されているので，それを参照する．

図2.32から

（1）$\Delta\omega$ と $\Delta\delta$ の関係

$$\Delta\delta = \frac{\omega_0}{s} \Delta\omega$$

より

$$s\Delta\delta = \omega_0 \Delta\omega$$

(付2.1)

付2 一機対無限大母線系統ブロック図から状態方程式　　227

（2）ΔT_e と ΔE_{fd}, $\Delta \delta$ の関係

$$\left.\begin{aligned}
\Delta e_q' &= \frac{K_3}{1+K_3 T_{dO}'s}(\Delta E_{fd} - K_4 \Delta \delta) \\
\Delta T_{e2} &= K_2 \Delta e_q' = \frac{K_2 K_3}{1+K_3 T_{dO}'s}(\Delta E_{fd} - K_4 \Delta \delta) \\
\Delta T_{e1} &= K_1 \Delta \delta \\
\Delta T_e &= \Delta T_{e1} + \Delta T_{e2} \\
&= K_1 \Delta \delta + \frac{K_2 K_3}{1+K_3 T_{do}'s}(\Delta E_{fd} - K_4 \Delta \delta) \\
&= \frac{K_2 K_3}{1+K_3 T_{do}'s}\Delta E_{fd} + \frac{K_1 - K_2 K_3 K_4 + K_1 K_3 T_{do}'s}{1+K_3 T_{do}'s}\Delta \delta
\end{aligned}\right\} \quad (付2.2)$$

となる。

$$\Delta T_e = \frac{K_2 K_3}{1+K_3 T_{do}'s}\Delta E_{fd} + \frac{K_1 - K_2 K_3 K_4 + K_1 K_3 T_{do}'s}{1+K_3 T_{do}'s}\Delta \delta$$

より

$$(1+K_3 T_{do}'s)\Delta T_e = K_2 K_3 \Delta E_{fd} + (K_1 - K_2 K_3 K_4 + K_1 K_3 T_{do}'s)\Delta \delta \quad (付2.3)$$

$$s\Delta T_e = -\frac{1}{K_3 T_{do}'}\Delta T_e + \frac{K_2}{T_{do}'}\Delta E_{fd} + \frac{(K_1 - K_2 K_3 K_4 + K_1 K_3 T_{do}'s)}{K_3 T_{do}'}\Delta \delta$$

式（付2.1）を式（付2.3）に代入する。

$$s\Delta T_e = -\frac{1}{K_3 T_{do}'}\Delta T_e + \frac{K_2}{T_{do}'}\Delta E_{fd} + \frac{(K_1 - K_2 K_3 K_4 + K_1 K_3 T_{do}'s)}{K_3 T_{do}'}\Delta \delta \quad (付2.4)$$

$$s\Delta T_e = -\frac{1}{K_3 T_{do}'}\Delta T_e + \frac{K_2}{T_{do}'}\Delta E_{fd} + \frac{K_1 - K_2 K_3 K_4}{K_3 T_{do}'}\Delta \delta + K_1 \omega_0 \Delta \omega$$

（3）トルクと $\Delta \omega$ の関係

$$\Delta \omega = \frac{\Delta T_m - \Delta T_e - D\Delta \omega}{Ms}$$

より

$$s\Delta \omega = \frac{\Delta T_m}{M} - \frac{\Delta T_e}{M} - \frac{D\Delta \omega}{M} \quad (付2.5)$$

（4）ΔT_e, $\Delta \delta$ と ΔE_c の関係

$$\Delta e_t = K_5 \Delta \delta + K_6 \Delta e_q'$$

$$\Delta T_e = K_1 \Delta \delta + K_2 \Delta e_q'$$

$$\Delta e_q' = \frac{\Delta T}{K_{2e}} - \frac{K_1 \Delta \delta}{K_2}$$

$$\Delta e_t = K_5 \Delta \delta + K_6 \left(\frac{\Delta T}{K_{2e}} - \frac{K_1 \Delta \delta}{K_2}\right)$$

$$\Delta e_t = \frac{K_6 \Delta T}{K_2} + \left(K_5 - \frac{K_1 K_6}{K_2}\right)\Delta\delta$$

AVR回路 $G(s)$ は，図 2.56 から**付図 2** のような構成である。

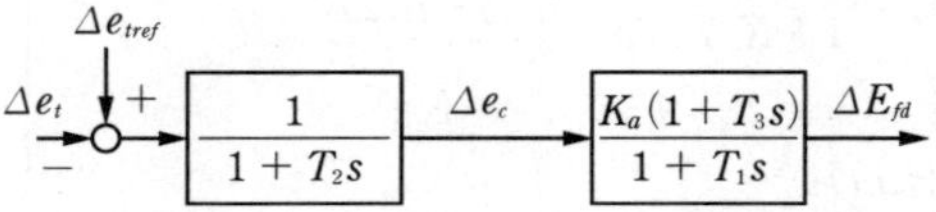

付図 2 AVR回路 $G(s)$ ブロック図

$$\Delta E_c = \frac{K_a}{1+T_2 s}(\Delta e_{tref} - \Delta e_t) \tag{付 2.6}$$

式（付 2.6）に式（付 2.5）を代入する。

$$\Delta E_c = \frac{K_a}{1+T_2 s}\left(\Delta e_{tref} - \frac{K_6 \Delta T_e}{K_2} - \left(K_5 - \frac{K_1 K_6}{K_2}\right)\Delta\delta\right) \tag{付 2.7}$$

式（付 2.4）と同様な形式に書き直す。

$$s\Delta E_c = -\frac{\Delta E_c}{T_2} + \frac{K_a \Delta e_{tref}}{T_2} - \frac{K_a K_6 \Delta T_e}{K_2 T_2} + \frac{K_a}{T_2}\left(\frac{K_1 K_6}{K_2} - K_5\right)\Delta\delta$$

$$\Delta E_{fd} - \frac{T_3}{T_1}\Delta E_c = \frac{1-\dfrac{T_3}{T_1}}{1+T_1 s}\Delta E_c$$

$$(1+T_1 s)\Delta E_{fd} = (1+T_1 s)\frac{T_3}{T_1}\Delta E_c + \left(1 - \frac{T_3}{T_1}\right)\Delta E_c$$

$$= T_3 s \Delta E_c + \Delta E_c \tag{付 2.8}$$

$$s\Delta E_{fd} = -\frac{\Delta E_{fd}}{T_1} + \frac{T_3 s}{T_1}\Delta E_c + \frac{\Delta E_c}{T_1}$$

$s\Delta E_c$ として，式（付 2.7）を式（付 2.8）に代入する。

$$s\Delta E_{fd} = -\frac{\Delta E_{fd}}{T_1}$$
$$+ \frac{T_3}{T_1}\left(-\frac{\Delta E_c}{T_2} + \frac{K_a \Delta e_{tref}}{T_2} - \frac{K_a K_6 \Delta T_e}{K_2 T_2} - \frac{K_a}{T_2}\left(K_5 - \frac{K_1 K_6}{K_2}\right)\Delta\delta\right)$$
$$+ \frac{\Delta E_c}{T_1}$$

$$s\Delta E_{fd} = -\frac{\Delta E_{fd}}{T_1} + \frac{1}{T_1}\left(1 - \frac{T_3}{T_2}\right)\Delta E_c + \frac{K_a \Delta e_{tref}}{T_2} - \frac{K_a T_3 K_6 \Delta T_e}{T_1 T_2 K_2}$$
$$+ \frac{K_a T_3}{T_1 T_2}\left(\frac{K_1 K_6}{K_2} - K_5\right)\Delta\delta \tag{付 2.9}$$

(5) 状態方程式

式(2.87)と同じように書き直す。

式(付2.5),(付2.1),(付2.7),(付2.9),(付2.4)の順に並べる。

$$\left. \begin{array}{l} s\Delta\omega = \dfrac{\Delta T_m}{M} - \dfrac{\Delta T_e}{M} - \dfrac{D\Delta\omega}{M} \\[2mm] s\Delta\delta = \omega_0 \Delta\omega \\[2mm] s\Delta E_c = -\dfrac{\Delta E_c}{T_2} + \dfrac{K_a \Delta e_{tref}}{T_2} - \dfrac{K_a K_6 \Delta T_e}{K_2 T_2} + \dfrac{K_a}{T_2}\left(\dfrac{K_1 K_6}{K_2} - K_5\right)\Delta\delta \\[2mm] s\Delta E_{fd} = -\dfrac{\Delta E_{fd}}{T_1} + \dfrac{1}{T_1}\left(1 - \dfrac{T_3}{T_2}\right)\Delta E_c + \dfrac{K_a \Delta e_{tref}}{T_2} - \dfrac{K_a T_3 K_6 \Delta T_e}{T_1 T_2 K_2} \\[2mm] \qquad + \dfrac{K_a T_3}{T_1 T_2}\left(\dfrac{K_1 K_6}{K_2} - K_5\right)\Delta\delta \\[2mm] s\Delta T_e = -\dfrac{1}{K_3 T_{do}{}'}\Delta T_e + \dfrac{K_2}{T_{do}{}'}\Delta E_{fd} + \dfrac{K_1 - K_2 K_3 K_4}{K_3 T_{do}{}'}\Delta\delta + K_1 \omega_0 \Delta\omega \end{array} \right\}$$

(付2.10)

この式(付2.10)が式(2.87)に対応する式である。

索　　　引

あ
安定度　　149, 174

い
1段再熱蒸気　　5
一機対無限大母線系統　163
一定励磁　　124

え
エキスパート技術　　95

お
横軸制動巻線　　157
横流補償装置　　133
遅れ時定数　　144
オーバシュート防止型ハイ
　ブリッドファジィ制御　78
折線近似　　182

か
界磁回路　　157
界磁磁束　　120
界磁巻線　　120
回転体　　185
過剰空気率クロスリミット
　　　　　　　　26
過剰酸素　　14
カスケード制御　　16
過渡安定度　　126
過熱器　　9
空焚き　　15
過励磁制限装置　　131
管壁温度傾斜　　25
貫流型ボイラ　　10

き
起磁力　　156
起動過程モード　　115
起動系　　32
キャリオーバ現象　　15
給水ポンプ　　2
強制循環型　　8
緊急モード　　115

く
空気予熱器　　9
クロスリミット　　14, 26

け
系統安定化装置　　133
系統電圧　　122
系統擾乱　　215
ゲイン　　144
現代制御理論　　33, 201

こ
高圧タービン　　5
交流励磁機　　127
古典制御理論　　33
固有振動周波数　　183
固有値　　204
根軌跡法　　138

さ
再生サイクル　　3
最大原理　　198
最適制御理論　　198
再熱器　　9
再熱サイクル　　4

し
再熱再生サイクル　　4
再熱蒸気　　5
再閉路　　175
鎖交磁束　　165
3要素制御　　15

し
事　故　　175
自己回帰モデル　　55
自然循環型　　8
時定数補償型ハイブリッド
　ファジィ制御　　87
自動給電　　13
自動電圧調整装置　　120
シミュレーション　　213
遮断器　　175
主蒸気　　5
主蒸気圧力クロスリミット
　　　　　　　　26
主蒸気温度クロスリミット
　　　　　　　　26
主蒸気温度修正制御信号　24
蒸気温度制御　　16
シーリング値　　148
自励複巻方式　　139
人工知能型制御　　33
振動周波数　　172

す
進み時定数　　144
スロット　　156

せ
制御偏差　　134

索引

静止型無効電力補償装置	218
整定時間	134, 217
制動トルク係数	174
制動力	172
静特性	17
設計	213
節炭器	9
線形ダイナミクス	35
線路充電	126

そ
相差角	165
ソフトセンサ	66

た
第1段落蒸気圧力	22
ダイナミックス	17
脱気器	3
タービンガバナ	14
タービン追従制御	12
多変数制御	201
ダンパー巻線	157
ダンピング	172

ち
知識ベース	95
中圧タービン	5
中央給電所	13
抽気	7
超高圧タービン	5
長周期電力動揺	188
直軸過渡リアクタンス	124
直軸制動巻線	157
直軸リアクタンス	124
直流励磁機	127

て
低圧タービン	5
停止過程モード	115
ディジタル AVR	136
停止モード	115
定常運転モード	115

デマンドカーブ	17
電機子反作用	120, 166
電源脱落	167
電力系統	149
電力動揺	183, 188
電力動揺周波数	174
電力の品質	13

と
同期化トルク係数	174
同相成分	190
動態安定度	126
同定試験	55
動的シミュレーション	138
トラッキング	46
ドラム型ボイラ	8

な
内部インピーダンス	120
内部誘起電圧	120

に
2段再熱蒸気	5
2反作用理論	155

ね
燃焼量指令信号	24

の
能力曲線	124

は
ハイブリッドファジィ制御	77
白色雑音	55
パークの式	155
バックファイヤ	15
発電機	120
発電機電圧	124
発電機内部電圧	166

ひ
非干渉制御	19

非線形スタティクス	35
非線形分離制御	34
ヒートバランス	5
評価関数	204

ふ
ファジィ PID	68
ファジィ理論	67
不安定現象	172
負荷遮断	134
復水器	5
負制動	172
不足励磁制限装置	132
物理モデル	103

へ
ベースロード	12

ほ
ボイラ手動モード	19
ボイラタービン協調制御	12
ボイラタービン協調制御モード	20
ボイラ追従制御	10
ボイラ追従モード	20
ボイラ入力制御モード	20
ボイラ入力要求量 BID	14
ボード線図	138
ポントリアギン	198

む
無限大母線電圧	165
無効電力	122
むだ時間	62

め
メンバーシップ関数	70

も
モジュールライブラリー	104
モデル規範型適応制御	42

よ

要求空気量	14
要求負荷信号	14

ら

ランキンサイクル	2

乱

乱調防止	140
ランバック動作	25

り

リカッチ方程式	138

れ

励磁システム	126
励磁制御	123
励磁装置	120
レギュレーション	46

A

ACSL	104
air rich 制御	14
APC システム	12

B

Bezout の方程式	47
BIR	14
BTG マスタ制御	19

D

DEF	114
Diophantine 方程式	47
d 軸電圧	165

H

H^∞ 理論	179

M

MMS	103
MRACS	42
M 系列信号	55

N

NO_x 制御	61

P

PE 条件	60
PID 制御	14
PMG	127
PSS	182

Q

q 軸電圧	165

S

SCADA	108
STEP	114

U

UD アルゴリズム	54

V

V/f 制限装置	133

―― 著者略歴 ――

松村　司郎（まつむら　しろう）
- 1961年　高知県立高知工業高等学校電気科卒業
- 1961年　中部電力（株）勤務
- 1997年　（財）計測自動制御学会技術賞受賞
- 1999年　（株）シミュテック勤務
- 2000年　佐賀大学理工学部客員教授
- 2001年　（株）中電シーティーアイ勤務
- 現在に至る

平山　開一郎（ひらやま　かいいちろう）
- 1970年　北海道大学工学部電気工学科卒業
- 1970年　東京芝浦電気（株）（現 東芝）勤務
- 1995年　博士（工学）（北海道大学）
- 現在に至る

エネルギー産業における制御
Control of Energy Industry　　　© Matsumura, Hirayama　2005

2005年3月22日　初版第1刷発行

検印省略		
	著　者	松　村　司　郎
		平　山　開一郎
	発行者	株式会社　コロナ社
	代表者	牛来辰巳
	印刷所	新日本印刷株式会社

112-0011　東京都文京区千石 4-46-10
発行所　株式会社　コロナ社
CORONA PUBLISHING CO., LTD.
Tokyo Japan
振替 00140-8-14844・電話 (03) 3941-3131 (代)
ホームページ http://www.coronasha.co.jp

ISBN 4-339-04430-X　　（柏原）　　（製本：愛千製本所）
Printed in Japan

無断複写・転載を禁ずる
落丁・乱丁本はお取替えいたします

システム制御工学シリーズ

(各巻A5判)

■編集委員長　池田雅夫
■編集委員　足立修一・梶原宏之・杉江俊治・藤田政之

配本順		著者	頁	定価
1. (2回)	システム制御へのアプローチ	大須賀公二／足立修二 共著	190	2520円
2. (1回)	信号とダイナミカルシステム	足立修一著	216	2940円
3. (3回)	フィードバック制御入門	杉江俊治／藤田政之 共著	236	3150円
4. (6回)	線形システム制御入門	梶原宏之著	200	2625円
5. (4回)	ディジタル制御入門	萩原朋道著	232	3150円
7. (7回)	システム制御のための数学(1) －線形代数編－	太田快人著	266	3360円
12. (8回)	システム制御のための安定論	井村順一著	250	3360円
13. (5回)	スペースクラフトの制御	木田隆著	192	2520円
14. (9回)	プロセス制御システム	大嶋正裕著	206	2730円
15. (10回)	状態推定の理論	内田健康／山中一雄 共著	176	2310円

以下続刊

6. システム制御工学演習　池田雅夫編／足立・梶原・杉江・藤田 共著
8. システム制御のための数学(2) －関数解析編－　太田快人著
9. 多変数システム制御　池田・藤崎共著
10. ロバスト制御系設計　杉江俊治著
11. $H\infty/\mu$ 制御系設計　原・藤田共著
　　サンプル値制御　早川義一著
　　むだ時間・分布定数系の制御　阿部・児島共著
　　信号処理
　　行列不等式アプローチによる制御系設計　小原敦美著
　　適応制御　宮里義彦著
　　非線形制御理論　三平満司著
　　ロボット制御　横小路泰義著
　　線形システム解析　汐月哲夫著
　　ハイブリッドシステムの解析と制御　潮・井村・増淵共著
　　システム動力学と振動制御　野波健蔵著

定価は本体価格+税5%です。
定価は変更されることがありますのでご了承下さい。

図書目録進呈◆

計測・制御テクノロジーシリーズ

(各巻A5判)

■(社)計測自動制御学会 編

配本順			頁	定価
5. (5回)	産業応用計測技術	黒森 健一他著	216	3045円
8. (1回)	線形ロバスト制御	劉 康志著	228	3150円
11. (4回)	プロセス制御	高津 春雄編著	232	3360円
13. (6回)	ビークル	金井 喜美雄他著	230	3360円
17. (2回)	システム工学	中森 義輝著	238	3360円
19. (3回)	システム制御のための数学	田村 捷利 武藤 康彦 共著 笹川 徹史	220	3150円

以下続刊

1. 計測技術の基礎	山崎 弘郎 田中 充 共著	2. センシングのための物理と数理	本多 敏 出口 光一郎 共著
3. 電子回路とセンサ応用	安藤 繁著	4. 計測・制御のための信号処理	河田 聡 中村 収 共著
6. 動的システム	木村 英紀 須田 信英 共著 原 辰次	7. フィードバック制御	細江 繁幸 荒木 光彦 共著
9. システム同定と制御	秋月 影雄 和田 清 共著 大松 繁	10. アドバンスト制御	大森 浩充著
12. ロボティクス —ロボット制御の理論—	ロボティクス部会編著	14. 画像処理	中嶋 正之著
15. 信号処理入門	小畑 秀文 田村 安孝 共著 浜田 望	16. 新しい人工知能 —その知識社会の諸問題への応用—	國藤 進他著
18. 音声信号処理論 —音声の生成・知覚から合成・認識へ—	赤木 正人著	20. 情報数学 —現代情報技術のための基礎数学—	浅野 孝夫著

定価は本体価格+税5%です。
定価は変更されることがありますのでご了承下さい。

図書目録進呈◆

大学講義シリーズ

(各巻A5判，欠番は品切です)

配本順			頁	定価
（2回）	通信網・交換工学	雁部 顗一 著	274	3150円
（3回）	伝送回路	古賀 利郎 著	216	2625円
（4回）	基礎システム理論	古田・佐野 共著	206	2625円
（6回）	電力系統工学	関根 泰次 他著	230	2415円
（7回）	音響振動工学	西山 静男 他著	270	2730円
（8回）	改訂 集積回路工学（1）―プロセス・デバイス技術編―	柳井・永田 共著	252	3045円
（9回）	改訂 集積回路工学（2）―回路技術編―	柳井・永田 共著	266	2835円
（10回）	基礎電子物性工学	川辺 和夫 他著	264	2625円
（11回）	電磁気学	岡本 允夫 著	384	3990円
（12回）	高電圧工学	升谷・中田 共著	192	2310円
（14回）	電波伝送工学	安達・米山 共著	304	3360円
（15回）	数値解析（1）	有本 卓 著	234	2940円
（16回）	電子工学概論	奥田 孝美 著	224	2835円
（17回）	基礎電気回路（1）	羽鳥 孝三 著	216	2625円
（18回）	電力伝送工学	木下 仁志 他著	318	3570円
（19回）	基礎電気回路（2）	羽鳥 孝三 著	292	3150円
（20回）	基礎電子回路	原田 耕介 他著	260	2835円
（21回）	計算機ソフトウェア	手塚・海尻 共著	198	2520円
（22回）	原子工学概論	都甲・岡 共著	168	2310円
（23回）	基礎ディジタル制御	美多 勉 他著	216	2520円
（24回）	新電磁気計測	大照 完 他著	210	2625円
（25回）	基礎電子計算機	鈴木 久喜 他著	260	2835円
（26回）	電子デバイス工学	藤井 忠邦 著	274	3360円
（27回）	マイクロ波・光工学	宮内 一洋 他著	228	2625円
（28回）	半導体デバイス工学	石原 宏 著	264	2940円
（29回）	量子力学概論	権藤 靖夫 著	164	2100円
（30回）	光・量子エレクトロニクス	藤岡・小原・齊藤 共著	180	2310円
（31回）	ディジタル回路	高橋 寛 他著	178	2415円
（32回）	改訂 回路理論（1）	石井 順也 著	200	2625円
（33回）	改訂 回路理論（2）	石井 順也 著	210	2835円
（34回）	制御工学	森 泰親 著	234	2940円

以下続刊

電気機器学	中西・正田・村上 共著	電力発生工学	上之園親佐 著
電気物性工学	長谷川英機 著	電気・電子材料	家田・水谷 共著
通信方式論	森永・小牧 共著	情報システム理論	長谷川・高橋・笠原 共著
数値解析（2）	有本 卓 著	現代システム理論	神山 真一 著

定価は本体価格+税5%です。
定価は変更されることがありますのでご了承下さい。

図書目録進呈◆

電気・電子系教科書シリーズ

(各巻A5判)

- ■編集委員長　高橋　寛
- ■幹事　湯田幸八
- ■編集委員　江間　敏・竹下鉄夫・多田泰芳
　　　　　　中澤達夫・西山明彦

	配本順	書名	著者	頁	定価
1.	(16回)	電気基礎	柴田尚志・皆藤新一 共著	252	3150円
2.	(14回)	電磁気学	多田泰芳・柴田尚志 共著	304	3780円
4.	(3回)	電気回路Ⅱ	遠藤　勲・鈴木靖 共著	208	2730円
6.	(8回)	制御工学	下西二郎・奥平鎮正 共著	216	2730円
9.	(1回)	電子工学基礎	中澤達夫・藤原勝幸 共著	174	2310円
10.	(6回)	半導体工学	渡辺英夫 著	160	2100円
11.	(15回)	電気・電子材料	中澤・森田・押山・服部・藤原 共著	208	2625円
12.	(13回)	電子回路	須田健二・土田英一 共著	238	2940円
13.	(2回)	ディジタル回路	伊原充博・若海弘夫・吉沢昌純 共著	240	2940円
14.	(11回)	情報リテラシー入門	室賀進也・山下　巌 共著	176	2310円
17.		計算機システム	春日健・舘泉雄治 共著	近刊	
18.	(10回)	アルゴリズムとデータ構造	湯田幸八・伊原博 共著	252	3150円
19.	(7回)	電気機器工学	前田勉・新谷邦弘 共著	222	2835円
20.	(9回)	パワーエレクトロニクス	江間　敏・高橋勲 共著	202	2625円
21.	(12回)	電力工学	江間　敏・甲斐隆章 共著	260	3045円
22.	(5回)	情報理論	三木成彦・吉川英機 共著	216	2730円
25.	(4回)	情報通信システム	岡田裕・桑原正史 共著	190	2520円

以下続刊

- 3. 電気回路Ⅰ　多田・柴田共著
- 5. 電気・電子計測工学　西山・吉沢共著
- 7. ディジタル制御　青木・西堀共著
- 8. ロボット工学　白水俊之著
- 15. プログラミング言語Ⅰ　湯田幸八著
- 16. プログラミング言語Ⅱ　柚賀・千代谷共著
- 23. 通信工学　竹下鉄夫著
- 24. 電波工学　松田・南部・宮田共著
- 26. 高電圧工学　松原・植月・箕田共著
- 27. 自動設計製図

定価は本体価格+税5%です。
定価は変更されることがありますのでご了承下さい。

図書目録進呈◆

産業制御シリーズ

（各巻A5判）

- ■企画・編集委員長　木村英紀
- ■企画・編集幹事　新　誠一
- ■企画・編集委員　江木紀彦・黒崎泰充・高橋亮一・美多　勉

			頁	定価
1.	制御系設計理論とCADツール	木村・美多 新葛谷 共著	172	2415円
2.	ロボットの制御	小島利夫著	168	2415円
3.	紙パルプ産業における制御	神長・森 大倉・川村 共著 佐々木・山下	256	3465円
4.	航空・宇宙における制御	畑　　剛 泉達司 共著 川口淳一郎	208	2835円
5.	情報システムにおける制御	大前　力 平井洋 編著 涌井伸二	246	3360円
6.	住宅機器・生活環境の制御	鷲田野中翔一博 編著	248	3465円
7.	農業におけるシステム制御	橋本・村瀬 大森 共著 鳥下・本居	200	2730円
8.	鉄鋼業における制御	高橋亮一著	192	2730円
9.	化学産業における制御	伊藤利昭編著	224	2940円
10.	エネルギー産業における制御	松村司郎 共著 平山開一郎	244	3675円

以下続刊

- 自動車の制御　大畠・山下共著
- 構造物の振動制御　背戸　一登著
- 船舶・鉄道車両の制御　寺田・高岡 井床・西 共著 渡邊・黒崎
- 環境・水処理産業における制御　黒崎・宮本 共著 栗山・前田

定価は本体価格＋税5％です。
定価は変更されることがありますのでご了承下さい。

図書目録進呈◆